내 인생의 텃밭

바다와 수학

최부홍 저

문운당

이 책의 모든 수익금을

2014년 4월 16일 진도 해상 여객선 침몰사고로 희생된

안산 단원고 2학년 학생들과

그 학생들을 마지막까지 옆에서 지켜주신

선생님들께 바칩니다.

"해대생 여러분들은 국토 최남단 마라도를 넘어

세계를 넘나드는 대한민국 일꾼입니다."

大韓民國 最南端 마라도

바다와 수학

contents

제 1 장

내 인생의 텃밭 바다

자기희생

리더의 덕목

동고同苦

이 책을 집필하기 시작한 지도 6년이 훌쩍 넘었다. 그런데 이 책이 거의 마무리되려는 순간, 진도 앞바다 맹골수도 해협에서 대참사가 벌어졌다. 참으로 비통하고 마음이 한없이 무겁다. 시간이 지날수록 참담한 소식만 전해온다. 눈물만 난다. 진도 앞바다가 눈물바다로 완전히 변해 버렸다. 이 비극 앞에 나는 지금 과연 무엇을 할 수 있단 말인가? 고작 아침 한 끼 거르며 그들이 제발 차디찬 물속에서 살아 돌아와 주길 바라는 간절한 기도뿐이다. 나도 자식을 셋 둔 아비다. 가슴이 미어진다. 어린 자식을 잃고 그저 하염없이 눈물만 흘리는 아비 어미들의 찢어지는 심정을 어찌 위로할 바 없어 마냥 슬픈 탄식만 할 뿐이다.

이 참사는 남의 일이 아니다. 삶이 온통 바다와 배와 관련돼 있는 나에게는 더더욱 그렇다. 방에 누우면 침몰되어가는 배 안이 머릿속에 선명히 그려진다. 그래서 사고 하루 지나 진도 팽목항으로 향했다. 가는 도중 나 때문에 혹시 교통 체증이 일어나지 않을까 몹시 걱정스러웠다. 다행히도 도로는 원활했다. 하지만 고작 만난 것은 많은 국내외 취재진들과 야속한 비바람뿐이었다. 구출된 생존자는 한 명도 없었다. 그저 눈물만 났다.

이 처절한 슬픔을 나도 나눠지려한다. 흐느끼는 단원고 학부모들만 짊어질 일이 아니다. 나도 그들과 같은 학부모다. 게다가 나는 배의 관리자이자 리더Leader인 상선사관을 길러내는 사람이다.

나는 수업시간에 장차 해양계의 리더들이 될 학생들에게 줄곧 이렇게 가르쳐왔다. "앞으로 대형 상선을 타게 될 해대생 여러분들은 군대의 장교와 같은 상선사관입니다. 군에서 사병들의 계급장은 가슴에 달아 줍니다. 상관의 명령에 따라 가슴의 열정으로 임무를 수행하라는 이유에서 입니다. 하지만 장교는 어깨 위에 달아 줍니다. 그 두 어깨에 대원들의 귀중한 생명이 달려 있음을 항상 명심하라는 뜻에서 입니다. 마찬가지로 여러분들도 앞으로 배를 타게 되면 두 어깨에 사관견장을 달아줍니다. 늘 그 사관견장을 바라볼 때마다 여러분들의 두 어깨에 함께 타고 있는 승조원들과 많은 사람들의 생명이 달려 있음을 한시라도 잊어서는 안 됩니다."

하지만 안타깝게도 이번 참사에서는 어깨 위의 사관견장이 보이질 않았다. 그 견장은 배의 리더임을 상징하는데 말이다. 여태까지 어느 해양사고가 있더라도 그 리더의 견장은 그 견장주인과 늘 최후를 함께했는데 말이다. 하지만 이번에는 달랐다. 그 견장만 배와 함께 가라앉고 말았다. 그리고 그 견장에 생명을 맡기고 탔던 많은 어린 학생들도 말이다.

어느 조직이나 리더는 '자기희생[自己犧牲]'이 필수덕목이다. 그런 리더의 자기희생이 없었기에 이렇게 감당할 수 없는 대참사가 일어나고 만 것이다. 살다보면 어느 조직에나 다 위기의 순간이 찾아올 수 있다. 하지만 아무리 위기절체절명의 순간에 직면해 있다 할지라도 그 속에 '자기희생을 자기 목숨보다 더 중히 여기는' 단 한 명의 리더만 존재한다면, 그 조직은 생존할 수 있다. 이번 대비극이 벌어진 세월호에 그런 사람이 꼭 있었어야만 했다.

그런 사람은 앞으로도 우리 모두가 애타게 찾을 것이다. 우리 모두가 애타게 찾고 있는 그 한 사람이 바로 해대생 여러분들 모두가 되길 나는 간절히 바란다. 또한 이번 참사를 절대 잊지 말아야 한다. 아니 도리어 큰 교훈으로 삼아야 한다. 여러분들 두 어깨 위에 국가는 물론 국민의 재산과 생명이 모두 달려 있음을 다시 한 번 명심해 주길 바란다.

근독謹獨

대학시절부터 내 인생의 옷깃을 바다에 적시며 살아왔다. 숨차게 달려 온 짧은 인생인 만큼, 그 열매 역시 아직 보잘 것 없다. 지금은 매년 젊은이들을 바다로 내보내고, 바다로 갈 새로운 젊은이들을 맞이하는 일을 하고 있다. 나는 그들 앞에 설 때마다, 그들의 인생 방향타方向舵 노릇을 하려고 했다.

건방졌다.

오히려 그들은 나의 스승이자 거울이었는데 말이다. 어쩌다 이렇게 수학책까지 쓰게 되었다. 그들에게 수학을 가르치려고 쓴 것이 아니다. 나 대신 바다로 떠난 그들에게 격려와 용기를 보내기 위해서다.

그리고 이 '내 인생의 텃밭 바다와 수학'이 그들의 손에서 한 장 한 장 펼쳐질 때마다 인간의 물리적 시간과 공간을 초월한 만남을 그들이 떠 있는 그곳 바다에서 지금 이루고 싶은 것이다.

이 책의 핵심은 수학이 아니다.

근독謹獨이다.

근독은 우리 선비들이 골방에서 책을 읽을 때, '홀로 있어도 의관을 바르게 정제하고 바로 앉아 스스로를 삼가며 학문을 탐구'하던 바른 선비들의 바른 정신이다. 즉, 홀로 있어도 스스로를 삼가고 절제하는 바른 삶의 정신인 것이다. 이는 성실한 삶과도 일맥상통이라 하겠다.

또한 이 책은 떠 있는 그곳, 그 바다 위에서 여러분들이 비록 홀로 있을지라도, 스스로에게 부끄러움이 없는 그러한 삶을 살아달라고 여러분들에게 그렇게 말하고 있는 것이다.

바다와 수학

제자의 꿈

시험지에 문제를 냈다. -자신의 꿈과 그 꿈을 이루기 위한 구체적인 방법을 기술하세요.- 여러 답 중 한 제자의 답을 여기에 옮긴다.

제 꿈은
어머니께서
저를 위해 엄청난 희생을 하셨다는 것을
제가 알았기에 어머니께 잘하는 것입니다.

취직 후
어머니께서 원하시는 집을 살 수 있을 때까지
돈을 모으려고 합니다.

배는 11년 정도 타려고 하는데
연가 때마다
영어회화학원도 다니고
자동차 설계 설비에 대해서도
공부한 뒤
하와이로 이민 가서
요트와 자동차 정비를 겸하는 정비소를 차리는 것이
제 꿈입니다.

바다와 수학

내 인생의 텃밭 바다

내 고향은 익산이다. 집은 익산 시내에서 한참 들어가야 한다. 한적한 농촌 마을이다. 그곳은 사방을 둘러봐도 논밖에 없다. 이러니 먹는 것도 소금으로 염장한 간고등어, 간갈치, 새우젓, 황석어젓, 논우렁이 된장찌개와 같은 것들 뿐이다. 식구는 5남 3녀이다. 좀 많은 편이다. 하지만 좋은 점이 있었다. 식구들 생일이 자주 돌아온다는 것이다. 생일이 있을 때면, 아버지는 어디선가 유정란을 큰 대야로 가득 사 오셨다. 식구들은 모두 둘러 앉아 삶은 계란을 배불리 먹었다. 그래서 내 어릴 적 삶은 계란이었다(삶=계란).

추석과 설 명절 때는 아버지가 항상 외아들 계[契]모임에서 돼지 한 다리씩을 가지고 오셨는데, 어머니는 그 돼지고기로 김치찌개를 기가 막히게 끓이셨다. 지금은 두 분 다 흙이 되신 지 오래다. 그래서 그 맛을 어디서도 찾을 수 없다. 하지만 그 맛을 아내가 어느 정도 대신해 주고 있어서 부모님 생각은 조금 덜 난다.

나는 난생 처음으로 중학교 1학년 때 군산에서 장항으로 넘어가는 연락선을 타게 되었다. 바다도 그 때 처음 보았고 바다 갯내도 처음 맡아보았다.

그런 내가 이렇게 바다와 인연을 맺고 살 줄은 꿈에도 몰랐다. 고등학교 졸업 후 1년을 더 준비하다가 어쩌다 해양대학을 들어가게 되었다. 태종대 앞바다는 시퍼랬다. 군산 앞바다와는 차원이 달랐다. 짠내도 군산과는 천지차이였다. 부산에서 대학시절을 보내는 동안 회는 몇 점 안 먹었다. 돈도 없었을 뿐더러 회 맛도 전혀 몰랐고 비린내가 영 맘에 들지 않았기 때문이다. 오히려 그 비싼 회 대신에 입맛에 익숙해져 있는 싸디싼 대패삼겹살을 더 먹었던 것 같다. 하지만 지금은 집 근처 시장에서 회를 자주 사다 먹는다. 이제야 그 맛을 알게 된 것이다.

대학을 마치고 해군에 입대했다. 첫 배치는 인천 2함대 소속 고속정 부대였다. 1년이 지났을 무렵, 내가 타고 있던 함정이 통째로 목포 3함대 소속으로 변경되었다. 주둔지는 여수 거문도였지만 주기적으로 목포에 들락거렸다. 목포에 머물다 보니 지금의 우리대학에 들를 일도 가끔 생겼었다. 인연이 되자 제대한 후 조교로 머물게까지 되었다. 아내도 이곳에서 만났다. 아내는 섬과 다를 바 없는 바닷가 해남태생이다. 유학도 사면이 바다인 나라에서 했다. 그리고 지금도 바닷가에 있는 해양대학에서 매년 바다로 내보내고, 바다로 다시 내보낼 새로운 젊은이들을 맞이하며 살고 있다. 내 인생의 주변은 온통 바다다. 바다가 내 인생의 텃밭인 것이다. 하지만 신기하게도 수영은 하지 못한다.

제 2 장

추억의 옛 수학

백성을 사랑한 茶山 정약용

바다와 수학

수학의 힘

저 하늘 너머 궁창은 영원한 세계에 대한 동경심과 호기심으로 우리를 끊임없이 자극해왔다. 그래서 그런지 요즘 세계 갑부들이 죽기 전에 꼭 해보고 싶은 것이 있단다. 왕복선을 타고 달나라와 우주로 여행 가는 것이란다. 미국은 천문학적인 돈을 들여 화성을 제2의 지구로 만들려는 꿈같은 일을 추진해 온 지 꽤 오래다. 그런 그들이 허무맹랑하게 보일지 모른다. 하지만 우주 개발의 첫 걸음은 지구 밖으로 날아가는 로켓을 상상해 그린 한 만화가에서 시작되었다고 한다. 상상이 이뤄져 현실이 되듯, 화성의 지구화가 실현될 가능성이 점점 짙어지고 있다. 화성 탐사 위성이 생명의 근원인 물에 대한 정보를 지구로 자주 보내주고 있기 때문이다. 이로 인해 화성의 생명체에 대한 비밀도 풀리기를 기대한다.

달과 화성으로 가는 도중의 우주 공간은 부자나 가난한 자나, 뚱뚱한 자나 홀쭉한 자나 차별하지 않는다. 모두 똑같이 공평하게 둥둥 떠다니는 무중력[無重力]공간을 제공한다. 그곳처럼 독도를 포함한 대한민국 영토에 발붙이고 살아가는 우리 모두가 차별 없이 기뻐 둥실둥실 떠다니며 콧노래 부를 수 있는, 그 나라가 속히 이뤄지길 기대해 본다. 그곳은 일어나는 현상들도 지구와는 사뭇 다르다. 그러니 지구에서 무중력상태를 만들어 그 속에서 다양한 인체실험과 기기 작동시험을 수없이 해보고 우주로 나가야 한다.

지구상에서도 어떤 물체를 자유낙하시키거나 포물선 비행시킬 때 무중력이 만들어진다. 나는 지금으로부터 약 15년 전에 비행기를 타고 포물선 비행을 한 적이 있다. 포물선 비행을 하는 동안 비행기 안은 모든 것이 둥둥 떠다니는 유영의 공간으로 순식간에 변해버린다. 그 속에서 공기와 물을 파이프에 동시에 흘려보내며 유체물리 및 열전달 실험을 1주일에 걸쳐 52차례나 했다.

우주정거장과 우주왕복선 내부에 있는 사람들과 많은 기계들로부터 상당한 열이 발생한다. 그 내부에서 발생한 열을 우주공간으로 빼내는 장치를 개발하기 위한 실험이었다. 이 실험은 더불어 우주공간에서 태양에너지를 헬륨과 같은 극저온 유체의 상변화 잠열에너지 형태로 저장한 다음, 이를 전자기파 형태로 변환해서 지구에 송신하고, 이를 지구에서 다시 전기나 열에너지로 변환시키겠다는 꿈과 같은 미래 에너지 전략 연구의 일부분이기도 하였다.

그런데 비행기가 포물선 비행을 하기 전에 반드시 가속비행을 해야만 한다. 이때의 가속도는 지구 중력가속도$^{g=9.81m/s^2}$의 약 두 배인 $2g$ 정도이다. 이 구간은 보통 중력보다 크기 때문에 과중력[Hyper-gravity] 구간이라고 한다. 과중력이 사람에게 미치면 어떤 느낌이 들까? 공군 조종사들은 그 느낌을 잘 알고 있을 것이다. 그러나 일반인들은 쉽사리 경험해 볼 수 없는 느낌이다. 자리에서 일어나 보려고 해도 도저히 일어설 수 없다. 허벅지 살이 종아리로 쏠린다. 피도 발끝으로 몰린다. 내가 난생 처음 느껴본 이 느낌들은 지금까지도 사라지지 않고 내 몸 속에서 계속 맴돌고 있다.

비행기 안 무중력상태는 이 과중력 과정이 지나자마자 시작된다. 약 20초간이다. 당시 실험 내용을 기록하기 위해 준비해 두었던 볼펜과 종이가 둥둥 떠다녔다. 내 얼굴은 화들짝 놀라 있었다. 그들이 나 몰래 녹화한 영상을 나중에 보고 알았다.

현재 무중력 실험은 항공기보다 국제우주정거장에서 더 많이 한다. 아무리 초강국인 미국도 혼자서는 못한다. 천문학적인 돈이 들어가기 때문이다. 그 실험에 합류한 나라들은 모두 하나같이 부유하거나 강한 나라들이다. 그 나라들은 어떻게 그렇게 부유하고 강하게 될 수 있었을까? 매우 궁금했다. 그 궁금증의 해답은 이 책을 쓰면서 저절로 알게 되어졌다. 다름 아닌 수학 때문이었다. 그 나라들은 또한 고대의 부자나라들과도 엮여 있었다. 어쩔 수 없이 그 근원을 찾아 시간을 거꾸로 거꾸로 거슬러 올라 갈 수밖에 없었다. 그러다 보니 인류 문명 태동 때의 수학까지 손을 대게 되었다.

내가 배운 수학

독도를 포함한 우리 땅에서 고등학교를 졸업한 사람이라면 누구든지 10년 이상 수학 공부를 하였다. 여러분들 중에는 부모님이 돈 좀 있어서 어릴 적부터 조기교육을 받은 사람도 있을 것이고, 반면 부모님 맞벌이 때문에 어쩔 수 없이 옹알이도 채 끝나기 전부터 집 근처 놀이방이나 어린이집에 맡겨진 사람도 있을 것이다.

이유야 어떻든, 여러분들 대부분은 두서너 살 때부터 놀이방 또는 어린이집에서 '하나, 둘, 셋…'을 듣고 배웠다. 이처럼 초등학교 입학 전 모든 경력까지 합치면 아무리 못돼도 15년 이상 수학을 배운 셈이다. 우린 지난 15년 동안 과연 어떤 수학을 배웠던 것일까?

우리가 가장 먼저 자연스럽게 배운 것은 아마도 수數를 읽고, 쓰고, 셈하는 것이 아니었을까 싶다. 또한 뭔가 원하는 것을 찾아내기 위해 수와 문자로 조합된 식式을 풀기도 했을 것이다. 수와 식을 합쳐 일반적으로 수식數式이라고 부르는데, 이 수식을 다루는 수학 분야가 다름 아닌 대수학代數學이다. 그러므로 우리가 태어나서 가장 먼저 배운 수학 분야는 바로 대수학인 것이다.

대수학분야에서 매우 중요한 인생 방정식 두 가지가 있다. 그들을 소개한다. '5−3=2'. 오(5)점이 아무리 많은 사람일지라도 세(3)번 용서하면 이(2)해가 된다는 인생 방정식. 또 하나의 중요한 인생 방정식은 바로 '2+2=4'. 아무리 나쁜 사람일지라도 이(2)해하고 또(+) 이(2)해하면 결국 그를 사(4)랑할 수 있는 경지에까지 이르게 된다는 인생 방정식이다.

이 두 개의 인생 방정식을 여러분들의 삶 속에서 꼭 풀어보기 바란다. 그리 쉽게 풀리지는 않을 것이다. 하지만 정답은 '이해(2)'와 '사랑(4)'임이 틀림없다. 살면서 이 정답을 얻은 사람은 행복의 극치를 누리며 살게 될 것을 나는 확신한다.

또한 세모, 네모, 동그라미, 타원, 원추곡선 등과 같은 도형을 그리면서 기하학幾何學도 배웠을 것이다. 그리고 여러 가지 모양의 도형과 곡선들을 수식數式으로 표현하는 방법에 대해서도 배웠을 것이다. 이러한 수식을 함수函數라고 부르는데, 다항식, 원함수, 쌍곡선 함수 등 많이 들어봤을 것이다. 역시 수식의 하나인 함수도 대수학 분야의 하나인 것이다.

우리는 기하학을 이용하여 함수를 해석하거나 또는 함수를 이용하여 기하학을 해석하기도 하는데 이러한 수학 분야를 기하해석학 또는 해석기하학이라고 한다. 이들을 그냥 해석학解析學이라고 부르기도 한다.

또한 로또에 당첨될 확률과 인구 통계와 같은 확률確率과 통계統計에 대해서도 배웠을 것이다.

그리고 수의 개념을 체계적으로 잡아주는 집합과 명제와 같은 수론數論에 대해서도 배웠을 것이다.

바다와 수학

오리엔트문명과 수학의 기원

우리들은 태어나서 '하나, 둘, 셋…'과 같이 수를 읽고, 세고, 더하고, 빼는 등 셈하는 방법부터 즉, 대수학부터 자연스럽게 배웠다. 이처럼 우리가 가장 먼저 접한 수학 분야가 대수학이듯 수와 식에 관련된 수학 분야가 역사적으로도 가장 오래된 것 같다.

수학의 기원은 인류문명의 기원과 같다. 당연히 사람이 사는 곳엔 수학이 있었을 터이다. 인류 최초의 문명은 사람들이 옹기종기 모여 살기 좋은 메소포타미아 지역에서 발생했다.

'메소포타미아'라는 말은 원래 중간을 뜻하는 'mesos'와 강을 뜻하는 'potamos'가 합성된 말이다. 즉, '두 개의 강 사이'라는 뜻이다. 두 개의 강은 바로 '티그리스 강'과 '유프라테스 강'을 뜻한다.

이 두 개의 강 덕택으로 메소포타미아 지역은 비옥한 평원 지대가 형성되어 농사짓기와 가축 기르기에 매우 적합했다. 또한 동양과 서양을 서로 이어주는 교통의 중심지여서 강과 육로를 통한 상업과 무역이 매우 발달했다. 자연스럽게 이 지역에서는 양의 마리 수를 세거나 토지 수확량을 계산하거나 상업과 무역에 관련되어 있는 실용적인 대수학이 발달하게 되었다. 이러한 사실은 기원전 2100년경 당시 가장 발달된 도시인 우르[Ur]의 점토판을 통해서도 확인됐다.

그런데 이 두 개의 강은 매년 비주기적으로 범람하여 그들에게 막대한 피해를 입혔다. 그래서 바빌로니아인들은 강을 재정비하고, 범람 후 사라진 토지의 경계를 다시 측량해야만 했다. 또한 강의 범람과 그로 인한 피해가 없도록 해달라고 신에게 기원하기 위해 지구라트Ziggurat와 같은 탑 신전을 건축하기도 했다. 이러한 이유로 메소포타미아 지역에 인류 최초로 토목과 측량, 건축에 관련된 기하학이 발달하게 되었다.

메소포타미아 문명과 비슷한 시기에 나일 강 주변을 따라 이집트 문명도 발생했다. 나일 강도 역시 범람했지만 그 범람은 강 상류 에티오피아와 우간다 지역의 기름진 흙을 몽땅 싣고 내려오는 것이어서, 오히려 이 범람은 비료 없이 농사를 지을 수 있게 해주는 신의 선물이었다. 또한 그 범람의 시기가 매우 주기적이었기 때문에 그 주기를 정확히 알고만 있으면 홍수 피해도 줄이고 많은 자연적 혜택도 동시에 누릴 수 있었다. 그래서 이집트인들은 시리우스Sirius 별과 태양의 움직임을 관찰하여 그 범람주기를 365.25일로 계산해 냈다. 이것이 바로 인류최초의 달력의 기원이다. 현재와 비교해도 한 달에 약 50초 정도 밖에 틀리지 않는 매우 훌륭한 달력이다.

당시 이집트인들이 보유한 수학은 천문 관련 수학뿐만이 아니었다. 범람 때문에 사라진 토지의 경계를 다시 측정하기 위한 측량기술과 더불어 홍수 피해에 따른 세금 경감과 징수에 관련된 수학지식도 보유하고 있었다.

또한 이집트인들은 메소포타미아 지역 사람들과는 달리, 죽은 후 내세의 존재를 믿었기 때문에 거대한 피라미드와 같은 대형 건축물도 세웠다. 피라미드는 고대 이집트인들이 대수학 분야를 포함한 기하학분야에서도 당대 최고 수준의 수학지식을 지닌 선진국이었음을 짐작케 하는 대표적인 건축물이다.

우리는 메소포타미아와 이집트 문명을 통틀어 '오리엔트Orient 문명'이라고 일컫는다. 결국 대수학과 기하학은 오리엔트 문명에서 비롯된 것이다. 하지만 당대 최고수준의 오리엔트 수학에도 앙꼬가 빠져있었다. 바로 '왜'라는 앙꼬인데 있어 보이게 말하자면, '논증적 사고'가 없었다는 얘기다.

이런 오리엔트 수학에 '왜'라는 생기를 불어넣은 사람이 있었다. 탈레스[Thales]였다. 기하학에다 말이다. 그는 기원전 6세기경 고대 이오니아[Ionia] 지역의 밀레투스[Miletus] 출신이자 그리스 최초의 철학파인 이오니아학파를 세운 사람이다.

그 당시 '두 직선이 만나 생기는 맞꼭지각은 서로 같다.'라는 수학적 명제가 있었다. 이에 대해 탈레스 이전 수학자들은 '한 각을 직접 잘라내어 다른 각에 올려놓고 보니 같다.'라는 식으로 말할 뿐이었다. 어떠한 논증도 없었다. 그러나 탈레스는 연역적 추론을 통하여 논리적으로 그 맞꼭지각이 서로 똑같음을 증명해 보였다.

그는 길이를 알고 있는 막대기 하나와 피라미드 그림자만으로도 피라미드의 실제 높이를 정확히 계산해 낸 명석한 인물이다. 당시 이집트 왕이 그의 수학실력을 극찬했다는 기록도 남아 있다고 한다. 이 기록은 당시 최고 선진국인 이집트를 그가 다녀온 적이 있음을 짐작케 하는 대목이다.

탈레스 학문은 피타고라스[Pythagoras, B.C.580−490]에게 고스란히 전해졌다. 피타고라스는 사모스 섬에서 출생하여 탈레스 고향 근처에서 살았던 것으로 전해진다. 그도 역시 탈레스처럼 젊은 시절에 이집트를 포함한 오리엔트 지역의 선진 문물을 돌아보며 많은 경험과 학식을 쌓았던 것 같다.

그는 오리엔트 유학을 마친 후 학교를 하나 세운다. 자신의 고국이 아닌 이탈리아 남부 지역인 크로톤[Crotona]에 세운다. 당시 자신의 고향과 이오니아 지방은 페르시아 군이 점령[B.C. 540]해 버린 상태였기 때문에 어쩔 수 없는 선택이었다.

그는 '만물의 근원은 정수이다.'라는 철학적 신념으로 학교를 세웠다. 그 학교에서는 이오니아학파의 합리주의적 사고를 바탕으로 한 기하학과 천문학, 음악과 수론을 가르쳤다. '수학'이라는 말도 피타고라스학파가 창시한 것이라고 한다.

피타고라스학파들이 발견한 수학적 발견을 몇 가지 모아봤다.

직각 삼각형에 관한 피타고라스의 정리
삼각형 내각의 합이 180도라는 정리
정오각형 작도법의 발견
무리수의 발견
조화수열의 발견
정다면체의 발견(정사, 정육, 정십이면체)
형상수의 발견(삼각수, 사각수, 오각수)

그런데 오리엔트 지역을 차지하고 있던 페르시아 대제국[B.C 550-330]이 기원전 479년에 그리스 연합군에 완패하고 만다. 이 사건으로 그리스의 수도 아테네는 서구 문명은 물론 지구촌의 중심지가 되었다.

당시 아테네는 민주정치로 통치되고 학문의 자유까지 보장되어 있어서 많은 학자들이 대거 몰려들었다고 한다. 피타고라스학파, 이오니아학파, 엘레아학파도 아테네로 모여들었다. 그곳에 소피아[Sophia, 지혜]학파도 나타났다. 그들은 육체적 노동은 일체하지 않았다. 이들은 사안의 옳고 그름보다는 오직 정치적 논쟁에서 이길 수 있는 방법과 여론몰이 기교만을 가르치는 소피스트[Sophist]들이었다.

원래 소피스트라는 말은 '영리한 사람' 혹은 '지혜가 있는 사람'이라는 의미를 담고 있다. 또한 우리가 현재 사용하고 있는 '철학'이라는 영단어 'Philosophy'는 고대 그리스어 '필레인[Φιλειν, 사랑하다]'과 '소피아[σοφια, 지혜]'가 합쳐져서 된 말이다. 이는 '지혜를 사랑한다'라는 뜻으로 풀이할 수 있다. 하지만 오늘날에 소피스트라 하면 '궤변가, 혹은 궤변을 늘어놓는 사람'이라는 그다지 좋지 않은 뜻으로 통용되곤 한다. 이는 당대에 그들과 빈번한 논쟁의 대상이었던 플라톤학파들이 그들을 그렇게 폄하해서 부른 이후부터이다.

하지만 피타고라스학파에서 전혀 다루지 않았던 원에 대한 기하학 연구가 지혜자들의 모임인 소피아학파에 의해서 비로소 시작되었다. 그들의 연구는 유명한 아래의 세 문제에 그 초점이 있었는데, 어느 문제나 눈금 없는 자와 컴퍼스만으로 작도하여 문제를 풀어야만 했다.

임의의 각 또는 원호를 3등분할 것

정육면체의 배적문제. 즉, 주어진 정육면체의 2배의 체적을 가진 정육면체를 만들 것

원적[圓積]문제. 즉 주어진 원의 면적과 똑같은 면적을 가진 정사각형을 만들 것

이 당시 아테네에는 소크라테스[Socrates, B.C.470경-399]도 살고 있었다. 그의 아내 크산티페[Xanthippe]는 잔소리 심한 악처의 대명사다. 그러나 소크라테스는 참을성의 대명사다. 어느 더운 여름날 이른 아침부터 다음날 새벽까지 한자리에 꼼짝하지 않고 서서 사색에 잠길 정도였다고 한다. 대단하다. 역시 그 정도의 참을성은 되어야 악처인 크산티페의 잔소리도 거뜬히 이겨내고 자기 자신을 알게 되는 모양이다.

소크라테스의 제자인 플라톤[Platon, B.C.428/427-348/347]은 소크라테스의 선조로 알려진 신비의 조각가 다이달로스[Daedalus]로부터 기하학을 배우고 이탈리아에서 피타고라스학파와도 교류했던 것으로 전해지고 있다. 그는 기원전 385년에 아테네에 아카데미아[Academia]라는 학교를 설립하고 평생 교육과 연구에 종사하였다. 그는 학교 현관에 '기하학을 모르는 자는 출입을 금함'이라고 쓸 정도로 기하학을 중시여겼다고 한다. 그는 전문적인 수학자는 아니었다. 하지만 그에 의해 수학이 본격적으로 정의와 공리, 공준과 같은 연역적 체계, 즉 논증적으로 연구되기 시작했다. 드디어 그때그때의 수학, 눈에 보이는 것만을 세고, 재고, 달고만 하던 오리엔트 수학에 그리스인들의 논리적, 철학적 사고와 증명이 본격적으로 덧입혀졌다.

그 동안 사방에 무질서하게 흐트러져 있던 산만한 수학을 정돈하고 그 속에서 어떤 규칙성과 놀라운 법칙들을 발견하고 끄집어내기 시작한 것이다.

인간이 사는 곳에는 언제나 다툼이 있는가 보다. 얼마나 어리석은 존재들인가! 서로 행복하게 살아도 시간이 부족할 판에. 페르시아 제국을 물리치고 그렇게 문화적, 학문적으로 찬란한 꽃을 피웠던 아테네가 고작 반세기도 못 가서 그리스의 패권을 두고 스파르타와 싸우기 시작했다. 바로 펠로폰네소스 전쟁B.C.431-404이다. 전쟁의 결과는 수학발전의 지장은 말할 것도 없이 두 나라 모두에게 참혹함과 국력 쇠퇴만 안겨주었다.

결국 자신들이 야만인 취급했던 북쪽의 마케도니아 사람들에 의해 아테네는 기원전 338년에 함락되고 만다. 아버지 필립 왕을 이은 알렉산더 대왕은 거침없이 진군해 기원전 332년에 이집트를 접수했다. 그 이듬해에는 나일 강 하구에 '알렉산드리아Alexandria'라는 거대 도시까지 세우고 본토에 있던 그리스인들을 그곳에 이주시키기까지 했다. '없는 것은 눈 밖에 없다.'라고 할 정도로 눈부시게 번영한 알렉산드리아는 헬레니즘 시대의 문화, 경제 및 학문의 중심지가 되었다. 드디어 지구촌의 중심이 그리스 아테네에서 이집트 알렉산드리아로 옮겨진 것이다.

마침내 기원전 330년에는 왕궁이 있는 페르세폴리스Persepolis를 접수함으로써 페르시아 제국을 완전히 멸망시켰다. 하지만 알렉산더 대왕은 여기에 족하지 않고 정복활동을 계속했다. 인도 서북부까지 세력을 확장함으로써 거대한 마케도니아 제국을 완성하기에 이르렀다.

알렉산더 대왕이 세운 광대한 영토의 제국은 당시 최고 수준의 메소포타미아 문명, 이집트 문명, 그리스 문명 및 인도의 인더스 문명을 하나로 묶어 주었다. 뿐만 아니라 동서양의 문화를 하나로 융합시키는 계기가 되었다. 당연히 서양 수학과 동양 수학의 교류도 활발히 이뤄졌다.

바다와 수학

무세이온과 수학

거대한 마케도니아 제국을 완성한 알렉산더 대왕이 열병으로 그만 33년이라는 짧은 생애[B.C.356-323]를 마감하고 만다. 그러자 제국이 그의 후계자들에 의해 셋으로 나뉘었는데, 이집트는 프톨레마이오스[Ptolemaeos]가 차지하게 된다.

프톨레마이오스 왕은 이집트의 수도를 알렉산드리아로 정했다. 그는 재위기간[B.C.323-285] 동안 강의실, 실험실, 연회장, 기숙사 등을 고루 갖춘 방대한 규모의 무세이온[Museion]도 건설했다.

많은 학자들과 연구진들이 무세이온에 상주하며 학문을 연구하고 많은 우수 인재들을 길러냈다. 무세이온은 오늘날의 대학교육 기관과 거의 흡사하다. 그 유명한 알렉산드리아 도서관도 무세이온의 일부이다. 오늘날 박물관[Museum]의 어원도 바로 무세이온에서 비롯된 것이다. 수학의 주도권도 역시 알렉산드리아가 거머쥐고 있었다.

그곳 무세이온에는 오늘날 '기하학의 아버지'로 일컬어지는 그 유명한 유클리드[Euclid, B.C.330-B.C.275]가 있었다. 그는 아테네 플라톤 학교 출신으로서 무세이온의 최초 수학교수이자 알렉산드리아 학파의 대표적인 인물이다.

그는 그리스어로 '스토이케이아, *στοαιχεια*'라고 불리는 책 13권을 썼다. 영어로는 'Elements'라고 하고, 우리나라 말로는 '기하학원본'이라고 한다. 이 책은 가장 오래된 그리스의 수학책이며 '수학의 성서'로 불린다.

이 책에는 테아이테토스Theaetetos, B.C.417-369와 에우독소스Eudoxos, B.C.408-355 등 당대 플라톤학파들이 일궈낸 위대한 수학적 업적들을 유클리드가 자신의 논리로 직접 전개한 증명들이 체계적으로 정리되어 있다. 이 책은 플라톤학파의 교리에 따라 정의, 공리와 공준으로 전개된다.

유클리드 원본은 모두 13권으로 되어 있다. 제1권에서는 직선 · 평행선 · 평면도형, 제2권은 직사각형과 정사각형의 넓이, 제3권은 원, 제4권은 원에 내접 · 외접하는 다각형에 대해서, 제5권은 비례론, 제6권 닮은 도형, 제7 · 8 · 9권은 정수론, 제10권은 무리수론, 제11 · 12 · 13권에서는 입체기하학을 다룬다.

무세이온과 관련된 유명한 그리스 수학자가 또 있다. 그는 바로 시칠리아Sicilia 시러큐스Syracuse 출신의 아르키메데스Archimedes, B.C.287-212이다. 그는 무세이온의 학자들과 서신을 통해 수학적 발견을 서로 주고받았으며, 그곳에 직접 가서 공부도 했던 것으로 보인다.

그는 목욕하던 도중 히에론Hieron, B.C.270-216 왕관의 무게측정 원리를 우연히 발견하기도 했다. 너무 기쁜 나머지 "알아냈어! 유레카! Heurēka!" 하고 소리치며 발가벗은 채로 목욕탕을 뛰쳐나와 거리를 뛰어 다녔다는 그 유명한 일화의 주인공이다.

그가 현재의 적분법에 대한 기초 발상도 제공했다. "구의 체적을 구하기 위해서는 먼저 두께가 매우 얇은 많은 층으로 자르고…"라는 그의 발상이 오늘날 적분법의 시초가 되었다고 할 수 있다. 또한 원에 외접 · 내접하는 정다각형을 이용하여 원주율 π값을 최초로 구하기도 하였다. 그의 저서 '부체에 관하여On Floating Bodies'는 수학을 유체정역학에 응용한 최초의 논문으로 알려져 있다.

아폴로니우스Appollonius, B.C.262-?도 무세이온 유학파이다. 그는 유클리드와 아르키메데스의 뒤를 이은 그리스의 3대 수학자이다. 그 유명한 '원추곡선론Conic Sections'을 그가 썼다. 원추곡선의 성질과 그 응용이 그 책에 잘 기술되어 있고, 우리가 지금 사용하고 있는 '타원, 포물선, 쌍곡선'이라는 용어가 거기서 처음으로 등장한다.

종교와 수학

알렉산드리아의 무세이온에는 당대 세계 최고 학자들이 거의 다 모여 있었다. 위대한 수학적 업적들도 수없이 쏟아져 나왔다. 이렇게 쏟아져 나온 위대하고 방대한 성과물들은 무세이온 도서관에 차곡차곡 쌓여갔다. 세계의 지식정보 창고나 다를 바 없었다.

이 즈음에 로마시대가 도래했다. 로마는 기원전 146년에 그리스를 정복했다. 기원전 65년에는 메소포타미아 지역을, 기원전 30년에는 무세이온이 있는 알렉산드리아는 물론 이집트 전부를 차지했다. 드디어 세상과 수학의 중심이 로마로 옮겨간 것이다.

하지만 수학은 전혀 퇴보되지 않았다. 오히려 로마의 보호를 받으며 그리스의 논증적 수학이 무세이온에서 더욱 찬란한 꽃을 피웠다. 그것은 로마의 식민정책 덕분이었다. 로마인들은 그들이 정복한 나라들의 통치자들을 로마시민으로 받아들였다. 게다가 그들로 하여금 계속 다스릴 수 있도록 해주기까지 했다.

312년에는 대제국 로마 황제 콘스탄티누스[Constantinus, 280-337]가 황후의 영향을 받아 기독교로 개종하게 되었다. 그는 한 발 더 나아가 그 이듬해에 밀라노 칙령까지 내렸다. 로마 제국을 기독교 국가로 공인한 것이다. 이는 기독교 역사상 중대한 의미를 갖는다. 기독교가 세상의 중심에 서게 된 것이다. 하지만 부작용도 컸다.

그 이전까지는 가난한 자, 병든 자, 억울한 자 등 세상 의지할 곳 없는 약자들이 교회에서만은 평안과 위로를 받을 수 있었다. 하지만 황제가 믿는 종교를 이용하여 황제 밑에서 아첨하며 정치권력을 얻고자 했던 지배계층들도 모조리 개종하기에 이르렀다. 이는 예나 지금이나 다를 바 없는 현상이다. 결국 가난한 자, 굶주린 자, 글조차 읽을 수 없는 가련한 서민들은 돈과 권력을 가진 자들에 의해 교회 밖으로 내몰리거나 교회에서 조차도 무시와 천대를 받게 되었다.

더욱이 성경은 일반 서민들은 도저히 읽을 수 없는 헬라어나 라틴어로만 쓰여 있었다. 그들에게 성경책의 검은 것은 글씨고 흰 것은 종이일 뿐이었다. 오직 지식인층과 사회 지배계층들만이 성경을 접하고 읽을 수 있었던 것이다. 어찌 보면 이는 성경을 지배층의 기득권 유지 수단으로 이용하기 위해 의도된 것이었는지도 모른다. 또한 기독교가 국교로 되자 전 로마시민은 하루아침에 기독교 신자가 되었다. 미사드릴 성당이 턱없이 부족했다. 이에 수천 명이 동시에 들어가 미사드릴 수 있는 대형 성당이 필요했다.

그래서 이 시대에는 대형 성당 건축과 종교시설을 짓는데 필요한 기하학에 관련된 그리스 수학이 대세였다. 그럼 그 당시 헬라어로 된 그리스 수학책을 자유자재로 읽고 이해할 수 있었던 사람들은 과연 누구였을까? 바로 성직자들이었다. 그들은 당시 최고 지식인층으로서 헬라어로 된 성경을 읽고 강론까지 할 수 있는 사람들이었다. 그래서 이 시기에는 수학적 발전보다는 헬라어에 능통한 성직자들에 의해 수학책이 읽혀지고 건축에 응용되는 시기였다.

그 당시 세계 최고수준의 수학지식에 대한 혜택도 역시 성직자들 주변에 있는 가족들이나 친구들에게 돌아갔다. 그 대표적인 예가 뉴턴이라고도 할 수 있다. 그는 비록 17세기의 인물이지만 그의 외삼촌도 성직자였다. 외삼촌 덕택으로 성직자들 사이에서 전해지는 구하기 힘든 헬라어로 된 원본 수학책을 그는 접할 수 있었던 것이다.

330년에는 수도를 로마에서 비잔티움[Byzantium]으로 옮기고 그곳을 황제 자신의 이름을 따서 콘스탄티노플[Constantinople]이라고 명명까지 했다. 그러나 거대한 로마 제국은 395년에 동로마 제국과 서로마 제국으로 분열된다. 게다가 서로마 제국은 476년 로마인 자신들이 야만인 취급했던 게르만족 출신의 로마 용병인 오도아케르[Odoacer]에 의해 결국 멸망당하고 만다.

서로마 제국의 멸망으로 고대 사회가 점점 몰락하면서 그리스와 유럽 전역은 중세 암흑기로 접어들었다. 게다가 교황 중심의 기독교 문화가 더욱 확산되자 자연주의 철학과 인본주의 교육의 상징인 아테네 학교마저 529년에 문을 닫게 된다. 그러자 이 학교에 있던 많은 유능한 학자들은 소중한 지적 자산들을 가지고 페르시아로 도망을 갔고, 페르시아 왕은 그들을 기꺼이 받아들이고 게다가 연구도 계속할 수 있도록 후원까지 아끼지 않았다.

이로 인해 그동안 많은 혼란 속에서도 로마 제국의 보호아래 잘 보존되어 왔던 그리스의 수학이 기독교 문화권에서 이슬람 문화권으로 결국 넘어가고 말았다. 역시 무세이온도 급격히 쇠퇴하였다. 그러다 641년에는 완전히 아랍인들에게 넘겨지고 얼마 지나지 않아 기독교 문화의 흔적조차 없애기 위해 아랍인들은 무세이온에 불을 질러버린다.

그동안 수많은 학자들이 일궈낸 인류의 위대한 학문적 업적들과 자료들이 무세이온과 함께 순식간에 잿더미로 변해 버린 것이다. 종교적 갈등 때문이었다. 그리고 그리스 수학은 마침내 주저앉고 말았다.

바다와 수학

수학의 보존

이젠 아랍인들이 아프리카 북부와 이집트를 포함한 메소포타미아 지역의 오리엔트 문화권과 인도, 이베리아 반도의 스페인까지 세력을 떨치며 인류의 문명과 수학의 주도권을 거머쥐었다. 그리고 당대의 최고 수준의 수학과 천문학에 관련된 많은 서적들을 아랍어로 번역하기 시작하였다. 이 시대는 실로 번역의 수학기였다.

아바스 왕조의 2대 칼리프인 알-만수르[al-Mansûr, 709-775] 왕은 수도를 바그다드로 정하고 762년부터 원형도시를 건설하기 시작했다. 또한 왕궁에서는 인도의 천문학자인 브라마굽타[Brahmagupta, 598-665]의 책을 번역하였다. 브라마굽타의 책에는 유효하지 아니한 숫자[Placeholder]인 '0'과 그 외의 숫자 '1, 2, 3, …, 9'가 기술되어 있다. 아랍인들의 번역 덕택으로 인도 숫자가 아랍에 전해지게 된 계기가 되었다. 게다가 이는 현재 우리가 사용하고 있는 인도-아라비아 수체계의 기원이 되었다.

국왕 알-마문[al-Mâmun, 786-833]은 무세이온 출신인 프톨레마이오스[Claudius Ptolemaeos, 127?-145?]의 저서 《수학 모음집[Syntaxis mathematica]》을 번역했다. 번역 완료 후 '최고'라는 의미의 'Megistē'에 아랍식 관사인 'al'을 덧붙여 '알마게스트[Almagest]'라고 번역본의 이름을 지어주었다. 그런데 오늘날에는 이 번역본의 제목이 원래의 제목보다 더 유명하다.

알마게스트라는 책은 그 당시에 최고의 천문학 책으로 여겨졌다. 그 이유는 다름 아닌 '프톨레마이오스 체계Ptolemaic system' 때문이었다. 프톨레마이오스 체계의 핵심은 우리가 잘 알고 있는 천동설天動說이다. 즉 우주의 중심은 지구이고 지구는 움직이지 않는다는 이론이다. 이 체계는 당시 교황 영향권에 있었던 중세 유럽 사회에서 거의 절대 진리처럼 여겨졌다. 하지만 프톨레마이오스 체계가 점차 흔들리기 시작한다. 폴란드의 코페르니쿠스Copernicus, 1473-1543가 주장한 지동설地動說 때문이었다. 이 지동설을 독일의 케플러Kepler, 1571-1630가 더욱 구체적이고 과학적으로 증명하게 된다. 아이러니컬하게도 그도 역시 가톨릭 신자였다. 그래서 그 이후로는 태양이 지구를 돈다고 생각하는 사람이 돈 사람으로 취급받게 되었다.

하지만 그 지동설마저도 역시 완벽하지 못했다. 어찌 보면 지극히 당연한 일이다. 왜냐하면 당시 최고 과학자인 코페르니쿠스나 케플러도 우리와 마찬가지인 불완전한 인간에 불과하기 때문이다. 그러므로 그들이 내린 결론 역시도 제한적이고 불완전할 수밖에 없다.

이제는 우주의 중심을 잡고 멈춰있다던 그 태양마저 움직인다는 사실이 밝혀졌다. 태양 역시 지구처럼 자전도 하고 공전도 한다. 그 공전 속도를 구해낸 사람이 있다. 스웨덴의 린드블라드Lindblad, 1859-1965이다. 그는 또한 태양이 수천억 개의 은하 중 하나인 우리은하를 중심으로 공전한다고 주장했다.

하지만 그가 태양의 공전 중심축으로 여겼던 우리은하의 실체는 아직도 밝혀지지 않고 있다. 하늘에 끝없이 펼쳐져 있는 무궁한 바다와 같은 그 우주. 그 우주의 중심축에 대한 신비의 비밀은 유한한 인간이 아닌 오직 우주만물의 창조주인 영원하신 그 분만이 알고 계시리라.

그리스의 3대 수학자인 유클리드, 아르키메데스와 아폴로니우스의 수학책들도 타비트 이븐 코라Tâbit ibn Qorra, 826-901에 의해 아랍어로 번역되었다.

아랍인들은 타고난 상인들이다. 이러한 자기 민족의 타고난 상인적 기질을 간파한 국왕 알-만수르는 수도를 바그다드로 정한다. 바그다드는 동양의 인도, 중국과 페르시아 및 지중해 연안 지역의 유럽 여러 나라들을 서로 이어주는 요충지에 놓여 있다.

처음에 그들은 육로를 통해 동서양을 오가며 중개무역을 하였다. 점차 거부가 된 상인들도 많아졌다. 그들은 멈추지 않고 중국에서 입수한 나침판까지 동원해 해양통상무역까지 손을 댔다. 현재 나침판은 영어로 '컴퍼스[Compass]'라고 하는데 그 어원은 '원을 방위로 분할하다'라는 의미의 라틴어 'Compassus'에서 비롯되었다. 앞으로 여러분들이 타게 될 모든 선박에는 항해 중에 방위를 잴 수 있는 '자이로컴퍼스[Gyrocompass]'라는 것이 설치되어 있을 것이다. 이는 나침판보다 한 단계 업그레이드된 관성항법 장치이다.

이런 천부적인 상인 기질을 타고난 아랍인들에게 절실했던 수학이 있었다. 장사하는데 요긴한 수학이었다. 빠른 기록과 셈, 부기, 회계 등과 같은 상거래와 관련된 대수학이 그것이다. 또한 그들에게는 삼각법과 구면삼각법 및 천문학에 관련된 수학도 절실했다. 이는 비단길과 같은 장거리 육로 여행과 상선을 통한 해양통상무역을 하기 위해서 방향과 위치를 정확히 계산해 낼 수 있는 수학이 필수적이었기 때문이다.

그래서 아랍인들은 상거래에 안성맞춤인 인도 숫자와 관련된 수학책들을 자신들의 언어로 번역했던 것이다. 역시 원거리 여행과 항해와 관련된 그리스 수학책들과 알마게스트와 같은 천문학 책들도 바그다드로 모아들여 번역했던 것이다. 이렇게 번역된 수학책들은 아랍인들에 의해 한참동안 잘 보관되다가 나중에 서구 유럽사회에 전해지게 된다. 그 덕택으로 유럽은 기나긴 중세 암흑기를 벗어날 수 있게 된다. 물론 지금의 풍요로운 유럽도 다 그 수학책들 덕분이다.

바다와 수학

신항로 개척과 수학

이슬람 세력에 빼앗긴 기독교인들의 성지 순례지인 예루살렘을 회복하기 위한 십자군 원정이 1095년부터 361년 동안이나 계속되었다. 이 기나긴 전쟁으로 많은 기사들은 죽고 십자군 원정도 결국 중단되고 말았다.

이는 결국 교황의 영향력을 크게 약화시키는 결과를 초래했다. 그러자 교황 중심의 중세 유럽사회가 순식간에 붕괴되고 말았다. 급기야 1453년에는 이슬람세력인 오스만제국에 의해 콘스탄티노플마저 함락되었다. 마침내 동로마 제국이 사라지면서 로마시대도 역사 속으로 영원히 사라지고 말았다.

콘스탄티노플이 이슬람권에 넘어갔다. 그러자 콘스탄티노플에 살고 있었던 많은 기독교인들이 귀중품과 그리스 원본 책들을 꾸려 신앙의 자유를 찾아 그곳을 빠져 나왔다. 그들 대부분이 향한 곳은 당시 유럽에서 가장 번성한 나라 이탈리아였다. 특히 나폴리, 제노바, 베니스 등과 같은 항구 및 상업도시로 몰려들었다. 이는 세계의 경제, 사회, 문화, 지식 및 수학의 중심축이 콘스탄티노플에서 다시 이탈리아와 지중해 연안으로 옮겨졌음을 의미한다. 이로 인해 가장 많은 수혜를 입은 것은 유럽이었다. 유럽이 마침내 세계 최고수준의 헬라어로 된 그리스 원본 수학책을 볼 수 있게 되었다. 그 전까지 유럽은 주로 시칠리아와 스페인을 통해서 아랍인들에 의해 번역된 일부 수학책들만 고작 만져볼 수 있었는데 말이다.

이 시기에는 종이를 만드는 제지 기술과 인쇄술도 발달하여 서적 교역이 활발해졌다. 특히 인쇄된 많은 수학책들이 이탈리아 상인들의 배에 실려 유럽 전역으로 급속도로 퍼져나갔다. 지중해와 대서양 연안 해상무역이 대규모로 이루어졌다. 그러니 폭발적인 상거래와 항해에 요긴한 수학이 필요했던 것이다. 바로 부기, 회계, 이자율 계산 등과 같은 상업 및 금융에 관련된 수학과 지문 · 천문항해법과 같은 항해술에 관련된 수학이 대세였다.

양념이라고 해봐야 고작 소금뿐이었던 중세 유럽. 그러나 귀족들에게는 십자군 원정 때 맛본 후추와 같은 동양의 향신료와 비단, 귀금속 등이 자신들의 가문을 뽐내주는 필수품이 된 지 오래다. 문제는 그 진귀한 것들을 아랍 상인들한테서 구해야만 했다는 것이다. 십자군 원정 후라 커다란 종교적 적대감이 남았는지 그 값이 터무니없이 비쌌다. 특히 향신료 중 후추는 한 알갱이씩 세어서 팔거나, 후추로 땅을 사기도 하고 시민권을 사는데 이용될 정도였다. 게다가 이탈리아 마르코 폴로Marco Polo, 1254-1324의 《동방견문록》이 유럽에 소개되면서 동방에 대한 호기심이 더욱 커지게 되었다.

유럽인들은 새로운 세계의 탐험과 동방의 진귀한 물품을 저렴하게 구하고 싶었다. 이러한 그들의 욕구가 대서양과 인도양, 태평양을 건너는데 필요한 커다란 배를 제작하는 조선기술과 항해장비 개발로 이어졌다. 이는 수학의 무게중심을 유럽으로 옮기는 커다란 역할을 했다. 덩달아 동양과 서양의 무역중심도 그리스와 이탈리아 지중해 연안에서 대서양의 유럽으로 옮겨갔다.

유럽이 드디어 세계 탐험 항해에 나섰다. 신항로가 개척되었고 기대하지 않았던 신대륙도 발견했다. 더불어 유럽이 보유하고 있던 수학도 신대륙에 자연스럽게 전해졌다. 전 세계의 진귀한 물품들이 유럽으로 모여들기 시작했다. 유럽이 풍요로워졌다. 세상에서 가장 돈 많은 유럽이 되었다. 하지만 그 유럽의 풍요

속에 숨겨진 게 있다. 당시 그들이 식민지로 삼았던 아시아, 아프리카와 신대륙의 착취당한 많은 사람들의 희생 말이다.

이 신항로 개척 시대에는 폭발적인 무역량의 증가로 짧고 명료하게 기록할 수 있는 표기법도 필요했다. 수와 식을 긴 문장으로 표현하던 수사대수와 단어를 축약하여 표현하던 약어대수는 점점 사라졌다. 그 대신 현재 우리가 사용하고 있는 기호 형태의 기호대수가 등장하게 되었다.

수학의 주도권을 쥔 나라가 지구촌의 중심을 차지했다. 이것은 우연偶然이 아니라 필연必然이었다. 결국 수학은 세계사의 변천을 이끌어 온 장본인 셈이다. 지금도 당시 신대륙 탐험의 출항지인 유럽과 그들이 입항한 신대륙에 여전히 그 수학의 주도권이 머물러 있다. 드디어 그 주도권이 대한민국 최남단 마라도를 넘어 바다로 꿈을 캐러 나간 여러분들에 의해 우리나라로 옮겨질 즈음이 되었다. 기대한다.

바다와 수학

추억의 한국 수학

우리 아버지 세대만 해도 남자는 하늘天이고 여자는 땅地이라는 생각이 아주 강했던 것 같다. 우리 사회가 본래의 유교 정신에서 벗어나 '남자는 하늘같이 높은 존재이고 여자는 비천해서 함부로 대해도 좋다'는 식으로 잘못 받아들였기 때문이다. 문제는 '여자가 감히', '무슨 여자가 함부로'라는 말들이 우리 사회에서 여전히 잘 먹히고 있다는 사실이다.

하지만 조선 성리학을 구축하신 대유학자大儒學者 퇴계 이황退溪 李滉, 1501-1570 선생의 삶을 보면 그릇된 해석임에 틀림없다. 선생이 27세 때 첫째 부인 허씨가 병으로 죽자, 3년 후 권씨 부인과 재혼을 하게 되었다. 그런데 권씨 부인은 결혼 전에 이미 정신착란증을 앓고 있었다. 그런 부인을 선생께서는 항상 따뜻하게 대해 주셨고 늘 소중하게 여기시면서 돌보셨다고 한다.

"하늘같은 남자가 땅처럼 약한 아내를 돌보셨던 것이다."

또한 우리 옛 선조들께서는 하늘天의 기氣와 땅地의 기氣가 하나 되어 사람의 몸을 이룬다고 여겼다. 그리고 그 기가 사람의 몸속을 자연스럽게 흘러야 사람이 건강하게 살 수 있다고 생각했다. 우리는 친구들과 이야기를 나누는 중에 "허, 참! 기가 막혀"라는 말을 자주 한다. 그 말대로 '기氣가 정말 막히면' 사람의 몸에 흐르는 하늘과 땅의 기의 흐름이 모두 막혀 사람이 아프게 된다고 여겼던 것이다.

이러한 동양적 사고방식을 '음양사상陰陽思想'이라고 하는데, 이 음양사상은 동양의 수리체계 형성에도 많은 영향을 준 것 같다. 즉 동양의 수리체계는 하늘을 양수(+), 땅을 음수(−)로 간주한다. 그리고 인도인들이 음수와 양수의 조화로 생각해낸 '0'이 덧붙여져 동양의 수리체계가 성립되었을 것으로 추측된다.

'0'이란 숫자는 과연 무엇을 의미하는 것일까?
조용히 눈을 감고 생각해 보았다.

한 남자와 한 여자가 사랑해 결혼하고 조화를 이루어 그 조화의 열매로 아이를 낳는다. 갓 태어난 그 아이의 손에는 아무것도 쥔 것이 없다. 아무것도 없이 빈 상태, 무의 상태인 '0'의 상태로 세상에 온 것이다. 그 아이가 성장해 '0'인 상태의 자식을 그도 또 낳는다. 그리고 세상 모든 명예와 부를 다 움켜쥐려고 애쓰다가 병들고 늙고 허리가 굽어 땅에 가까워진다. 결국에는 손바닥에 아무것도 움켜쥐지 못한 채 '다 내려놓고' 다시 빈손이 되어 흙으로 돌아가고 만다. 다시 '0'의 상태가 되고 마는 것이다. 제 아무리 잘나고 똑똑한 척해도 사람은 모두 0에서 나와 다시 0으로 되돌아가는 허무한 인생인 것이다. 그러니 이 땅에 있는 동안 '나만'도 아닌 그렇다고 해서 '너만'도 아닌 '우리'가 되어 서로에게 힘과 용기를 주는 아름다운 삶을 함께 살기 바라며 조용히 눈을 뜬다.

동양적 수리체계에 영향을 준 또 하나의 동양적 사상이 있다. 오행사상五行思想이다. 이 사상은 우리 주변의 모든 자연과 인간을 물, 불, 나무, 쇠, 흙과 같이 다섯으로 나눈다. 이 다섯 가지의 순행과 역행의 과정을 풀이하여 인간의 생사화복生死禍福을 점치고 자연의 변화를 예측하는 사상이다. 이 사상에도 음양과 그 조화가 내재되어 있다. 물(水)은 매우 차가운 성질, 쇠(金)는 약간 차가운 성질, 불(火)은 매우 뜨거운 성질, 나무(木)는 약간 따스한 성질, 흙(土)은 차가움(−)과 따스함(+)의 조화인 중간의 성질을 나타낸다. 마치 우리나라의 봄, 여름, 가을과 겨울에 비유해도 좋을 것 같다.

이러한 음양오행사상에 근간을 둔 동양적 수리관이 우리 한국인들에게도 그대로 스며들었던 것이다. 하지만 지금 여러분들과 같이 한자를 배우지 않은 세대들에게 '음양오행사상'이 무엇이냐고 물으면 그 의미를 대충이라도 대답하는 사람이 그리 많지 않을 뿐더러, 그러한 동양적 수리체계에 대해서는 더더욱 모를 것이다. 이는 당연한 일이다. 왜냐하면 여러분들이 지금까지 15년 이상 배웠던 수학은 동양적 수리체계에 기초를 둔 수학이 아니라, 오리엔트 지역과 그리스를 거쳐 유럽을 통해 우리에게 전해진 서구식 수학이기 때문이다.

경주의 석굴암이라든지 첨성대 등을 보면 통일신라시대의 수학 수준도 만만치 않았음을 짐작할 수 있다. 하지만 고조선, 삼국시대, 통일신라시대를 거쳐 고려 및 조선 세종대왕 이전까지의 우리나라 수학은 왕궁의 담 밖을 넘지 못했다. 왕궁의 출납회계, 세금 징수를 위한 토지 정리, 길흉의 징조를 예견하기 위한 일식[日蝕]과 월식[月蝕]의 계산 및 점을 치기 위한 수준 정도에 머물렀던 것이다. 그런 수학마저도 일반 백성들에게는 전혀 보급되지 않았다. 지배층 중심의 관영수학[官營數學]이었다. 특히 일반 백성들이 일식이나 월식 같은 천문을 관측하는 행위는 천기누설죄로 다스릴 정도로 엄격히 금하였다.

또한 과거 한국 사회는 지배 계층과 피지배 계층 간의 신분 이동이 제도적으로 엄격히 제한되었다. 또한 농업이 가장 중시되는 농경중심 사회였다. 그러다 보니 서양처럼 상업이나 무역을 통해 거부가 된 도시 시민계층과 같은 새로운 신분계층이 나타나기 어려운 매우 경직된 사회구조였다. 이러한 사회구조 속에서는 당연히 유럽과 같이 중세 암흑기를 벗어날 수 있는 백성들 중심의 민간수학 또는 상업수학이 싹이 틀래야 틀 수가 없었다.

하지만 세종대왕에 들어서부터는 수학 활동이 활기를 띠기 시작했다. 세종대왕은 영국의 왕립학회처럼 궁 안에 집현전이라는 왕립연구소를 설치하였다. 또한 많은 학사들로 하여금 연구에 전념할 수 있도록 도와주시고 자신이 직접 참여하시기도 하였다.

세종대왕이 오늘날까지도 위대한 성군聖君으로 후세들에게 추앙받고 있는 것은 자신의 능력도 능력이지만 뛰어난 학자들과 재능있는 기술자들을 알아보는 탁월한 안목 때문일 게다. 또한 그 당시에 권력을 맘대로 쥐고 흔들었던 많은 사대부들의 극렬한 반대를 무릅쓰고도 신분을 초월한 인재 기용을 한 때문이 아닐까 싶기도 하다. 신분과 출신을 엄격히 따지는 그 시기에, 신분을 초월한 인재 기용 자체가 획기적이고 참으로 파격적인 일이 아닐 수 없다. 현재 우리가 살고 있는 이 시대에도 사람의 능력보다는 지역 연고와 출신 학교를 얼마나 많이 따지는가! 또한 이 문제로 대한민국 사회가 얼마나 갈등하고 상처로 얼룩져 있는가! 그러고 보면 세종대왕은 역시 시대를 뛰어 넘는 남다른 안목을 가지신 위대한 분임에 틀림없다.

세종 5년(1423년)에는 부산 동래현 관노 출신인 장영실이 세종대왕의 특명으로 노비신분에서 정5품 상의원 별좌가 되어 궁정기술자로서의 역할을 본격적으로 시작할 수 있었다. 세종 14년(1432년)에 장영실은 오늘날 각도기와 비슷한 구조를 가진 목제 간의簡儀를 제작했는데, 이는 혼천의渾天儀를 간소화한 것이다. 혼천의는 고대 중국의 우주관인 혼천설을 형상화해 만든 세 겹의 둥근 고리 구조의 천문 관측 장치로서 천체의 위치와 절기 및 시간을 측정할 수 있는 장치이다.

그 이듬해 세종 15년에는 정4품 호군에 오른 장영실이 우리나라 최초의 혼천의와 물시계인 자격루도 만들었다. 또한 세종 16년에는 두 개의 천문 관측대도 제작되었다. 세종 19년에는 '앙부일구, 현주일구, 정남일구'와 같은 해시계가 완성됨으로써 천문의기의 대부분이 갖추어졌다. 특히 생김새가 가마솥 모양이고 하늘을 우러러 보고 있는 형상이라서 이름 붙여진 '앙부일구仰釜日晷'는 일반 백성들에게도 공개된 일종의 해시계이다. 앙부일구는 경복궁의 흠경각과 왕실의 사당인 종묘에 각각 설치되었다. 또한 세종23년(1441년)에는 홍수나 가뭄을 예측하기 위한 세계 최초의 우량계인 측우기도 발명되었다.

또한 세종 5년에는 원나라와 명나라 역법曆法(해와 달과 별의 주기적인 움직임을 관찰하여 하루, 한 달, 일 년과 같은 달력을 정하는 법칙)을 검토하여 우리나라에 들어맞는 독창적인 역법을 만들라는 명을 내리셨다. 드디어 세종 24년(1442)에 칠정산 내편七政算 內篇은 정인지와 정초, 정흠지에 의해, 칠정산 외편七政算 外篇은 이순지와 김담에 의해 완성되었다. 동양사상의 핵심인 음양오행사상과 똑같은 이치의 '칠정七政'은 해와 달과 다섯 행성 즉, 수성, 금성, 화성, 목성, 토성을 의미한다. 칠정산은 일종의 천체력인 셈이다.

칠정산 내편은 원나라의 역법인 수시력授時曆을 참고해 만든 것이다. 이 책에는 1년을 365.2425일로 정하고 있고 일식과 월식 등에 대한 내용이 기록되어 있다. 또한 중국이 아닌 조선의 수도 한양을 중심으로 한 동지와 하지 전후의 해 뜨는 시각과 해지는 시각 및 밤낮의 길이를 나타낸 일람표도 실려 있다.

또한 칠정산 외편은 원나라로부터 명나라가 이어받은 아랍 역법인 회회력回回曆을 해석하여 1년을 '365.2421875'라고 적고 있다. 이는 원나라의 수시력보다 실제의 1년 평균 길이에 훨씬 가까운 값이다. 그 당시 조선과 중국에서는 아랍인들을 '회회인'이라고 불렀는데, 그들이 쓰는 달력이 바로 '회회력'으로, 이 회회력은 원래 프톨레마이오스가 쓴 '알마게스트'를 근간으로 만들어진 것이다. 이처럼 1년의 길이를 실제에 가깝게 계산해 낼 수 있는 능력을 드디어 조선이 자체적으로 보유하게 되었다. 이렇게 됨으로써 우리나라 하늘에서 일어나는 일식과 월식을 보다 정확하게 예측할 수 있게 되었고, 농사 절기와 농작물의 적절한 파종시기를 파악할 수도 있게 되었다.

세종대왕 시대야 말로 조선왕조 역사상 역법과 천문에 관련된 수학적 활동이 가장 왕성한 시기였다. 하지만 얻어진 성과물들은 민간 백성들에게 전혀 보급되지 못했다. 여전히 궁정수학의 범위를 벗어나지 못했다. 더욱 안타까운 것은 세종대왕 이후부터는 오히려 수학과 과학기술에 대한 관심이 예전보다 더 시들해진 것이다. 양반들이 첩을 통해 낳은 중인서얼[中人庶孼] 출신의 하급관료들인 산학자[算學子]들만이 고작 그 명맥을 이었을 뿐, 더 이상 진전은 없었다.

조선이 임진왜란[1592-1598]이라는 7년 동안의 기나긴 대혼란과 격동의 시기를 겪으면서 조선의 토지는 거의 황폐화되었다. 백성은 도탄에 빠졌으며 정치, 사회, 문화, 사상 등 전반에 걸쳐 심각한 타격을 입었다. 하지만 일본에겐 조선침략을 통해 조선의 선진 문물과 문화를 경험할 수 있는 절호의 기회였다. 더욱이 많은 서적들을 탈취해가고 기술자들을 징용해 감으로써 많은 문화적 혜택도 취하게 되었다. 특히 조선으로부터 가져간 수학책으로 와산[和算]이라는 일본 전통수학의 기초를 다지기도 했다.

임진왜란의 상처가 치유되기도 전에 정묘호란[1627]과 병자호란[1636]이 또 다시 일어났다. 그러자 거듭되는 전란에 의해 파괴된 사회질서를 다시 회복하려는 움직임이 나타났다. 또한 조선 땅에 이렇게 참혹한 현상이 반복되는 그 근본 원인과 그 해결책을 찾으려는 새로운 지식인층이 등장했다. 합리와 실용을 추구하는 바로 실학파[實學派]이다.

그 선봉은 이수광 선생[1563-1628]이다. 선생은 사신으로 중국 명나라를 여러 차례 오가면서 천주교 지식과 서양문물을 '지봉유설'을 통해 조선에 소개한 실학파의 선구자였다. 홍대용 선생[1731-1783]은 우리나라 최초로 지구의 자전설을 제창한 실학자로서 조선 말기의 과학 사상 발전에 큰 공헌을 하셨다. 박지원 선생[1737-1805]은 홍대용 선생으로부터 천문학 지식을 많이 배웠다. 선생은 당시 허울 좋은 명분만 내세우는 양반들을 '허생전'을 통해 비꼬았다. 또한 중국 청나라의 선진 문물과 서양 기술을 '열하일기'를 통해 우리나라에 소개하고 사회 개혁 방안을 논하기도 하셨다.

나는 정약용 선생[1762-1836]을 '참' 좋아한다.

내 정신이 흐려질 때 다산[茶山] 선생님의 글귀를 보면 마음이 정결해지고 정신이 맑아진다. 늘 선생님의 말씀을 내 인생의 경계로 삼고자 내 책상 앞에 두고 본다.

> 차[茶]를 즐겨 마시는 국민은 흥[興]한다
> 동트기 전에 일어나라
> 기록하기를 좋아하라

이 글귀를 몇 년 전 다산초당[茶山草堂] 입구 가게에서 구했다. 원래 '다산[茶山]'은 전남 강진 도암면 귤동 마을의 뒷산 이름인데, 선생이 그곳에 머무시면서 자신의 호로 삼으셨다고 한다.

선생께서는 6남 3녀를 얻으셨으나 천연두로 4남 2녀를 잃는 고통을 겪으셨단다. 더욱이 천주교 박해 사건인 신유사옥[1801]때문에 강진에 유배까지 당하셨다. 강진에 유배된 선생께서는 동문 밖 주막과 고성사의 보은산방 등을 8년 동안 떠돌아다니셨다. 그러다 마침내 1808년 봄에 이르러서야 선생의 거처를 다산초당으로 정하실 수 있게 되었다. 선생은 유배를 마친 1818년 9월까지 다산초당에 머무르셨다고 한다.

18년간의 강진 유배는 선생에게 있어서 견디기 어려운 시련의 시기였다. 하지만 선생은 도리어 그 고달픈 시련을 학문적 발전의 계기로 삼으셨다. 마치 중국

고승인 황벽 선사의 글귀와 딱 들어맞는 것 같다.

> 뼈 속에 스며드는 추위를 겪지 않고서야 어찌 코를 찌르는
> 매화향기를 얻을 수 있으리오.
> 不是一番寒徹骨 爭得梅花撲鼻香

우리가 살면서 겪어야할 수많은 인생의 고달픈 시련들은 꼭 나쁜 것만은 아닌 것 같다. 오히려 우리 인생의 아름다운 꽃과 향기를 내는데 꼭 필요한 것들이 아닌가 싶다. 시련은 행복을 감싼 포장지에 불과하다. 젊은이들이여! 힘과 용기로 그 시련의 포장지를 걷어 내라. 그러면 행복을 얻으리라.

선생은 다산초당에 머무르시면서 많은 제자들을 가르치셨다. 거기서 정치, 경제, 군사, 지리, 역학, 수학 등 다방면에 걸친 책들을 500여권이나 집필하셨다. 또한 다산초당은 조선시대의 공론적이고 관념적인 학풍을 실용적인 과학사상으로 이끌어 낸 실사구시[實事求是]의 실학이 집대성된 곳이기도 하다.

선생께서는 또한 이렇게 말씀하셨다.

> "의복은 성글고 식사는 네 접시를 넘지 않도록 하라."
> "상관의 명령이 공법에 어긋나고 민생에 해를 끼치는
> 것이면 굽히지 말고 꿋꿋이 자신을 지켜야 한다."

이 말씀 속에는 당시 조선사회에 부모를 잃은 아이, 자식 없는 노인과 재해와 가난으로 무기력했던 당시의 약자들인 일반 서민들을 최우선적으로 보살피려는

선생의 '애민愛民' 정신이 그대로 담겨져 있다.

당시 중국 청나라에 가 본 실학자들이라면 자신들이 생전 처음 본 기계들과 최신 군사무기 및 다양한 생활용품 등 선교사들이 청나라로 가지고 들어온 유럽의 선진 문물을 보고 그 충격을 감추지 못했을 것이다. 뿐만 아니라 조선과 서구 문명의 격차가 너무나 큼을 실감하고 한숨을 내쉬었을 것이다. 그래서 실학파들은 조선이 부국강병한 나라가 되기 위해서는 서구 과학기술이 절실함을 깨닫고 서구 지식에 깊은 관심을 갖게 되었다.

하지만 과학기술의 그 중요성을 간파했던 실학자들조차도 당시 조선을 사로잡고 있던 강한 유교적 사고의 높은 벽을 넘지는 못했다. 실학자들은 과학기술의 필요성과 중요성을 누구보다도 먼저 깨달은 선각자들이었지만 양반 출신인 본인들이 직접 기술자가 되거나 수학자가 되는 것은 무척 꺼려했던 것 같다. 소위 말하는 '양반 체면' 때문이다. 기술과 수학은 서얼 출신이나 천한 아랫것들이 하는 것이라는 의식이 여전히 잠재해 있었기 때문이다. 단지 자신들은 서구 문물을 소개하고 가르치는 학자로서의 역할만을 하려 했던 것 같다.

조선시대 및 근대에 이르기까지 한국인에게 팽배했던 유교이념은 기라성綺羅星 같은 품격 높은 선비들을 많이 배출하였다. 또한 부모님과 어르신들을 존경하는 효孝사상과 같은 한국의 아름다운 전통을 만들기도 하였다. 하지만 우리나라의 근대화에는 다소 걸림돌이 된 것은 사실이다.

한국의 근대화는 개항에서 비롯되었다.

다만 아쉬운 것은 일본과 서방 제국들의 힘과 강압에 의한 어쩔 수 없는 개항이라는 점이다. 서구 선진 문물을 도입하여 부국강병인 나라를 만들기 위한 자발적인 개항이 아니라는 것이다. 앞으로 여러분들이 자주 드나들 부산항1876이 맨 처음 개항되었고, 이어서 원산항[1879]과 인천항[1882]이 차례로 개항되었다. 개항된 항구에는 함포가 장착된 외국 군함들이 들어왔다. 함포의 공포와 더불어 서구 문명도 흘러들어왔다. 그리하여 근대화의 문이 열리기 시작했다.

한국 근대화는 고종 23년(1886년)에 실시된 노비 세습제 폐지의 영향을 크게 받았다. 드디어 경직된 한국사회의 뿌리 깊은 유교적 신분제도가 폐지된 것이다. 마침내 중세 유럽의 봉건제도와 같은 신분제도가 한국사회에서도 무너지자 근대화의 물결이 쇄도하기 시작했다. 또한 같은 해에 천주교에 대한 탄압도 해제되었다. 천주교의 포교활동이 자유로워지자 유럽은 물론 미국의 개신교 선교사들까지 우리나라로 들어왔다. 선교사들은 의료기관을 설립하고 근대 서구식 학교도 세웠다. 미국의 스크랜턴[Scranton]은 우리나라의 최초 여성 신교육기관인 이화학당을 세웠다.

현재 이화여자대학교의 전신인 이화학당에서는 영어와 산술 과목 등을 가르쳤는데, 특히 산술은 음양오행사상에 입각한 전통 수학과는 완전히 다른 근대 서구 유럽의 산업혁명을 일으킨 유럽식 수학이었다.

갑오경장[1894]부터 우리나라는 양력을 쓰기 시작했다. 그 이듬해인 1895년은 우리나라 수학사의 대변혁의 해이다. 이 해에 교육제도가 신식으로 완전히 개편되었다. 비로소 우리나라 학생들이 수학을 서구 유럽식으로 배울 수 있게 된 것이다. 나도 초등학교 시절 상업고등학교를 나온 동네 누나한테 주산을 배웠던 기억이 난다. 아마도 당시 신식 소학교령에 의해 산술과목에서 주산을 가르치도록 규정되어 있어서 나도 주산을 배웠던 것 같다.

또한 사범학교와 중학교에서는 대수학과 기하학을 '수학'이라는 교과목 이름으로 가르치기 시작했다. 1907년 미국 교과서를 토대로 만든 대한예수교 발행의 중학교용 교과서인 '산학신편'에서 우리나라 역사상 가로쓰기가 처음으로 시작되었다. 또한 오늘날과 같은 구구단표가 거기에서 처음으로 등장했는데 구구단이 아닌 12단까지 실려 있다. 이와 같이 개화기를 거치면서 우리 민족은 근대화의 절호의 기회를 잡았지만 또 다시 암울한 수난의 역사는 찾아왔다.

일본의 강점기[1910-1945]가 시작된 것이다.

그러다가 1945년에 히로시마와 나가사키에 투하된 원자폭탄의 파괴력에 깜짝 놀란 일본 천황이 미국에 두 손 들고 항복한다. 그러자 우리나라도 마침내 해방을 맞이하게 되었다. 하지만 해방 직후 정치와 이념적인 갈등으로 민족이 다시 분열되고 만다. 갈등 끝에 결국 남과 북 우리 모두에게 슬픔과 아픔만을 남긴 6.25 전쟁이 1950년 발발하였다.

과거 임진왜란과 같은 수차례의 왜침으로 한반도가 황폐화되었듯이, 동족상잔의 6.25 전쟁으로 한반도에 피비린내와 잿더미와 깊은 상처만 남았다. 남과 북 모두에게 패배감과 좌절감만 안겨준, 이 땅에서 다시 일어나서는 안 될 전쟁이었다. 이러한 전쟁의 참혹함과 굶주림 속에서 수학의 발전이 있을 리 만무했다.

전쟁 이후 우리 민족은 절망의 늪 속에 빠졌고 보릿고개와 같은 처절한 배고픔을 오랫동안 겪어야만 했다. 우리 민족은 다시 일어설 수 없을 것 같은 자포자기[自暴自棄]의 벼랑 끝에 서 있었다. 이러한 상황 속에서도 여전히 유교적 테두리에서 벗어나지 못한 하늘[天]과 같은 남자들은 가정의 중심을 바로잡지 못하고, 오히려 술과 노름의 수렁에 빠져들어 주렁주렁 낳은 자식들에게 가난만 대물림시키고 있었다.

한국의 어머니는 여자가 아니다.

대한민국을 배고픔과 가난과 무지[無知] 속에서 구해낸 위대한 땅[地]이었다.

5남 3녀를 둔 우리 어머니의 하루일과는 이랬다. 교회 종탑의 종소리가 울리자마자 예배당에 가서 자식들의 이름을 하나씩 불러가며 눈물로 기도하셨다. 그리고 얼른 집에 돌아와 군불로 가마솥에 밥을 짓고 온 식구들이 밥을 먹는 동안 학교 갈 자식들의 도시락을 챙기셨다. 하지만 정작 당신은 부뚜막에서 물에 꽁보리밥을 말아 뚝딱 드시고 만다. 그리고 숟가락을 입에서 떼자마자 논밭에 나가 해 질 녘에야 천근만근 지친 몸으로 돌아오신다.

자식들에게는 일을 잘 시키시지 않으셨다. 농사일은 당신 몫이고 공부는 우리 몫이라고만 하신다. 잘 가르쳐서 가난과 무지를 자식들에게 대물림하고 싶지 않으셨으리라. 어머니 자신의 영적 곤함과 육체적 지침은 새벽 녘 예배당에서 매일매일 눈물로 그렇게 씻어내시고 하루하루를 새롭게 시작하셨던 것이다.

이와 같은 어머니가 한국의 어머니였다.

한국 어머니의 교육열은 한국인의 문맹률을 급속히 떨어뜨렸고, 한국 어머니들의 타고난 근성인 '부지런함'은 자식들에게 고스란히 유전되었다.

한국의 교육 현장에 서구 유럽과 미국식 교육제도가 정착되고 본 궤도에 올라섰다. 그러자 서구 선진 지식이 급속도로 한국인들에게 파급되었고 산업에 응용되었다. 그 결과 눈부신 성장이 순식간에 진행되었고 현재의 풍요로운 대한민국이 만들어졌다. 그 주역은 다름 아닌 위대한 땅[地]인 우리의 한국 어머니들이었다.

우리나라가 이렇게 성장하게 된 또 하나의 동력은 바다에서 찾을 수 있다.

1970년대에 들어서면서부터 정부 주도의 국민 계몽운동과 근대화 운동이 시작되었다. 사람들이 점차 포기와 절망을 딛고 일어서기 시작했다. 하지만 나라의 재건에 미국 돈 '달러'가 절실했다. 달러를 벌기 위해서 외국의 탄광 채굴자로,

중동의 건설 현장과 간호사 등으로 나갔다.

그런데 가장 달러를 많이 버는 직업이 외국의 상선을 타는 것이었다. 배를 1년 정도 타면 집 한 채가 생길 정도로 많은 돈을 벌었다고 한다. 당연히 내로라할 만한 대한민국의 머리 좋은 수재들이 배를 타기 위해 해양대로 몰려들었을 것이다. 당시 대통령께서 외화 획득의 선봉인 선원들을 격려해 주시기 위해 배에까지 직접 올라오셨다고 한다.

그 가난한 시절, 그 누구도 감히 해외에 나갈 수 없었던 그 시절. 더욱이 해외여행은 말할 것도 없이 엄두도 못 냈던 가난한 그 시절이었다. 하지만 해양대 출신들은 오대양을 누비며 외국을 제집 드나들 듯 넘나들었다. 다소 과장스럽지만, 지금은 흔한, 시바스리갈Chivas Regal과 같은 양주를 마실 수 있는 사람은 당시 대통령과 해양대 출신들 정도였다고 한다. 어찌 보면 당시 해양대 출신들은 일본, 미국, 유럽 등과 같은 선진국을 두루 다니며 선진국의 앞선 기술, 문화, 문명 등을 대한민국에 소개하는 문화사절단 역할도 담당했던 셈이다.

또한 우리나라 해기사들은 참으로 부지런하고 성실하다. '30년이 넘어 아무리 철판이 썩어 들어가는 낡은 배라 할지라도 우리나라 해기사가 올라가기만 하면 새 배처럼 깨끗하게 바뀌질 정도'라고 외국 선주들이 한국 해기사를 지금까지 호평하고 있다. 이러한 우리나라 해기사들의 근면하고 성실한 근성이 배를 만드는 '조선분야'까지 확대되어 오늘날 우리나라가 '세계 선복량 1위'의 영예를 차지할 수 있게 되었다. 우리나라가 이렇게 눈부시게 발전할 수 있었던 것은 바로 '바다로 나간 해기사들'의 공헌이 한 몫 했기 때문이다.

제 3 장

수의 체계

차를 즐겨 마시는 국민은 흥한다

茶山 정약용

바다와 수학

수는 왜 만들어졌을까?

인간이 만든 최초의 수는, 인간들의 눈에 보이는 것만을 셈하는 데에 필요한 그런 수였다. 그런 수가 바로 자연수[Natural number]이다. 자연수끼리 서로 더하면 반드시 그 결과도 자연수가 된다. 즉, '1+2=3'과 같이 말이다. 이 자연수를 현대 수학에서는 양의 정수라고도 부른다.

그런데 자연수 3에서 자연수 5를 빼보자. 그러면 −2가 된다. 이 수는 자연수가 아니다. 이와 같이 자연수끼리 뺄셈을 해도 그 결과가 반드시 자연수가 되는 것은 아니다. 이래서 뺄셈이 가능한 수가 필요했다. 이 수가 바로 음의 정수[Negative number]이다. 음의 정수는 어찌 보면 우리 눈에 보이지 않는 수로서, 추상적이고 관념적인 수로 볼 수도 있다. 마치 돈을 빌렸을 때, 얼마 빚졌는지 빚의 개념으로 생각해도 좋을 것 같다.

게다가 자연수도 아니고 음수도 아닌 수가 있다. 바로 0[Zero]이다. 0은 동양적 수리사상에 뿌리를 둔 수로서 인도에서 만들어진 수이다. 0을 지금은 자연수로 취급하기도 한다.

여기까지 나온 자연수와 음의 정수 및 0을 모두 합쳐 현대 수학에서는 '정수[Integer]'라고 한다. 이 정수만 있으면 덧셈과 뺄셈, 곱셈은 자유자재로 할 수 있다. 왜냐하면 곱셈은 덧셈의 반복에 불과하기 때문이다. 예를 들어, '2+2+2+2=8'과 같이 2를 네 번 더하는 덧셈의 반복을, 간단히 '2×4=8'처럼 곱셈 형태로 바꾸면 덧셈을 쉽게 할 수 있는 것이다.

하지만 사칙연산의 마지막 연산인 나눗셈은 정수만으로는 해결이 되지 않는다.

왜냐하면 '1÷7=0.142857…'과 같이 그 나눗셈의 결과를 정수로만 나타낼 수 없기 때문이다. 그래서 덧셈, 뺄셈, 곱셈과 마지막으로 나눗셈까지 할 수 있기 위해서는 수의 체계를 더 확장할 수밖에 없었다. 이 수가 바로 유리수Rational number 이다. 유리수를 한마디로 말하자면, 정수들의 비로 나타낼 수 있는 수이다. 달리 표현하자면 분수로 나타낼 수 있는 수이다.

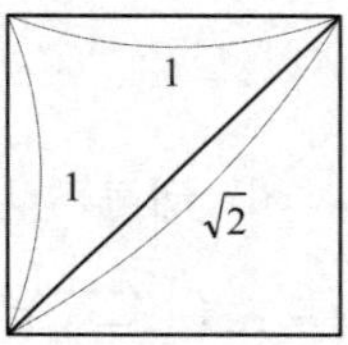

그런데 안타깝게도 유리수만으로 표현할 수 없는 수가 또 있다. 바로 무리수Irrational number이다. 최초로 발견된 무리수는 '$\sqrt{2}$' 라고 알려져 있다. 이 무리수는 한 변의 길이가 1인 정사각형의 대각선 길이이다. '만물은 정수이다'라고 할 정도로 정수를 신봉한 피타고라스학파들은 이 $\sqrt{2}$를 어떻게든 정수의 비로 나타내 보려고 안간힘을 썼다. 하지만 정수비로는 절대로 나타낼 수 없음을 깨닫게 되었다. 이 사실을 정수 신봉자인 그들은 영원히 숨기고 싶었다. 하지만 숨길 수 있는 '비밀'이 세상에 어디에 있단 말인가!

세상엔 비밀이 없다. 시간 차이가 있을 뿐 반드시 드러난다. 이것이 진리이다. 그러므로 앞에 닥친 어떤 상황을 순간적으로 모면하려고 술수를 부리거나 변명을 해서는 안 된다. 그럴수록 솔직하고 맑은 마음으로 다가가야 한다. 그토록 숨기려 했던 무리수의 존재가 피타고라스의 제자 히파수스에 의해 그만 만천하에 드러나고 말았다. 마침내 실수 체계가 완성되는 순간이다.

그런데 문제가 또 생겼다.

$x^2+3=0$와 같은 2차 방정식을 해를 구해보자.

이 문제는 정사각형의 면적이 −3이 되는 한 변의 길이를 구하라는 문제($x^2=-3$)와 같다. 정사각형의 면적이 마이너스가 되는 경우가 실제 우리 현실세계에 있겠는가? 그 답은 간단하다. 없다. 즉, 이 주어진 문제의 해를 아무리 구하려 해도 실수범위에서는 구할 길이 없다.

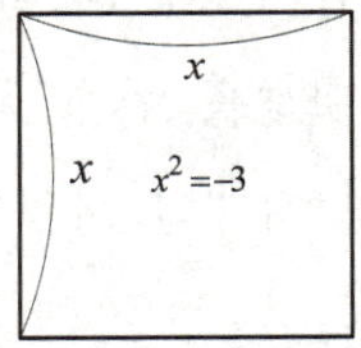

그런데 기발한 발상을 가지신 분들이 2차 방정식 이상의 모든 방정식의 해를 형식적으로나마 구할 수 있는 방법을 고안해냈다.

$$(x+\sqrt{-3})(x-\sqrt{-3})=0$$

$$x=\pm\sqrt{3}\,i$$

이 해를 보면 무리수 '$\pm\sqrt{3}$'에 'i'가 곱해져 있다. 'i'는 자신을 제곱($i^2=(\sqrt{-1})^2$)하면 '−1'이 되는 수이다. 이 수가 바로 허수Imaginary number인 것이다. 기발한 발상에서 나온 이 허수를 통해 모든 고차방정식의 해가 마침내 구해질 수 있게 되었다. 이것이 바로 허수가 출현하게 된 배경이다. 이처럼 허수는 단지 방정식의 해를 형식적으로나마 표현할 수 있는 방법을 궁리하던 중에 고안된 실

수의 체계

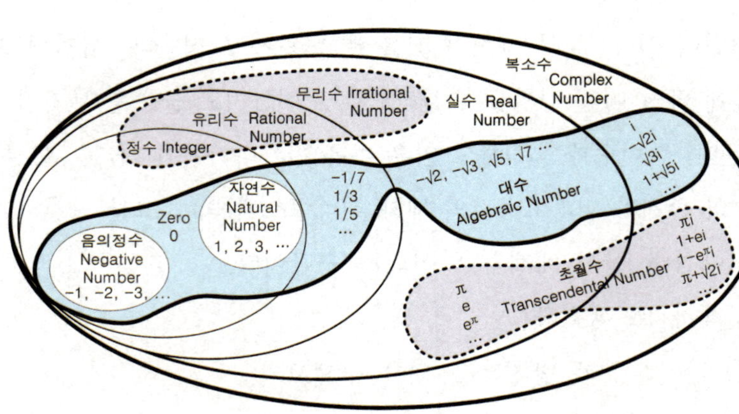

수범위를 넘어선 새로운 수였다. 한마디로 추상적인 수이다. 하지만 허수는 말만 추상적인 수이지, 실제로는 우리 실제 생활과 공학에서 없어서는 안 될 참으로 중요한 수이다. 이 사실은 이 책의 후반부로 갈수록 점점 뚜렷해질 것이다.

이렇게 해서 드디어 수의 영역이 실수에서 허수까지 넓혀졌다. 그런데 실수와 허수를 합쳐서 한마디로 뭐라 이름짓고 싶다. 이를 '복소수Complex number'라고 이름한다. 이 복소수가 현재까지는 가장 넓은 영역을 가진 수이다. 앞으로 누군가가 수의 영역을 더욱 확장해 새로운 수의 체계를 만들지는 모른다. 하지만 그 전까지는 복소수가 모든 수의 최고 으뜸자리를 고수할 것이다.

수의 범위가 복소수까지 확장될 수밖에 없었던 사연들을 설명했다. 그런데 유리수와 무리수 및 복소수에 대한 이야기가 다소 부족한 감이 든다. 그래서 이들에 대한 설명을 조금 더 이어가고자 한다.

바다와 수학

너는 누구냐? 유리수냐, 무리수냐.

분수 꼴로 나타낼 수 있는 수는 유리수이고, 그렇지 못한 수는 무리수라고 하였다. 그런데 유리수는 유한소수 또는 순환소수로 나타내어진다. 유한소수는 소수점 아래에 0이 아닌 숫자가 유한개인 소수를 뜻하는데, 그렇게 되려면 분모가 2 또는 5의 곱이 되어야 한다. 즉, '$1/2=0.5$, $1/5=0.2$, $1/(2\times5)=0.1$'과 같이 말이다.

또한 순환소수는 소수점 아래의 어떤 자리에서부터 일정한 숫자의 배열, 즉 '순환마디'가 계속 반복되는 무한소수(소수점아래에 0이 아닌 숫자가 무한개인 수)를 말한다.

$$1/3=0.333333\cdots=0.\dot{3}$$

$$1/7=0.142857142857\cdots=0.\dot{1}4285\dot{7}$$

$$1/296=0.003378378\cdots=0.003\dot{3}7\dot{8}$$

$$1/9=0.111\cdots=0.\dot{1}$$

$$1/99=0.0101\cdots=0.\dot{0}\dot{1}$$

$$1/999=0.001001\cdots=0.\dot{0}0\dot{1}$$

달리 말하자면, '순환마디'가 없는 무한소수는 분수로 나타낼 수 없으므로 유리수가 아니라는 것이다. 이 수가 바로 다름 아닌 무리수이다.

무리수에는 $\sqrt{2}$, $\sqrt{3}$, π, e, … 등 수없이 많다. 여러분들이 생각하기엔 유리수와 무리수 둘 중에 어느 쪽이 더 많을 것 같은가? 그 답은 데데킨트[Dedekind, 1831-1916, 독일]의 절단[切斷] 이론이 잘 말해준다. 그 이론에 의하면 무리수가 유리수보다도 훨씬 많고, 무리수 덕택으로 실수에 빈틈이 없게 되었다고 한다. 즉, 한 개의 점도 빠짐없는 직선처럼 실수가 연속성을 갖게 되었다는 것이다.

그런데 무리수 중에도 별칭을 가진 무리수가 있다. 바로 초월수[Transcendental number] 라는 것이다. 오일러[Euler, 1707-1783, 스위스]는 이 수를 '무리수 중에 더 나쁜 무리수' 또는 '대수방정식의 근조차 될 수 없는 수'로 불렀다. 즉 대수의 범위를 벗어난 수라는 의미에서 '초월수'라고 불렀다. 이 초월수는 실수 범위에서는 π, e, e^{π}, … 등이 있고, 복소수 범위에서는 πi, $1+ei$, $\pi+\sqrt{2}i$, … 등이 있다. 이 초월수들은 아래와 같은 n차 대수방정식의 근이 절대 될 수 없다는 것이다.

$$f(x)=a_nx^n+a_{n-1}x^{n-1}+\cdots+a_2x^2+a_1x^1+a_0=0$$

또한 이 초월수가 포함되어 있는 함수를 '초월함수'라고 부르는데, 지수함수와 로그함수, 삼각함수가 그 대표적인 초월함수이다. 여하튼 이제는 유리수와 무리수에 대한 개념이 어느 정도 잡혔을 것으로 생각된다. 하지만 막상 어떤 수가 주어지면 그 수가 유리수인지 무리수인지가 잘 구별되지 않는다.

예를 들어, '90/17' 라는 수가 주어졌다고 하자. 이 수는 과연 유리수일까, 무리수일까. 그 판별법에는 여러 가지가 있을 수 있다. 그 중에서 가장 기계적이고 판별하기 쉬운 방법이 있다. 바로 연분수법이다. 연분수란 주어진 임의의 수를 정수와 분수로 분리한 뒤, 분수 부분만 역수를 취하고, 그 역수를 다시 정수와 분수로 분리하는데, 이 과정을 계속 반복하는 분수식을 말한다.

'90/17'을 연분수법으로 유리수인지 무리수인지 직접 판정해 보자. 절차에 따라 먼저 이 수를 정수와 분수로 분리하자.

$$\frac{90}{17}=5+\boxed{\frac{5}{17}}$$

그리고 분수 부분 $\boxed{5/17}$의 역수를 취하자. 그러면 또 다시 새로운 정수와 분수 부분이 생긴다.

$$\frac{17}{5}=3+\boxed{\frac{2}{5}}$$

마찬가지로 새로 생긴 분수 $\boxed{2/5}$도 역수를 취하자.

$$\frac{5}{2}=2+\boxed{\frac{1}{2}}$$

$\boxed{1/2}$도 똑같은 방법으로 해보자. 그런데 이번에는 분수 부분이 $\boxed{0}$이 된다. 더 이상 할 필요가 없게 됐다.

$$\frac{2}{1}=2+\boxed{0}$$

모두 네 번의 과정을 거쳤다. 이 네 개의 과정을 하나의 연속된 분수식으로 나타낼 수 있는데, 이것이 바로 '90/17'에 대한 연분수이다. 그리고 이 수는 유리수로 판정내릴 수 있다. 왜냐하면 끝이 있기 때문이다.

$$\frac{90}{17}=5+\cfrac{1}{3+\cfrac{1}{2+\cfrac{1}{2}}}$$

이번에는 무리수인 '$\sqrt{2}$'를 연분수로 만들어보자. 물론 해 보나마나 연분수의 끝이 없을 것이다. 그래도 시험 삼아 해보자. 먼저 $\sqrt{2}$를 정수와 분수로 분리하자. 하지만 바로 정수와 분수로 분리되지 않는다. 그래서 약간 기교를 부릴 필요가 있다. $\sqrt{2}$에 1을 더하고 빼자.

$$\begin{aligned}\sqrt{2}&=1+\boxed{\sqrt{2}-1}\\&=1+\boxed{0.4142\cdots}\end{aligned}$$

그런데 이 식의 $\boxed{0.4142\cdots}$는 아무리 해봐도 분수 꼴로 나타낼 수 없는 수이다. 무리수라는 얘기다. 그러니 어쩔 수 없이 소수형태로 그대로 놓고 연분수를 만들어야 할 것 같다. 소수 부분 '$\boxed{0.4142\cdots}$'의 역수를 취하자.

$$\frac{1}{\boxed{\sqrt{2}-1}}=\frac{1}{\boxed{0.4142\cdots}}=2.4142\cdots$$

이것을 다시 정수와 소수로 분리하자.

$$2.4242=2+\boxed{0.4142\cdots}$$

또다시 '$\boxed{0.4142\cdots}$'의 역수를 취하자. 그 결과는 당연히 '2.4242…'가 될 것이다. 이를 반복하다보면 한도 끝도 없이 무한히 계속될 것이다. 이러한 과정을 모두 연분수로 나타내보자.

$$\sqrt{2}=1+\cfrac{1}{2+\cfrac{1}{2+\cfrac{1}{2+\cfrac{1}{2+\cfrac{1}{2+\cdots}}}}}$$

혹시 가문의 대를 이어가며 이 과정을 반복해 끝을 내겠다는 사람이 있다면 그 헛수고를 그만 내려놓기 바란다. 결코 소수부분은 0이 되지 않는다. 따라서 $\sqrt{2}$는 무리수라고 결론 내리겠다.

바다와 수학

모든 수를 거느리는 수

복소수란 실수와 허수를 합쳐 복소수라고 했다. 실수에 대해서는 이미 알고 있을 것이고, 허수만 좀 더 설명하면 복소수의 개념도 쉽게 이해할 수 있으리라 본다. 허수虛數를 영어로 'Imaginary Number'라고 한다. 굳이 번역하자면, '세상에 실제로 존재하지 않는 수, 가상의 수 혹은 상상의 수'라고 할 수 있을 것이다. 이 허수를 머릿속에 오래 남도록 해드리겠다. 허수란 '축구선수 이근호의 근호($\sqrt{\ }$, root) 안의 수가 0보다 작은 수'를 뜻한다.

근호에 관한 재미난 이야기가 또 있다. 나한테 수업을 받는 학생 중에 강근호라는 학생이 있었다. 내 수업을 같이 듣는 한 여학생과 막 사귀기 시작한 모양이다. 그래서 근호 학생에게 그 여학생을 꽉 붙잡아 두는 비법을 가르쳐 주었다. "근호 학생은, 그 여학생의 몸무게와 신발 크기 등 그 여학생에 관련된 어떠한 것도 거듭제곱이 되게 해서는 절대 안 됩니다." 다들 뭔 소린지 몰라 멍하니 있었다. 아무 소리 없이 칠판에 '$\sqrt{2^2}=2$' 라고 썼다. 그랬더니 강의실의 웃음소리가 점점 커져갔다. 근호 안의 값이 거듭제곱이 되면 그 수가 근호 밖으로 빠져나가듯이, 그 여학생에 관련된 것이 거듭제곱되면 근호라는 남학생을 벗어난다는 의미를 알아챘기 때문이다.

여하튼 거듭제곱하면 −1이 되는 수가 허수인 것인데, 이러한 허수의 개념은

1세기경 알렉산드리아의 헤론Heron, 그리스/이집트이 원뿔기둥의 부피를 계산하면서 처음 발견했다고 한다. 하지만 허수가 수학에서 본격적으로 다뤄진 것은 르네상스시대부터이다. 16세기경 세 명의 이탈리아 수학자인 타르탈리아1499-1557, 카르다노1501-1576, 페라리1522-1565가 삼차방정식과 사차방정식의 근의 공식을 연구하면서 비롯되었다.

현재 우리가 사용하고 있는 허수 기호 'i'는 18세기의 위대한 수학자 오일러가 종례에 허수를 'sqrt(−1)'로 표기하던 것을 'i'로 바꿔 쓰면서부터 현재까지도 그대로 쓰고 있다.

이 정도면 허수에 대한 이야기는 됐다. 이어서 복소수에 대한 이야기를 짤막하게 하겠다. '복소수Complex number'라는 이름은 복소함수와 복소평면 연구에 지대한 업적을 남긴 수학자 가우스Gauss, 1777-1855, 독일가 최초로 사용했던 것 같다. 잘 알다시피 복소수의 영문명 'complex number'에서 '콤플렉스Complex'는 심리학 용어이기도 하다. 심리학에서는 '열등감' 혹은 '자신의 단점'을 뜻하는 용어이다. 이 단어는 '복잡한' 혹은 '합성의'라는 뜻도 있다. 아마도 그래서 '실수와 허수가 합성된 수' 또는 '복잡한 수'라는 의미에서 복소수를 영문으로 'complex number'라고 한 것 같다. 이 복소수는 복잡한 수이자 모든 수를 거느리는 수, 수 체계의 왕인 수이다.

일반적으로 복소수를 '$a+bi$'와 같은 꼴로 표기한다. 이런 복소수의 표기법도 역시 가우스가 처음 사용했던 것 같다. 물론 여기서 a, b는 모두 실수이다. 또 a를 복소수의 실수부, b를 복소수의 허수부라고 한다. 만일 허수부 b가 0이면, 우리는 그런 복소수를 어떻게 부르면 좋을까? '허수부가 0인 복소수'라고 해도 무방할 것이다. 하지만 좀 긴 것 같다. 그냥 짧게 '실수'. 이번엔 실수부 a가 0이면? 눈치챘을 것이다. 그냥 '순허수'.

그럼 복소수는 왜 만들었을까?

근본적으로는 2차방정식 이상의 근을 형식적으로나마 표현하는데 꼭 필요했기 때문이다. 또한 복소수는 어떤 물체가 2차원 운동을 할 때, 그 운동 방향과 크기를 평면상에 나타낼 때도 매우 유용하다. 물론 실수 서너 개 혹은 그 이상이 필요하거나 수 자체만으로 표현하기 곤란한 어떤 물리량은 당연히 '벡터'로 표현해야만 할 것이다.

그리고 복소수는 절대로 우리 실제 생활과 동떨어진 수가 아니다. 오히려 우리 일반 생활보다도 한 차원 높은 과학과 공학에서 더 많이 사용되는 수이다. 특히 이 수는 전기 분야에서 주연이나 다름없는 존재이다.

제 4 장

지수함수

동트기 전에 일어나라

茶山 정약용

방금 전까지 수의 체계에 대해 두루 살펴보았다. 이제는 그 수의 체계를 적용하는 방법에 대해 이야기 하련다. 다만, 여기서는 자연수에서부터 무리수까지만, 즉 실수 범위에서만 적용하는 법을 다룰 것이다.

지수법칙

지수란 어떤 수나 문자의 오른쪽 위에 덧붙여 써, 그 거듭제곱한 횟수를 나타내는 문자나 숫자이다. 이를 한자로 간단히 멱지수[冪指數]라고 하기도 하는데, 여기서 '멱[冪]'은 누승 멱이고, '지[指]' 는 손가락으로 가리킨다는 의미다. 즉, 몇 번 누승되었는지 표시하는 수가 바로 멱지수인 것이다. 이런 지수를 처음 만든 사람은 스테빈 Stevin, 1548-1620, 네덜란드이다. 이제 슬슬 엔진을 살려 지수함수의 나라로 배를 몰고 가보자.

자신 a를 한 번, 두 번, 세 번, …, 끝없이 거듭제곱해 보자.

$$
\begin{aligned}
&a^1\\
&a\times a=a^2\\
&a\times a\times a=a^3\\
&a\times a\times a\times a=a^4\\
&a\times a\times a\times a\times a=a^5\\
&\quad\vdots
\end{aligned}
$$

뭔가 특징이 보이는가? 수학은 어떤 규칙과 특징을 찾는 학문이라 해도 과언이 아니다. 고대 그리스인들이 이것을 가장 잘 했다. 자신을 거듭제곱할 때마다 자신의 어깨 위의 지수도 증가한다. 그러면 그 지수는 어떤 수인가? 그렇다. 수 체계에서 보면 자연수에 해당된다. 이젠 반대로 한 번씩 나눠보자. 당연히 어깨 위에 있는 지수가 하나씩 감소할 것이다. 그 지수는 0과 음의 정수에 해당된다. 이 지수들은 모두 수체계상 정수에 해당된다.

$$
\begin{aligned}
&\quad\vdots\\
&\frac{1}{a\times a\times a\times a\times a}=a^{-5}\\
&\frac{1}{a\times a\times a\times a}=a^{-4}\\
&\frac{1}{a\times a\times a}=a^{-3}\\
&\frac{1}{a\times a}=a^{-2}\\
&\frac{1}{a}=a^{-1}\\
&\frac{a^1}{a}=a^0=1
\end{aligned}
$$

그럼, 지수의 성질을 잘 알고 있는지 테스트해 보겠다. 실수 c 자신을 4번 거듭 곱하고, 그 다음 4번 거듭 나눈 후 또 2번 거듭 곱했다면?

$$
\begin{aligned}
(c\times c\times c\times c)\frac{1}{c\times c\times c\times c}(c\times c) &= c^4\times\frac{1}{c^4}\times c^2 \\
&= c^{4-4+2} \\
&= c^2
\end{aligned}
$$

이번에는 c^2을 3번 거듭 곱한 후 c^8을 나누면?

$$\frac{c^8}{(c^2)^3}=c^{8-6}=c^2$$

이 c^2를 4번 거듭제곱하면?

$$(c^2)(c^2)(c^2)(c^2)=(c^2)^4=c^8$$

이 세 가지 문제들을 통해 여러분들은 자신도 모르게 지수의 덧셈과 뺄셈 및 곱셈법을 터득하게 되었다. 그럼 지수의 나눗셈은 어떻게 하지? 앞 문제에서 얻은 결과 c^2의 형태를 약간 변형시켜 보자. 괄호 안에 나눗셈 형태인 분수 지수가 들어가 있다.

$$c^2=(c^{\frac{2}{3}})^3$$

이처럼 분수 형태인 유리 지수를 일반기호로 나타내 보자.

$$a^n=\left(a^{\frac{n}{m}}\right)^m$$

이 식을 풀어 말하자면, $\left(a^{\frac{n}{m}}\right)$을 m번 거듭 곱하면 a^n이 얻어진다는 것이다. 하지만 이대로 놔두면 a^n이 될 수 있는 수는 한 개가 넘을 수 있다.

$$2^2 = \left(2^{\frac{2}{2}}\right)^2 = \left(-2^{\frac{2}{2}}\right)^2$$

그래서 오직 하나만 되도록 어떤 단서를 붙여야 할 것 같다. a와 $\left(a^{\frac{n}{m}}\right)$이 모두 양수라는 단서이다. 이 단서가 만일 붙지 않는다면, 지수함수와 그 역함수는 일대일 대응이 되지 않아 수학적으로도 문제가 생긴다. 이번에는 'a가 양수일 때 m번 거듭제곱하여 a가 되는 수'라는 문장을 수식으로 표현해 보자.

$$\left(a^{\frac{1}{m}}\right)^m = (\sqrt[m]{a})^m = a$$

이와 똑같이 '양수인 $\left(a^{\frac{n}{m}}\right)$을 m번 거듭제곱하여 얻어지는 양수 a^n'도 수식으로 써 보자.

$$a^{\frac{n}{m}} = \sqrt[m]{a^n}$$

이렇게 해서 지수의 범위를 유리수까지 확장하였다. 잘 이해했는지 확인 차원에서, $\sqrt{3}$을 유리 지수 형태로 바꿔보기 바란다. 답: $3^{1/2}$

이번에는 $2^{\sqrt{2}}$을 계산해 보자. 2를 $\sqrt{2}$번 거듭제곱하라는 것이다. 보기에는 단순해 보인다. 하지만 그 계산이 간단치 않다. 지수 $\sqrt{2}$가 무리수이기 때문에 아무리 써 내려가도 그 끝을 볼 수가 없다. 그런데 확실한 것은 지수 $\sqrt{2}$의 범위가 '$1 < \sqrt{2} = 1.4142\cdots < 2$'로 정해져 있다는 것이다. 따라서 $2^{\sqrt{2}}$의 범위도 정

해질 것이다.

$$2^1 < 2^{\sqrt{2}} = 2^{1.41421\cdots} < 2^2$$

$2^{\sqrt{2}}$는 분명 2와 4 사이에 존재한다. 그리고 지수 $\sqrt{2}$가 어떤 값에 수렴되기 때문에 $2^{\sqrt{2}}$도 어떤 값으로 수렴될 것으로 짐작된다. 과연 어느 값으로 수렴될까? 지수 $\sqrt{2}$의 근사값 자리수를 '1, 1.4, 1.41,⋯'와 같이 차근차근히 한자리씩 늘려가 보자.

$$2^1 = 2$$

$$2^{1.4} = 2.63901582\cdots$$

$$2^{1.41} = 2.65737162\cdots$$

$$2^{1.414} = 2.66474965\cdots$$

$$2^{1.4142} = 2.66511908\cdots$$

$$2^{1.41421} = 2.66513756\cdots$$

$$2^{1.414213} = 2.66514310\cdots$$

어떤가? 지수의 자리수가 하나씩 하나씩 증가할 때마다 등호 오른쪽의 소수점 아래가 점점 똑같아진다. 이는 지수가 설령 무리수일지라도, 그 무리수의 근사값을 사용해서 얼마든지 그 수렴값을 얻을 수 있다는 것을 의미한다. 이렇게 함으로써 지수의 범위를 무리수를 포함한 모든 실수영역에서 정의할 수 있게 됐다. 이제는 그 범위를 허수와 복소수까지 확장하는 일만 남았다. 하지만 바로 가는 것은 좀 성급하다. 그 보다 먼저 알고가야 할 것이 있다. 그것이 바로 '자연상수 e'이다.

제 5 장

자연상수 e

기록하기를
좋아하라
茶山 정약용

자연상수 e의 유래

여기서 다룰 자연상수 e는 다음 장에 나올 자연로그함수와도 밀접한 관계가 있다. 게다가 지수 영역을 허수와 복소수 영역까지 확장하려면 e를 먼저 알고 가는 편이 좋다. 대학에서 공부하다 보면 e와 관련된 공학문제를 참 많이 접하게 된다. 그런데 문제들을 풀 때 e가 과연 어떤 의미를 갖고 있는지 한 번 생각해 본 적이 있는가? 아마도 거의 없을 것이다. 과학고를 나와 대학에서 물리학을 전공했고 현재는 미국에서 유학중인 귀한 조카가 있다. 그 조카에게 e의 의미를 물으니 그 답이 다소 어렴풋했다. 과연 e는 무엇일까?

먼저 e가 어떤 이름으로 불리고 있는지부터 알아보자. e는 로그[Logarithm]의 창시자인 네이피어[Napier, 1550-1617, 영국]의 이름을 따서 네이피어 수[Napier's constant]라고 부르기도 한다. 또한 오일러 수[Euler's number]라고 부르기도 한다. 이 수는 오일러[Euler, 1707-1783, 스위스]가 쓴 책 '역학[Mechanica, 1736]'에서 처음으로 e라 표기되었다. 왜 그가 e로 표기했는지에 대해서는 의견이 분분하다. 어떤 이는 'exponential(지수)'의 머리글자를 따서 그렇게 표기했다고 하기도 하고, 어떤 이는 당시 수학에서 사용된 알파벳은 'a, b, c, d' 네 개 뿐이어서, 그 다음의 알파벳 'e'를 택했다는 얘기도 있다. 또한 어떤 이는 오일러 자신 이름의 첫 글자를 따서 'e'로 표기했다고 말하기도 한다.

어떤 것이 정설인지는 아직 밝혀지지 않았다. 하지만 e를 '자연상수'라 부르는 것이 나는 맘에 든다. 그 이유는 '자연상수'라는 단어의 '자연'에 내 눈이 새롭게 뜨였기 때문이다. 그럼 또 e는 도대체 어떤 상수인가?

나는 이 질문에 즉답하기 보다는 브리그스[Briggs, 1561-1630, 영국]의 거듭제곱근표를 다루면서 여러분들이 그 답을 스스로 얻게 하고 싶다. 이 방법은 수학적인 접근법은 아닐지 모른다. 하지만 e의 출생과정을 한눈에 볼 수 있는 매우 유용한 방법이다. 아래는 브리그스가 만든 10의 거듭제곱근표의 일부이다. 즉 $\sqrt[2]{10}$, $\sqrt[4]{10}$, $\sqrt[8]{10}$, $\sqrt[16]{10}$, …의 계산결과이다. 계산기 없이 오로지 펜으로만 계산한 것이란다.

브리그스의 10의 거듭제곱근표

$$
\begin{aligned}
10^{1/2} &= 3.16227\ 76601\ 68379\ 331 \\
10^{1/4} &= 1.77827\ 94100\ 38922\ 801 \\
10^{1/8} &= 1.33352\ 14321\ 63324\ 025 \\
10^{1/16} &= 1.15478\ 19846\ 89458\ 179 \\
10^{1/32} &= 1.07460\ 78283\ 21317\ 497 \\
10^{1/64} &= 1.03663\ 29284\ 37697\ 997 \\
10^{1/128} &= 1.01815\ 17217\ 18181\ 841 \\
10^{1/256} &= 1.00903\ 50448\ 41447\ 437 \\
10^{1/512} &= 1.00450\ 73642\ 54462\ 515 \\
10^{1/1024} &= 1.00225\ 11482\ 92912\ 915 \\
10^{1/2048} &= 1.00112\ 49413\ 99879\ 875 \\
10^{1/4096} &= 1.00056\ 23126\ 02208\ 636 \\
10^{1/\underline{8192}} &= 1.000\underline{28\ 11167\ 87780\ 132} \\
10^{1/\underline{16384}} &= 1.000\underline{14\ 05485\ 16947\ 258} \\
10^{1/\underline{32768}} &= 1.0000\underline{7\ 02717\ 89411\ 435}
\end{aligned}
$$

이 계산표를 유심히 봐주기 바란다. 특히 10의 지수부분이 바뀔 때, 등호 오른쪽 소수점 아래 부분이 어떻게 되는지 말이다. 지수의 분모가 두 배 증가할 때마다, 등호 오른쪽 소수점 아래의 값들은 거의 절반씩 줄어들고 있다. 매우 독특하다. 이런 특징을 잘만 활용하면 왠지 대어[大魚]를 낚을 것 같은 좋은 예감이 든다. 그래서 지수의 분모부분과 오른쪽의 소수점 이하부분을 서로 곱해 보기로 했다. 그 결과 대략 2.30…정도가 된다.

10의 거듭제곱근에서 상수 구하기

$$
\begin{aligned}
2048 \times 0.00112\ 49413\ 99879\ 875\cdots &= 2.30387\ 99869\ 539\cdots \\
4096 \times 0.00056\ 23126\ 02208\ 636\cdots &= 2.30323\ 24186\ 465\cdots \\
\underline{8192} \times \underline{0.00028\ 11167\ 87780\ 132\cdots} &= 2.\underline{302}90\ 87254\ 948\cdots \\
\underline{16384} \times \underline{0.00014\ 05485\ 16947\ 258\cdots} &= 2.\underline{302}74\ 69016\ 638\cdots \\
\underline{32768} \times \underline{0.00007\ 02717\ 89411\ 435\cdots} &= 2.\underline{302}66\ 59954\ 339\cdots
\end{aligned}
$$

게다가 지수의 분모가 8192 이상이 되면 소수점 아래의 세 번째 자리(2.302…)까지 일치한다. 이는 분모 값이 커지면 커질수록 일치하는 자리수가 더 늘어날 것임을 짐작케 하는 대목이다. 이것이 바로 자연상수 e의 출생비밀을 푸는 열쇠가 된다. 그 비밀의 문을 열기 위해 그의 계산표에서 어떤 것이든 좋다. 딱 한 줄만 택하자.

$$10^{\frac{1}{8192}} = 1.000281116787780132\cdots$$

그리고 10의 지수 부분을 h라고 두자.

$$h = \frac{1}{8192}$$

한편, 등호 오른쪽 값을 1과 소수로 각각 분리하자.

$$1.000281116787780132\cdots = 1 + 0.000281116787780132\cdots$$

이제 10의 지수부분의 분모(8192)와

등호 오른쪽 소수(0.000281116787780132 ⋯)를 서로 곱하자.

$$8192 \times 0.000281116787780132\cdots = 2.302\cdots$$

이것을 h가 포함되게 바꿔보자.

$$8192 \times 0.000281116787780132\cdots = 2.302\cdots$$

$$\frac{1}{h} \times 0.000281116787780132\cdots = 2.302\cdots$$

그리고 왼쪽에는 소수만 남도록 하자.

$$0.000281116787780132\cdots = 2.302\cdots \times h$$

서서히 비밀의 열쇠가 풀려간다. 이것을 가지고 처음 선택한 식으로 되돌아가자. 그러면 자연상수 e에 대한 윤곽이 어렴풋이 보인다.

$$10^{\frac{1}{8192}} = 1.000281116787780132\cdots$$

$$10^{h} = 1 + 2.302\cdots \times h$$

바다와 수학

자연상수 e의 등장

우리는 방금 전에 '$10^h = 1 + 2.302\cdots \times h$'라는 식을 얻었다. 브리그스의 계산표에서 단 한 줄을 임의로 택해서 얻어낸 것이다. 이것을 디딤돌 삼아 $10^{1/16384}$, $10^{1/32768}$, … 등과 같이 다른 것에도 모두 적용할 수 있는 일반형을 만들면 좋을 것 같다. 그러려면 방금 얻은 식에서 등호(=)를 근사 등호($\simeq$)로 바꿔야 수학적으로 타당할 것이다.

$$10^h \simeq 1 + 2.302\cdots \times h$$

그리고 이 식의 오른쪽 '$2.302\cdots \times h$' 부분을 x라고 하자. 그러면 h 값이 얻어진다.

$$x = 2.302\cdots \times h$$
$$\therefore h = \frac{1}{2.302\cdots} x$$

이것을 다시 '$10^h \simeq 1 + 2.302\cdots \times h$'에 넣어보자.

$$10^{\frac{1}{2.302\cdots} \times x} \simeq 1 + x$$

참, 여러분들이 해 볼 것이 있다. 계산기로 '$10^{\frac{1}{2.302\cdots}}$' 값을 계산해 보라. 그리고 소수점 아래의 값을 계속해서 써 내려가 보라.

$$10^{\frac{1}{2.302\cdots}} = 2.7\,1828\,1828\,4590\,4523\,5360\,2874\,7135\,2662\,49\cdots$$

여러분들이 지금부터 쓰기 시작해서 가문의 대를 이어가며 쓰더라도 그 끝은 볼 수 없을 것이다. 지구에 있는 모든 종이를 다 갖다줘도 모자란다. 그러니 어쩔 수 없이 기호로 쓸 수밖에 없다. 이 기호를 e라고 하자. 하지만 여기서 당장 그렇게 부르기엔 너무 성급하다. 아직도 수학적으로 너무나 엉성한 상태이기 때문이다. 그렇지만 일단 기호 e를 써서 '$10^{(1/2.302\cdots)\times x} \simeq 1+x$'을 단장해보자.

$$e^x \simeq 1+x$$

그리고 이 식의 양변에 있는 x 대신에 x를 매우 큰 수 n으로 나눈 것, 즉 'x/n'을 통째로 넣어보자.

$$e^x \simeq 1+x$$

$$e^{\frac{x}{n}} \simeq 1+\frac{x}{n}$$

그 다음 양변을 n 거듭제곱 해보자.

$$\left(e^{\frac{x}{n}}\right)^n \simeq \left(1+\frac{x}{n}\right)^n$$

마침내 지수함수 e^x에 대한 근사식이 얻어졌다.

$$e^x \simeq \left(1+\frac{x}{n}\right)^n$$

이번에는 근사식에 극한을 취해보자. 그러면 식에 있는 근사 등호($\simeq$)가 등호(=)로 바뀌면서 지수함수 e^x에 대한 극한식도 얻어진다.

$$e^x = \lim_{n\to\infty}\left(1+\frac{x}{n}\right)^n$$

이 식의 x 값에 1을 대입해보자.

$$e^1 = e = \lim_{n\to\infty}\left(1+\frac{1}{n}\right)^n$$

이것이 바로 그렇게 애타게 얻고자 했던 자연상수 e에 대한 극한식이다. 하지만 이 식이 도대체 뭘 의미하는지 모르겠다. 머리만 아프다. 그래서 조목조목 그 실체를 살펴보기로 하겠다. 이 극한식의 오른쪽 n 값을 크게 증가시켜 가보자.

$$\left(1+\frac{1}{n}\right)^n$$

$$n=1:\ \left(1+\frac{1}{1}\right)^1 = 2$$

$$n=10:\ \left(1+\frac{1}{10}\right)^{10} = 2.593\cdots$$

$$n=10^2:\ \left(1+\frac{1}{100}\right)^{100} = 2.704\cdots$$

$$n=10^4:\ \left(1+\frac{1}{10000}\right)^{10000}=2.71814\cdots$$

$$n=10^8:\ \left(1+\frac{1}{100000000}\right)^{100000000}=2.71828\cdots$$

n 값이 엄청나게 커지자 괄호 안의 $1/n$ 은 몹시 작아져 0에 가까워진다. 그 결과 괄호 전체 값은 1이 되려고 할 것이다. 그러나 분명한 것은 1보다 큰 값임에는 틀림없다. 그런데 n 값이 엄청 커지면 괄호 밖의 지수도 덩달아 엄청 커지게 된다. 이는 괄호 전체 값을 엄청 크게 만드는 효과로 작용한다. 이는 마치 집안에서 공부만 시키려는 엄마와 집밖에서 놀려고만 하는 아들 사이에서 벌어지는 팽팽한 힘겨루기와 흡사하다. 그러니 어느 타협점이 필요하다. 그 타협점은 n 값이 커질수록 점점 그 실체를 드러낸다. 방금 전 극한식에서 n 값이 커지면 커질수록 오른쪽 소수점 아래의 값들이 어떻게 되는가? 같은 숫자가 점점 늘어난다. 만일 n 값이 무한정 커진다면 그 실체가 완전히 드러나고 말 것이다. 그 실체가 바로 e 라는 상수이다. 이제 e의 극한식에 대한 의미를 어느 정도 이해했으리라 믿는다.

하지만 이 극한식이 수학적으로 그 정당성을 정식적으로 부여받기에는 아직 이르다. 이제부터는 그 정당성 부여작업에 들어가겠다. 그러기 위해 어쩔 수 없이 한 번 더 e의 극한식을 봐야 할 것 같다.

$$e=\lim_{n\to\infty}\left(1+\frac{1}{n}\right)^n$$

이 식의 오른쪽 $\left(1+\frac{1}{n}\right)^n$을 보라. $\left(1+\frac{1}{n}\right)$을 n 번 거듭제곱하라는 의미인데, $n=\infty$ 이니깐 무한 번 거듭제곱하라는 것이다. 한두 번도 아니고 무한 번이다. 뉴턴도 신경질 낼 지루한 작업이다. 그런데 역시 그는 천재였다. 그는 괄호 안에 있는 '$1/n$'에만 주목했다. 그리고 그것을 통해 '엉성한 e'가 아닌 '진짜 자연상수 e'를 구해냈다. 그는 자연상수 e 를 얻기 위해 무한 번 거듭제곱해야 하는 대단히 지루한 '극한식' 대신에, 단지 덧셈을 통해 면적을 구하는 '적분'으로 '진짜 자연상수 e'를 얻어냈다.

하지만 그의 발상은 매우 싱겁다. 그의 싱거운 발상이 뭔지 알아보자. 먼저 $1/n$의 n 을 x 로 바꿔 놓자. 그러면 흔히 봐왔던 쌍곡선 함수가 된다.

$$y = \frac{1}{x}$$

이 쌍곡선 아래의 면적을 구하자. 그 면적을 구하는 방법은 간단하다. 그림에서와 같이 얇은 직사각형의 면적을 구한 뒤, 원하는 범위에 걸쳐 얇은 직사각형의 면적을 모두 더하면 된다. 여기서 얇은 직사각형의 높이는 $y = 1/x$ 이고, 미소두께는 dx 가 될 것이다. 이를 간단한 수식으로 나타내자.

$$\int \frac{1}{x} dx = A(x)$$

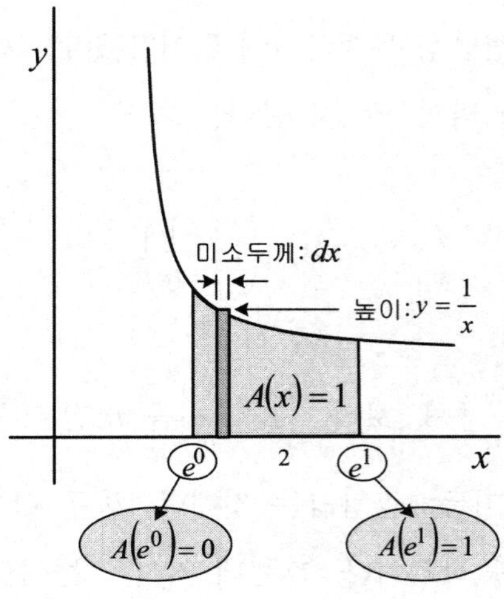

다만, 면적 $A(x)$를 구하는 출발점을 $x=e^0=1$, 즉 $x=1$에서부터 시작하자. 그러면 당연히 출발점에서의 면적은 $A(e^0)=0$이 될 것이다. 그 다음에는 출발점 $A(e^0)=0$부터 시작하여 모든 얇은 직사각형의 면적의 합이 $A(x)=1$이 되게 하는 x 값을 정해보자.

$$\int_{e^0}^{x} \frac{1}{x} dx = A(x) = 1$$

x값을 어떻게 정하면 면적이 $A(x)=1$이 될까? 그 해결의 실마리는 바로 자연로그에 있다. 자연로그 $\ln x$는 밑이 e인 로그이다. 자연로그 $\ln x$에 $x=e^1$을 대입해 보자. 그러면 $\ln e^1=1$이 되고 면적도 $A(e^1)=1$로 된다. 마찬가지로 출발점의 면적 $A(e^0)=0$도 자연로그를 이용해 표현할 수 있다. 즉, $\ln x$에 $x=e^0$을 대입해 보자. 그러면 $\ln e^0=0$이 되어 출발점의 면적도 역시 $A(e^0)=0$과 같이 된다.

결과적으로 쌍곡선 함수 $y=1/x$을 e^0에서 e^1까지 적분하면 그 면적이 1이 된다는 것이다. 이를 간단히 표현하자.

$$\int_{e^0}^{e^1} \frac{1}{x} dx = 1$$

이 식을 자연로그함수와 결합시켜 보자.

$$\int_{e^0}^{e^1} \frac{1}{x} dx = [\ln x]_{e^0}^{e^1} = 1$$

그런데 이 식에는 뜻밖의 놀라운 사실이 숨겨져 있다. 즉, 쌍곡선 함수 $y=1/x$을 적분하면 자연로그 $\ln x$가 되고, 자연로그 $\ln x$을 미분하면 $y=1/x$가 된다는 사실이다. 이는 미분과 적분이 서로 역함수 관계임을 보여주는 아주 중요한 대목이다. 여하튼 이렇게 해서 자연상수 e에 대한 엄밀한 수학적 정의가 뉴턴이 창안한 미적분으로부터 얻어졌다. 즉, 뉴턴은 쌍곡선 함수 $y=1/x$을 $x=1$에서부터 적분하여 그 면적이 1이 되게 하는 x 값을 '자연상수 e'라고 정의한 것이다.

이 진짜 자연상수 e를 앞의 극한식에 있던 엉성한 e와 바꾸자. 이제야 비로소 수학적으로 그 정당성을 부여받은 e의 극한식이 탄생했다.

$$e=\lim_{n\to\infty}\left(1+\frac{1}{n}\right)^n$$

여기서 우리는 e에 대한 기하학적 의미도 부여할 수 있다. 즉, 쌍곡선 아래의 면적을 1($A=\ln x=1$)로 만드는 x 축상의 선분의 길이를 e라고 말할 수 있다. 다시 말하자면, e는 쌍곡선과 관련된 상수라는 얘기다. 이와 마찬가지로 반지름이 1인 단위원의 면적($A=\pi r^2=\pi$)은 π가 된다. 따라서 원의 면적과 관련된 상수는 π이다. 이와 같이 하나는 선분에 관련된 상수이고, 다른 하나는 면적에 관련된 상수임을 잘 기억해 두기 바란다.

그런데 왜 이렇게 e에 대해 집요한 과정을 밟은 것일까? e야말로 지난 15년 동안 우리를 몹시 괴롭혔던 그 수학을 흥미롭고 재밌는 수학으로 탈바꿈시켜줄 주역이기 때문이다. 또한 복잡한 수식으로 빼곡한 공학 수업들이, 이제 막 완성된 e의 덕택으로 이지(easy, 쉽게)하게 될 것으로 확신하기 때문이다.

제 6 장

로그함수

의복은
성글고
茶山 정약용

로그의 의미

앞에서 뉴턴의 미적분 개념으로 자연상수 e를 정의할 때 자연로그에 대한 이야기가 잠깐 있었다. 여기서는 그 자연상수 e와 관련된 자연로그를 다루려 한다. 더불어 내친김에 '10'에 관련된 상용로그도 함께 다룰 것이다.

로그함수의 'Log'는 영단어 'Logarithm'의 약자이다. 로그는 수학자 네이피어[Napier, 1550-1617, 영국]가 최초로 창안했다. 'Logarithm'이라는 용어도 그가 처음 사용했다. 이것을 1614년에 케플러[Kepler, 1571-1630, 독일]가 줄여 'Log'로 표기한 것이 현재까지도 사용되고 있다.

지금은 머나먼 바닷길의 항해거리나 천문학에서 등장하는 몇 광년 등과 같은 매우 큰 수들을 계산기나 컴퓨터로 몇 초 내에 쉽게 계산해 낼 수 있다. 하지만 네이피어 시대에는 참으로 다루기 어렵고 까다로운 큰 수였다. 종이가 지금은 흔하고 싸지만 네이피어 시대에는 상당히 귀하고 비싸기도 했다. 당연히 큰 수를 종이에 길고 복잡하게 쓰다보면 종이도 많이 필요했고 비용도 만만치 않았을 것이다. 그러니 큰 수들을 간단히 표기할 방도를 열심히 찾았을 것이다. 그 방도를 찾던 중 네이피어가 로그의 원리를 발견한 것 같다. 그가 발견한 로그는 처음에는 스테빈이 발견한 지수와도 아무런 상관이 없었다. 그런데 뷔르기[Bürgi, 1552-1632, 스위스]가 네이피어의 로그와 스테빈의 지수를 서로 연결시켰다. 뷔르기는 로그표를 최초로 작성한 인물이기도 하다. 그리고 '로그함수가 지수함수의 역이다.'라는 현대적 정의는 18세기에 오일러가 내렸다.

'Log'의 의미를 사전에서 한 번 찾아보았다. '통나무' 혹은 '배의 항해일지'라고 적혀있다. 그래서 배의 눈 역할을 담당하는 항해사관들이 배를 몰면서 기록하는 일지를 '당직항해사관 일지Duty Officer's Log Book'라고 한다. 이 일지에는 배가 지나 온 바다 위의 항적, 기상 상태, 식수의 잔량 및 주요 항해 관련 사항 등이 기록된다. 역시 배의 심장이라고도 할 수 있는 아파트 2, 3층 높이의 거대한 엔진이 돌고 있는 기관실에서도 기관사관들이 일지를 기록한다. 이 일지를 '당직기관사관 일지Duty Engineer's Log Book'라고 한다. 이 일지에는 기관실 당직근무 중 배의 프로펠러가 달려있는 주기관의 운전 상태를 기록한다. 또한 배에서 쓸 모든 전기를 만들어내는 발전기에 대해서도 기록한다. 더불어 증기를 만드는 보일러와 다양한 펌프 및 기계장치 등을 수리한 내용도 기록해야 하는 법정 기록물이다.

그러나 수학에서 로그(Log)의 의미는 1이 아닌 어떤 양의 실수를 거듭제곱하여 다른 주어진 수와 같아지게 하는 거듭제곱한 수를 말하며, 이를 대수對數라고 한다. 그런데 이러한 로그의 사전적 의미를 선뜻 이해하기란 쉽지 않다.

일단, 여러분들 나름대로 아래 식을 읽어보기 바란다.

$$x^n = a$$

여기서 x는 밑이고 n은 지수이며 a는 진수라고 한다. 만일 "x를 n번 거듭제곱하면 a가 된다."라고 읽었다면 여러분들은 거듭제곱해서 얻은 결과인 a에 초점을 맞춰 읽은 것이다. 이렇게 읽는 방식을 우리는 여태껏 '지수함수'라고 불렀다.

이와는 달리 밑인 x를 얻고자 '$x = a^{1/n} = \sqrt[n]{a}$'와 같이 접근했다면, 이를 우리는 "$n$차 방정식의 해를 구한다. 또는 근을 구한다."라고 말한다. 이를 짧게 말하여 "방정식을 푼다."라고도 해 왔던 것이다.

마지막으로 만일 "a를 얻기 위해서는 x를 n번 거듭제곱해야 한다."라고 읽었다면, a를 얻으려면 x를 몇 번 거듭제곱해야 하는가, 즉 거듭제곱한 횟수 'n'에 초점을 두고 읽은 것이다. 이렇게 읽는 방법을 우리는 '로그함수'라고 한다. 이제 로그함수의 의미가 확실히 와 닿는가!

그러고 보면 우리는 지금까지 15년 이상 줄곧 일곱 가지 연산만 해온 것이다. 더하기, 빼기와 이들의 역연산인 곱하기와 나누기, 금방 배운 지수함수와 그 역연산의 하나인 지수함수의 밑인 x를 구하는 방정식 풀기, 그리고 지수함수의 또 하나의 역연산인 로그함수를 다루어 온 것이다.

그런데 마지막 연산인 로그함수는 수학적 언어로 '$\log_x a = n$'과 같이 표현한다. 그리고 "n은 x를 밑으로 하는 a의 로그"라고 읽는다. 그럼 '2를 밑으로 하는 8의 로그는 3' 이라는 문장을 'log' 기호를 써서 수학적으로 나타내 보기 바란다.

답: $\log_2 8 = 3$

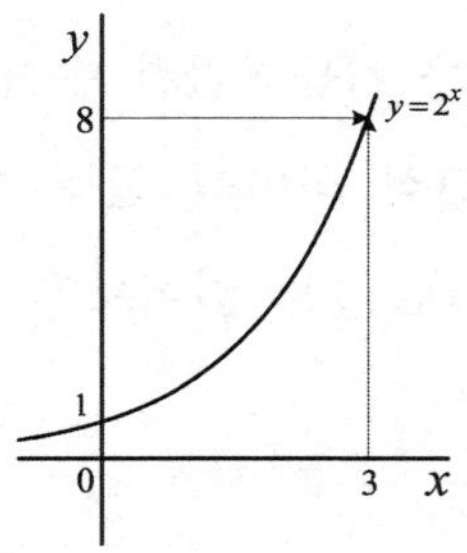

우리는 거듭제곱 $x^n = a$를 직관적으로 읽은 방법에 따라 지수함수 혹은 로그함수라고 하였다. 그럼 지수함수와 로그함수는 서로 어떤 관계일까?

$x^n = a$에서 a를 y로 두자. 그럼 $y = x^n$가 된다. 이를 log를 사용하여 지수 n에 대하여 표현하면 $n = \log_x y$ 가 된다. 지수함수 $y = x^n$과 로그함수 $n = \log_x y$와의 관계를 엿보기 위해 $y = x^n$의 지수에 $n = \log_x y$을 대입해 보자. 그러면 $y = x^{\log_x y}$

이 된다. 또 $n = \log_x y$에 $y = x^n$을 대입하면 $n = \log_x x^n$ 이 된다.

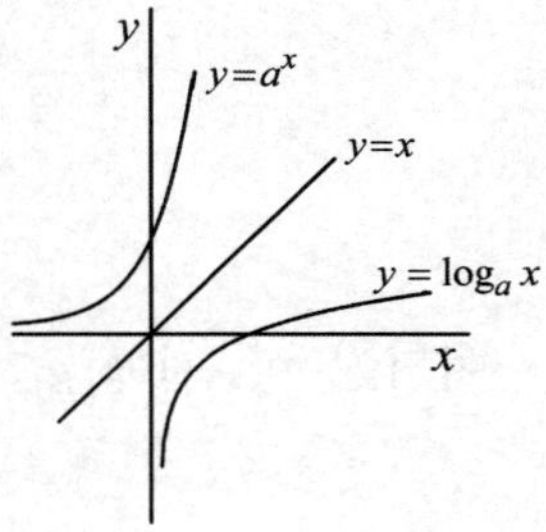

우리는 이러한 관계를 '밑이 x인 지수함수와 밑이 x인 로그함수는 서로 역함수 관계이다.'라고 말한다. 이 둘의 관계는 별것 아닌 것 같지만 지수문제가 어려우면 로그문제로, 로그문제가 어려우면 지수문제로 바꾸어 쉬운 쪽을 선택할 수 있다는 얘기도 된다. 이제는 지수함수의 곱셈과 나눗셈을 로그함수의 덧셈과 뺄셈으로 바꿔 계산하는 방법을 알아보자.

$y_1 = x^{n_1}$, $y_2 = x^{n_2}$라고 두면 각각의 로그 값은 $n_1 = \log_x y_1$, $n_2 = \log_x y_2$이 된다. 따라서 y_1과 y_2를 서로 곱하면 $y_1 \times y_2 = x^{n_1} \times x^{n_2} = x^{n_1 + n_2}$ 이 된다. 이제 양변에 로그를 취해보자.

$$n_1 + n_2 = \log_x (y_1 \times y_2)$$

지수함수의 곱셈이 계산하기 쉬운 덧셈으로 변신했다. 이 식에 $n_1 = \log_x y_1$, $n_2 = \log_x y_2$을 각각 대입해 보자. 그러면 로그함수의 덧셈 공식이 얻어진다.

$$\log_x y_1 + \log_x y_2 = \log_x (y_1 \times y_2)$$

이번에는 지수함수의 나눗셈을 해보자.

$$\frac{y_2}{y_1} = \frac{x^{n_2}}{x^{n_1}} = x^{n_2 - n_1}$$

그리고 양변에 로그를 취해보자.

$$n_2 - n_1 = \log_x\left(\frac{y_2}{y_1}\right)$$

여기에 $n_1 = \log_x y_1$, $n_2 = \log_x y_2$을 넣자.

$$\log_x y_2 - \log_x y_1 = \log_x\left(\frac{y_2}{y_1}\right)$$

지수함수의 나눗셈이 로그함수의 뺄셈으로 되었다. 더 나아가 이번에는 $y = x^n$을 m번 거듭제곱하고 양변에 로그를 취하자.

$$y^m = (x^n)^m = x^{mn}$$

$$mn = \log_x y^m$$

여기서 n값은 '$y = x^n$'에 로그를 취하면 '$n = \log_x y$'이 되어 쉽게 얻을 수 있다. 이 값을 방금 전의 식에 대입하면 지수함수의 거듭제곱에 대한 로그함수의 공식을 얻을 수 있다.

$$m\log_x y = \log_x y^m$$

마지막으로 $y = x^0 = 1$인 경우에는 아래와 같이 된다.

$$\log_x y = \log_x 1 = 0$$

바다와 수학

자연로그

자연로그Natural Logarithm는 앞에서 고생스럽게 얻어낸 자연상수 e를 밑으로 하는 로그이다. 수학 기호로는 '$\ln x$'라고 표기하는데, 여기서 'ln'은 'Natural Logarithm' 또는 'Napier's Logarithm'의 머리글자 'N'과 'L' 의 순서를 역순으로 해서 만든 것이다. 여하간 0보다 큰 실수 x에 대하여 쌍곡선 함수 $y=\frac{1}{x}$을 $x=1$ 에서 x까지 적분한 값을 x의 자연로그 혹은 자연대수라고 한다. 이는 뉴턴의 정의에 따른 것이다.

$$\ln x=\int_{1}^{x}\frac{1}{x}dx,\quad x>0$$

또한 뉴턴의 정의에 따른 자연로그 $\ln x$는 밑이 e인 상용로그 $\log_{e}x$와 같다.

상용로그

상용로그Common Logarithm는 천문학자이자 수학자인 브리그스Briggs, 1561-1630, 영국가 만든 로그로서, 네이피어로그의 밑 '$1/e$'을 10으로 바꾼 로그를 말한다. 여기서 '$1/e$'의 분모에 들어 있는 e는 앞에서 배운 자연상수이다.

일반적으로 상용로그는 그 밑 10을 생략한 '$\log x$'와 같은 형태를 많이 사용한다. 자연로그와 마찬가지로 상용로그를 사용하면 큰 수 다루기가 쉽다. 상용로그표는 브리그스가 만들었는데, 네이피어의 도움을 받아 약 7년에 걸쳐 완성했다고 한다.

브리그스 상용로그표

$$
\begin{aligned}
1/2 &= \log(3.16227\ 76601\ 68379\ 331\cdots)\\
1/4 &= \log(1.77827\ 94100\ 38922\ 801\cdots)\\
1/8 &= \log(1.33352\ 14321\ 63324\ 025\cdots)\\
1/16 &= \log(1.15478\ 19846\ 89458\ 179\cdots)\\
1/32 &= \log(1.07460\ 78283\ 21317\ 497\cdots)\\
1/64 &= \log(1.03663\ 29284\ 37697\ 997\cdots)\\
1/128 &= \log(1.01815\ 17217\ 18181\ 841\cdots)\\
1/256 &= \log(1.00903\ 50448\ 41447\ 437\cdots)\\
1/512 &= \log(1.00450\ 73642\ 54462\ 515\cdots)\\
1/1024 &= \log(1.00225\ 11482\ 92912\ 915\cdots)\\
1/2048 &= \log(1.00112\ 49413\ 99879\ 875\cdots)\\
1/4096 &= \log(1.00056\ 23126\ 02208\ 636\cdots)\\
1/8192 &= \log(1.00028\ 11167\ 87780\ 132\cdots)
\end{aligned}
$$

이 상용로그표를 이용하여 log2의 값을 한 번 구해보자. 이 로그표에서 log2는 어디에 놓여 있는가? 등호 왼쪽의 $\frac{1}{2}$과 $\frac{1}{4}$ 값 사이에 놓여 있다. 그러면 log2 값을 구할 실마리를 찾아야 한다. 그 실마리는 $\frac{1}{4}$의 상용로그 값, $\log(1.7782794\cdots)$에 달려있다. 자, log2에서 $\frac{1}{4}$의 상용로그 값을 빼보자.

$$\log(2)-\log(1.778279410038922\cdots)$$

여기에 방금 전에 배운 로그의 뺄셈 법칙을 적용해 보자.

$$\log\left(\frac{2}{1.778279410038922\cdots}\right)$$

그리고 이 식의 괄호 안의 값을 계산해 보자.

$$\log\left(\frac{2}{1.778279410038922\cdots}\right)=\log(1.124682650380698\cdots)$$

이제는 이 식의 왼쪽 항을 다시 로그의 뺄셈 형태로 되돌려보자.

$$\log(2)-\log(1.778279410038922\cdots)=\log(1.124682650380698\cdots)$$

그리고 이 식의 왼쪽 항에 있는 $\frac{1}{4}$의 상용로그 값을 오른쪽으로 넘기자. 그러면 log2 값이 얻어진다.

$$\log(2) = \log(1.778279410038922\cdots) + \log(1.124682650380698\cdots)$$

$$= \frac{1}{4} + \log(1.124682650380698\cdots)$$

아니 그런데 또 새로운 로그가 남아 있지 않은가. 정말 난감하다. 그래도 한 번 더 시도해 보자. 혹시 로그가 사라질지도 모르잖은가.

그런데 $\log(1.124682650380698\cdots)$ 값이 어디에 있더라. $\frac{1}{16}$과 $\frac{1}{32}$ 값 사이에 있다. 앞에서 했던 방법을 다시 반복해야 할 것 같다. 하지만 지루하니 생략하겠다. 결론적으로 말하자면 아무리 반복하더라도 로그는 절대 사라지지 않는다. 끝까지 살아남는다. 끈질긴 로그다. 그러니 $\log 2$의 값은 근사값밖에 구할 수 없다.

$$\log(2) = \frac{1}{4} + \frac{1}{32} + \frac{1}{64} + \cdots = 0.301\cdots$$

이러한 로그의 계산 원리를 이용해 다른 로그도 계산해 보자.

$$\log 4 = 2\log 2$$

$$\log 5 = \log\left(\frac{10}{2}\right) = 1 - \log 2$$

$$\log 6 = \log 2 + \log 3$$

$$\log 8 = 3\log 2$$

제 7 장

멱급수

식사는 네 접시를 넘기지 마라

茶山 정약용

멱급수

멱급수[Power series]는 물리, 전기, 진동, 열전도 및 진자운동 등을 수학적으로 표현하는데 많이 사용된다. 또한 멱급수를 이용하여 미분방정식을 풀 수도 있고 수치해석도 할 수 있다. 하지만 여기서 멱급수를 다루는 주된 이유는 다름 아닌 지수함수의 지수 영역을 복소수까지 확장하는데 있다. 지수함수의 지수 영역을 실수 영역까지 확장하는 방법에 대해서는 이미 제3장의 지수함수에서 배웠다.

그런데 왜 굳이 지수의 영역을 복소수까지 확장하려는 것일까? 그 이유에 대해서는 여러분들이 이 책을 읽으며 스스로 밝혀내기 바란다. 대표적인 급수에는 테일러급수[Taylor series]와 매클로린급수[Maclaurin series]가 있다. 급수를 제대로 알기 위해서는 먼저 급수의 기본원리에 해당하는 테일러 다항식이 뭔지 이해해야 한다.

바다와 수학

테일러 다항식

어떤 함수 $y=f(x)$가 있다고 하자. 그런데 이 함수와 똑같은 모양은 아니지만 이 함수와 거의 비슷한 모양을 나타내는 어떤 식이 있다고 하자. 이를 근사 다항식이라고 하는데 일반적으로 $P_k(x)$로 표기한다. 그런데 원래 함수 $f(x)$와 그 원래 함수의 근사 다항식 $P_k(x)$가 모두 $x=0$점을 지난다고 하자. 말하자면 $f(0)=P_k(0)$라는 뜻이다.

그럼 $x=0$점을 지나는 근사 다항식 $P_k(x)$가 원래 함수 $f(x)$와 거의 똑같은 모양이 되게 하려면 어떻게 하면 될까? 그 답은 간단하다. 근사 다항식의 차수를 높이면 된다. 근사 다항식이 0차 일 때는 수평선이 되고, 1차가 되면 직선을 그린다. 2차식부터는 곡선이 되다가 점점 차수가 높아지면 높아질수록 근사 다항식은 함수 $f(x)$와 거의 같은 모양을 그리게 될 것이다. 만일 k차까지 근사시켰다면, 그 근사 다항식은 다음과 같이 근사 등호($\simeq$)를 사용해서 나타낼 수 있다.

$$f(x)\simeq P_k(x)=a_0+a_1x+a_2x^2+a_3x^3+\cdots+a_kx^k$$

이제 묻지도 따지지도 말고, 일단 이 근사 다항식을 미분하고 또 미분해서 모두 k번 미분하자.

$$
\begin{aligned}
P_k(x) &= a_0 + a_1x + a_2x^2 + a_3x^3 + \cdots + a_kx^k \\
P_k'(x) &= a_1 + 2a_2x + 3a_3x^2 + \cdots + ka_kx^{k-1} \\
P_k''(x) &= +2\times1\times a_2 + 3\times2\times1\times a_3x^1 + \cdots + k(k-1)a_kx^{k-2} \\
&\vdots \\
P_k^{(k)}(x) &= k!a_k
\end{aligned}
$$

그리고 이 근사 다항식에 $x=0$을 대입하자.

$$
\begin{aligned}
P_k(0) &= a_0 \\
P_k'(0) &= a_1 \\
P_k''(0) &= 2\times1\times a_2 \\
P_k'''(0) &= 3\times2\times1\times a_3 \\
&\vdots \\
P_k^{(k)}(0) &= k!a_k
\end{aligned}
$$

그런데 원래 함수 $f(x)$와 k차 근사 다항식 $P_k(x)$는 둘 다 $x=0$을 지나므로 그들의 모든 도함수들도 서로 같게 된다.

$$
\begin{aligned}
f(0) &= P_k(0) = a_0 \\
f'(0) &= P_k{}'(0) = 1 \times a_1 \\
f''(0) &= P_k{}''(0) = 2 \times 1 \times a_2 \\
f'''(0) &= P_k{}'''(0) = 3 \times 2 \times 1 \times a_3 \\
&\vdots \\
f^{(k)}(0) &= P_k^{(k)}(0) = k!a_k
\end{aligned}
$$

이제 됐다. 드디어 이 식으로부터 근사 다항식 $P_k(x)$의 계수들을 구할 수 있게 되었다.

$$
\begin{aligned}
f(0) &= a_0 \\
\frac{f'(0)}{1} &= a_1 \\
\frac{f''(0)}{2\times 1} &= a_2 \\
\frac{f'''(0)}{3\times 2\times 1} &= a_3 \\
&\vdots \\
\frac{f^{(k)}(0)}{k!} &= a_k
\end{aligned}
$$

이제 남은 것은 근사 다항식의 계수들을 도함수 $f^{(k)}(x)$가 포함된 식으로 바꾸기만 하면 된다.

$$
P_k(x) = f(0) + \frac{f'(0)}{1}x + \frac{f''(0)}{2\times 1}x^2 + \frac{f'''(0)}{3\times 2\times 1}x^3 + \cdots + \frac{f^k(0)}{k!}x^k
$$

이 식을 우리는 $x=0$에서 $y=f(x)$에 의하여 생성되는 'k차의 테일러 근사 다항식'이라 부른다. 그런데 이렇게 장황하게 설명을 해도 테일러 근사 다항식의 개념이 머리에 쏙 들어오지 않은 사람도 있을 것이다. 그러나 지수함수 $f(x)=e^x$의 테일러 근사 다항식을 구해보면 개념을 그냥 잡을 수 있을 것이다.

먼저 함수 $f(x)$의 도함수들($f'(x), f''(x), \cdots, f^{(k)}(x)$)을 구하자. 그런데 이 지수함수는 자신만의 독특한 특징을 가지고 있다. 몇 번을 미분해도 도로 자신이 되고 만다는 것이다. 또한 도함수에 $x=0$을 대입해 보자.

$$\begin{array}{lcl} f(x)=e^x & & f(0)=e^0=1 \\ f'(x)=e^x & & f'(0)=e^0=1 \\ f''(x)=e^x & & f''(0)=e^0=1 \\ f'''(x)=e^x & \Rightarrow & f'''(0)=e^0=1 \\ \vdots & & \vdots \\ f^{(k)}(x) \quad =e^x & & f^{(k)}(0) \quad =e^0=1 \end{array}$$

도함수들이 모두 1이 된다. 그러니 지수함수 e^x의 k차 테일러 근사 다항식은 바로 얻어진다.

$$\begin{aligned} f(x) &= e^x \\ &\simeq P_k(x) \\ &= f(0)+\frac{f'(0)}{1}x+\frac{f''(0)}{2\times1}x^2+\frac{f'''(0)}{3\times2\times1}x^3+\cdots+\frac{f^k(0)}{k!}x^k \\ &= 1+\frac{1}{1}x+\frac{1}{2!}x^2+\frac{1}{3!}x^3+\cdots+\frac{1}{k!}x^k \end{aligned}$$

또 이 식에 $x=0$을 대입해 보자. 그러면 이 식의 왼쪽 항은 $e^0=1$이 된다. 그리고 오른쪽 항의 k차 테일러 근사 다항식의 값도 다음과 같이 1이 된다.

$$P_k(x)=1+\frac{1}{1}\times 0+\frac{1}{2\times 1}\times 0+\frac{1}{3\times 2\times 1}\times 0+\cdots+0=1$$

어떤가. $x=0$에서의 원래 함수 값과 근사 다항식 값은 $f(0)=P_k(0)=1$이 되어 정확히 일치한다. 이제는 $x=0.1$인 지점에서 함수 값과 근사 다항식 값을 비교해 보자. 근사 다항식을 3차까지만 계산했는데도 소수점 넷째 자리까지 일치한다. 근사 다항식으로 계산해도 손색이 없을 정도로 정확도가 높다. 그러니 정확도를 더 높이고 싶으면 더 높은 차수까지 계산하면 될 것이다.

$$\begin{aligned} e^{0.1} &= \underline{1.10517\cdots} \\ &\simeq P_k(0.1) \\ &= 1+\frac{1}{1}(0.1)+\frac{1}{2!}(1.01)^2+\frac{1}{3!}(1.01)^3 \\ &= \underline{1.10516\cdots} \end{aligned}$$

이번에는 $x=-1$인 지점에서의 원래 함수 값과 3차 근사 다항식 값도 비교해 보자. 소수점 첫째 자리까지만 일치한다.

$$\begin{aligned} e^{-1} &= \underline{0.36\cdots} \\ &\simeq P_k(-1) \\ &= \underline{0.33\cdots} \end{aligned}$$

이번에는 $x=1$을 대입해보자. 그러면 자연상수 e에 대한 근사값이 얻어진다. 4차까지 근사시켜 얻은 e값을 실제값과 비교하면 소수점 첫째 자리까지만 일치한다. 비교적 오차가 크다.

$$\begin{aligned} e^1 &= 2.71\cdots \\ &\simeq P_k(1) \\ &= 1+1+\frac{1}{2!}+\frac{1}{3!}+\frac{1}{4!} \\ &= 2.70\cdots \end{aligned}$$

이는 원래 함수 값과 근사 다항식 값이 동시에 지나는 점에서 멀어지면 멀어질수록 그 오차도 역시 커진다는 것을 뜻한다.

바다와 수학

테일러급수와 매클로린급수

여세를 몰아 테일러급수와 매클로린급수도 다뤄보자. 겁낼 것 없다. 금방 배운 테일러 다항식을 약간만 변형하면 테일러급수와 매클로린급수가 얻어진다. 앞에서 k차 테일러 근사 다항식을 만들 때, 원래 함수와 동시에 지나는 점을 $x=0$으로 하고, 그 위치에서의 정보, 즉 도함수들을 이용했다.

그런데 이번에는 원래 함수와 테일러 근사 다항식이 동시에 지나는 점이 0이 아니라 임의의 점 a라고 하자. 그리고 근사 다항식의 차수를 k차에서 멈추지 말고 무한히 계속 나열하자. 이것이 바로 테일러급수이다.

$$\begin{aligned} f(x) &= P(x) \\ &= f(a) + \frac{f'(a)}{1}(x-a) + \frac{f''(a)}{2\times1}(x-a)^2 + \frac{f'''(a)}{3\times2\times1}(x-a)^3 \\ &\qquad + \cdots + \frac{f^k(a)}{k!}(x-a)^k + \cdots \end{aligned}$$

여기서 무한히 계속 나열한다는 말은 원래 함수와 근사 다항식이 완전히 일치하게 된다는 것을 의미한다. 그러므로 등호(=) 기호를 써서 '$f(x) = P(x)$'로 표기해도 된다. 그런데 테일러급수는 어디에 쓸 수 있는가? 그 대답 대신에 $\sin\frac{\pi}{5}$

값이 얼마인지 여러분들에게 먼저 묻고 싶다. 물론 $\sin\frac{\pi}{5}$값을 외우고 있는 사람도 있을 것이다. 설령 외웠다 하더라도 머지않아 잊어버리고 만다. 사람 뇌구조가 다 그렇게 돼있다.

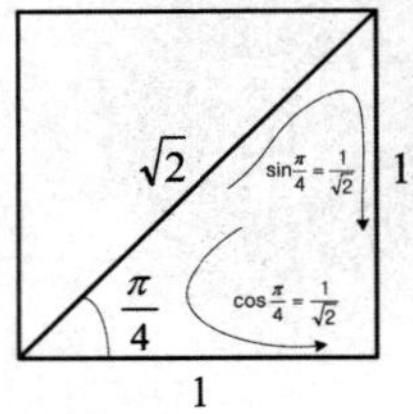

하지만 $\sin\frac{\pi}{4}$와 $\cos\frac{\pi}{4}$값은 한 변의 길이가 1인 정사각형을 떠올리면 쉽게 구할 수 있는 값들이다. 그러니 $\sin\frac{\pi}{5}$와 근접해 있으면서 쉽게 연상해 낼 수 있는 $\sin\frac{\pi}{4}$와 $\cos\frac{\pi}{4}$값을 간접적으로 이용해서 그 근사값을 구해보자. 여기서 원래 함수를 $f(x)=\sin x$라 하자. 또한 이 함수와 이 함수의 테일러급수가 동시에 지나는 점 a값을 $\frac{\pi}{4}$라 하자.

$$\begin{aligned} f(x)&=\sin x \\ f'(x)&=\cos x \\ f''(x)&=-\sin x \\ f'''(x)&=-\cos x \\ &\vdots \end{aligned} \quad\Rightarrow\quad \begin{aligned} f\left(\frac{\pi}{4}\right)&=\sin\frac{\pi}{4}=\frac{1}{\sqrt{2}} \\ f'\left(\frac{\pi}{4}\right)&=\cos\frac{\pi}{4}=\frac{1}{\sqrt{2}} \\ f''\left(\frac{\pi}{4}\right)&=-\sin\frac{\pi}{4}=-\frac{1}{\sqrt{2}} \\ f'''\left(\frac{\pi}{4}\right)&=-\cos\frac{\pi}{4}=-\frac{1}{\sqrt{2}} \\ &\vdots \end{aligned}$$

그러면 원래함수 $f(x)=\sin x$에 대한 테일러급수가 얻어진다.

$$\sin x = \frac{1}{\sqrt{2}} + \frac{1}{\sqrt{2}}\left(x - \frac{\pi}{4}\right) - \frac{1}{\sqrt{2}}\frac{1}{2!}\left(x - \frac{\pi}{4}\right)^2 - \frac{1}{\sqrt{2}}\frac{1}{3!}\left(x - \frac{\pi}{4}\right)^3 + \cdots$$

이 식에 $x = \frac{\pi}{5}$을 대입해 보자. 그러면 구하고자 한 $\sin\frac{\pi}{5}$의 근사값 $(0.5877\cdots)$이 얻어진다.

$$\sin\frac{\pi}{5} = \frac{1}{\sqrt{2}} + \frac{1}{\sqrt{2}}\left(\frac{\pi}{5} - \frac{\pi}{4}\right) - \frac{1}{\sqrt{2}}\frac{1}{2!}\left(\frac{\pi}{5} - \frac{\pi}{4}\right)^2 - \frac{1}{\sqrt{2}}\frac{1}{3!}\left(\frac{\pi}{5} - \frac{\pi}{4}\right)^3 + \cdots$$

$$= \frac{1}{\sqrt{2}}\left(1 + \left(\frac{\pi}{5} - \frac{\pi}{4}\right) - \frac{1}{2!}\left(\frac{\pi}{5} - \frac{\pi}{4}\right)^2 - \frac{1}{3!}\left(\frac{\pi}{5} - \frac{\pi}{4}\right)^3 + \cdots\right)$$

$$\simeq 0.5877\cdots$$

테일러급수를 이용하면 얼마나 쉽게 삼각함수를 계산할 수 있는가! 여러분들은 급수의 위력을 새삼 알게 되었을 것이다. 그리고 테일러급수를 과연 어디에 쓸 수 있을까 하는 질문에도 충분한 답이 되었을 것으로 생각된다.

다음 차례로 매클로린급수[Maclaurin's series]를 알아보자.

매클로린급수는 테일러급수의 a값을 단지 0으로 대체한 것에 불과하다.

$$f(x) = f(0) + \frac{f'(0)}{1}x + \frac{f''(0)}{2\times1}(x)^2 + \frac{f'''(0)}{3\times2\times1}(x)^3 + \cdots + \frac{f^k(0)}{k!}(x)^k + \cdots$$

여기서 주의할 점이 있다. $x=a$에서 도함수가 존재하지 않으면 급수전개가 불가능하다는 점이다. 자연로그 $\ln x$와 같이 $x=a=0$ 위치에서 그 도함수가 정의되지 못하는 경우에는 급수전개가 불가능하다는 얘기다.

여러분들 중에는 대학에 들어와서 테일러급수와 매클로린급수라는 용어를 처음 들어 본 사람들도 있을 것이다. 하지만 알고 보니 별것도 아니다. 수학은 머리 좋은 천재들만의 것이 아니다.

삼각함수를 매클로린급수로 나타내보자. 왜 그럴까? 다 이유가 있다. 여하튼 먼저 코사인함수 $f(x)=\cos x$부터 나타내 보자. 우선 $x=0$ 위치에서의 도함수들을 구해야 할 것이다.

$$
\begin{array}{lcl}
f(x)=\cos x & & f(0)=\cos 0=1 \\
f'(x)=-\sin x & & f'(0)=-\sin 0=0 \\
f''(x)=-\cos x & & f''(0)=-\cos 0=-1 \\
f'''(x)=\sin x & \Rightarrow & f'''(0)=\sin x=0 \\
\vdots & & \vdots \\
f^{(2k)}(x)=(-1)^k\cos x & & f^{(2k)}(0)=(-1)^k\cos 0=(-1)^k \\
f^{(2k+1)}(x)=(-1)^{k+1}\sin x & & f^{(2k+1)}(0)=(-1)^{k+1}\sin 0=0 \\
\vdots & & \vdots
\end{array}
$$

그런데 이 식들을 가만히 살펴보니 홀수 차수의 도함수($f', f''', f''''', \cdots$)들은 모두 사인함수($\sin x$)가 된다. 그래서 $x=0$을 대입하면 사인함수 값들은 모조리 0이 되고 말 것이다. 그러니 코사인함수의 매클로린급수는 짝수 차수의 합으로만 표현될 것이다.

$$f(x)=\cos x=1-\frac{1}{2!}(x)^2+\frac{1}{4!}(x)^4-\frac{1}{6!}(x)^6+\frac{1}{8!}(x)^8+\cdots$$

이번에는 사인함수 $f(x)=\sin x$를 매클로린급수로 나타내보자.

$$\begin{aligned}
&f(x)=\sin x && f(0)=\sin 0=0\\
&f'(x)=\cos x && f'(0)=\cos 0=1\\
&f''(x)=-\sin x \quad\Rightarrow && f''(0)=-\sin 0=0\\
&f'''(x)=-\cos x && f'''(0)=-\cos 0=-1\\
&\quad\vdots && \quad\vdots\\
&f^{(2k)}(x)=(-1)^k\sin x && f^{(2k)}(0)=(-1)^k\sin 0=0\\
&f^{(2k+1)}(x)=(-1)^k\cos x && f^{(2k+1)}(0)=(-1)^{k+1}\cos 0=1\\
&\quad\vdots && \quad\vdots
\end{aligned}$$

그런데 이번에는 짝수 차수의 도함수($f, f'', f'''', \cdots$)들이 모두 사인함수($\sin x$)가 되어 결국 0이 되고 만다. 그러니 사인함수의 매클로린급수는 결국 홀수 차수만 남게 된다.

$$f(x)=\sin x=x-\frac{1}{3!}(x)^3+\frac{1}{5!}(x)^5-\frac{1}{7!}(x)^7+\frac{1}{9!}(x)^9+\cdots$$

여기서 잠시 화제를 바꾸겠다. 앞에서 다뤘던 지수함수 e^x의 실수 지수 x를 허수 지수 ix로 바꿔 넣자. 지수의 범위를 실수에서 허수까지 확장해 보자는 것이다. 그러면 e^{ix}와 같이 된다. 그런데 이는 단지 수체계의 확장만을 의미하지 않는다. 수학이 공학이라는 실제 현상들과 접목되는 발판이 마련되었음을 뜻하기도 한다.

일단 지수함수 e^{ix}을 매클로린급수로 변신시키고 난 다음 이야기를 계속 이어가자.

$$
\begin{aligned}
&f(x)= e^{ix} && f(0)= e^{i0} = 1 \\
&f'(x) = ie^{ix} && f'(0) = ie^{i0} = i \\
&f''(x) = i^2 e^{ix} && f''(0) = i^2 e^{i0} = i^2 \\
&f'''(x) = i^3 e^{ix} \quad \Rightarrow && f'''(0) = i^3 e^{i0} = i^3 \\
&\qquad \vdots && \qquad \vdots \\
&f^{(k)}(x)= (i)^k e^{ix} && f^{(k)}(0)= i^k e^{i0} = i^k \\
&\qquad \vdots && \qquad \vdots
\end{aligned}
$$

이렇게 $f(x)= e^{ix}$의 매클로린급수가 얻어진다.

$$
\begin{aligned}
f(x) &= e^{ix} \\
&= 1 + \frac{i^1}{1}x + \frac{i^2}{2!}(x)^2 + \frac{i^3}{3!}(x)^3 + \frac{i^4}{4!}(x)^4 \\
&\quad + \frac{i^5}{5!}(x)^5 + \frac{i^6}{6!}(x)^6 + \frac{i^7}{7!}(x)^7 + \frac{i^8}{8!}(x)^8 + \cdots + \frac{i^k}{k!}(x)^k + \cdots
\end{aligned}
$$

이 식을 보기 좋게 정리해 보자. 그러려면 허수 i의 거듭제곱을 단순하게 만들어야 한다.

$$
\begin{aligned}
i^2 &= -1 \\
i^3 &= i^2 i = -i \\
i^4 &= i^2 i^2 = 1 \\
i^5 &= i^4 i = i
\end{aligned}
$$

이제 단순해진 허수 값들을 다시 넣자. 그런데 넣는 순간 그들은 각자 자신의 인생길을 양자택일해야만 한다. 그런데 어디선가 많이 본 듯한 모양새다. 실수부와 허수부 둘로 나뉘어졌다. 복소수가 된 것이다.

$$\begin{aligned} f(x) &= e^{ix} \\ &= 1-\frac{1}{2!}(x)^2+\frac{1}{4!}(x)^4-\frac{1}{6!}(x)^6+\frac{1}{8!}(x)^8+\cdots \\ &\quad +i\left(x-\frac{1}{3!}(x)^3+\frac{1}{5!}(x)^5-\frac{1}{7!}(x)^7+\cdots\right) \end{aligned}$$

그런데 실수부는 $f(x)=\cos x$를, 허수부의 괄호 안은 $f(x)=\sin x$를 매클로린급수로 나타낸 것과 똑같다. 왜 앞에서 $\cos x$와 $\sin x$를 먼저 급수로 나타냈는지 그 이유를 이제야 알게 됐을 것이다. 그러고 보니 $f(x)=e^{ix}$을 삼각함수 $\cos x$와 $\sin x$를 이용해서 나타내도 될 것 같다. 정말 중요한 순간이다. 지수함수가 삼각함수로 변신하게 되었다. 단지 지수함수의 지수를 실수에서 허수로 확장했을 뿐인데 말이다.

$$\begin{aligned} f(x) &= e^{ix} \\ &= \cos x + i\sin x \end{aligned}$$

그런데 이 식이 바로 그 중요한 오일러 공식이다. 오일러 공식은 공학에서 정말 중요하다. 그 중요성을 강조하고 또 강조해도 지나치지 않는다. 그러니만큼 나중에 뒤에서 집중적으로 다룰 것이다.

바다와 수학

매클로린급수를 이용한 미분방정식 풀이

매클로린급수를 이용하면 미분방정식도 풀 수 있다. 미분방정식 $y'=y-1$가 주어졌다고 하자. 그리고 초기조건이 $y(0)=2$이라고 하자. 이 미분방정식에 대한 $x=0.1$에서의 근사 해를 한 번 구해보자. 그러기 위해 먼저 5차 도함수까지 구하자. 그리고 $x=0$을 대입하자.

$$
\begin{aligned}
&y(0)=2\\
&y'=y-1=y(0)-1=2-1=1\\
&y''=y'=y'(0)=1\\
&y'''=y''=y''(0)=1\\
&y''''=y'''=y'''(0)=1\\
&y'''''=y''''=y''''(0)=1\\
&\qquad\qquad\vdots
\end{aligned}
$$

그런데 $x=0$에서의 도함수 값은 모두 1이 된다.

$$y'(0)=y''(0)=y'''(0)=y''''(0)=y'''''(0)=\cdots=1$$

그리고 이 값을 매클로린급수에 대입한 다음 x값에 0.1을 넣자.

그러면 $x=0.1$에서의 근사값 $P(x)=2.105170917\cdots$이 얻어진다.

$$\begin{aligned}f(x)&=y(0)+\frac{y'}{1!}x+\frac{y''}{2!}x^2+\frac{y'''}{3!}x^3+\frac{y''''}{4!}x^4+\frac{y'''''}{5!}x^5+\cdots\\&=2+\frac{1}{1!}x+\frac{1}{2!}x^2+\frac{1}{3!}x^3+\frac{1}{4!}x^4+\frac{1}{5!}x^5+\cdots\\&=2+\frac{1}{1!}0.1+\frac{1}{2!}0.1^2+\frac{1}{3!}0.1^3+\frac{1}{4!}0.1^4+\frac{1}{5!}0.1^5+\cdots\\&=2.105170917\cdots\end{aligned}$$

그런데 이 미분방정식의 엄밀한 해는 $y=e^x+1$이다.

여기에 $x=0.1$ 값을 넣어보자.

그러면 $y=e^{0.1}+1=2.1051709178\cdots$라는 참값이 얻어진다. 어떤가. 매클로린 급수를 통해 얻은 근사값과 엄밀 해로부터 얻은 참값이 소수점 여덟째 자리까지 서로 일치한다. 게다가 더 생각해봐야 할 점은, 0에 가까운 값을 넣을수록 둘 간의 오차는 줄어들겠지만 그렇지 않으면 오차가 커질 것이라는 것이다. 실제로 그런지 아닌지는 0.1 보다 크거나 작은 값을 넣고 계산해 보면 금방 알게 될 것이다.

제 8 장

아파트 대출금

뼈 속에
스며드는
추위를 겪지
않고서야
어찌
코를 찌르는
매화향기를
얻을 수 있으리오

寒徹骨 撲鼻香

황벽

그럼 이쯤에서 한 번 생각해 보자. 방금 전에 배운 매클로린급수와 앞서 힘들게 얻은 자연상수 e는 과연 우리 실생활에 정녕 필요한 것인가? 아니면 단지 입시에 필요한 수학일 뿐인가? 그 답을 하기 전에 경북 안동에 계시는 퇴계 이황선생님을 먼저 찾아뵈면 좋을 것 같다.

2011년도 여름, 강원도 철원을 시작으로 화천, 영주, 문경, 예천, 봉화, 안동을 들러 경주를 마지막으로 6박 7일 텐트야영 가족역사탐방을 다녀온 적이 있다. 안동에서는 도산서원을 들렀다. 경북 안동시 도산면 토계리陶山面 土溪里에 자리잡고 있는 도산서원陶山書院은 선조 7년에 세워진 곳으로 퇴계 이황李滉, 1501-1570선생의 위패가 모셔진 한국의 대표적인 서원이다.

그곳에 들른 이유는 우리 자녀들의 역사 교육 때문이 아니었다. 가족들에게 말은 안했지만 실은 나를 위해 간 곳이다. 대학교육을 담당하고 있는 한 사람으로서 우리나라 교육계의 상징이신 이황선생의 정신과 몸가짐을 배우고자 함이었다. 긴 여정 때문에 다소 피곤했다. 게다가 이슬비도 구슬피 내리고 있어 따뜻한 온돌방이 절로 생각나는 분위기였다. 도산서원을 들렀다. 그런데 뭔가 가슴이 허전했다.

선생의 종택宗宅으로 가기로 했다. 선생의 알파와 오메가인 태어난 곳과 묻힌 곳을 보고 싶어서였다. 그런데 배고프고 이제 그만 쉬고 싶다는 식구들의 원성이 빗발치기 시작했다. 이해도 간다. 텐트야영이 삼일 째 접어들고 빨래도 달리는 차 속에서 말릴 정도였으니 말이다. 또한 솔직히 말해서 어린 애들이 무슨 재미가 있겠는가. 고리타분한 대한민국 가장의 침묵과 권위아래 애들의 요구는 묵살되었다. 운전대 잡은 운전수 맘대로 선생의 종택 앞에 차를 세웠다. 마당에 들어서자 집안에 고요함이 가득했다. 그 고요함이 우리 가족 때문에 깨질까봐 손짓으로 신호하며 서둘러 그냥 나왔다. 이 종택은 현재 토계리에 있는데 1929년 선생의

13대손 하정공께서 온혜리에 있던 옛 종택를 이곳에 옮겨 신축하신 것이란다. 가장의 권위를 한 번 더 부렸다. 퇴계선생이 진짜 태어난 곳인 온혜리로 이동했다. 차안에 원성을 가득 싣고 운전수 맘대로 간다. 온혜리는 이황선생께서 태어난 곳이자 묘지가 있는 동네다. 도로에서 묘지까지는 걸어서 약 5분 정도 걸린다. 하지만 오르막길인데다 비도 오지 배도 고프지, 내 속에서도 갈등이 일었다. "같이 가자!" 차에서 내리지 않으려는 식구들에게 외쳤다. 들은 척도 안한다. 하는 수 없이 혼자 올라갔다.

잠시 후 선생의 묘역에 올라가 눈을 감고 참배했다. 눈을 떴다. 후손들이 듬성듬성 해 놓은 벌초와 비석에 낀 이끼가 눈에 들어왔다. 오랜 세월의 흔적들이다. 선생의 명성에 비해 너무 초라해 보였다. 하지만 잠시 후 그 초라함은 초라함이 아니었음을 깨달았다. 우리나라를 대표하는 선비의 모습 그대로였다. 청빈과 겸양을 미덕으로 삼은 우리 선비들의 본연의 모습인 것이다. 묘역을 거닐다 비석의 둥근 돌에 낀 이끼가 눈에 띄었다. 그 이끼는 갑자기 나에게 '근독[謹獨]'이라는 단어를 떠오르게 했다. 홀로 있어도 스스로를 삼가는 선비의 바른 자세 말이다. 그래서 나는 이 책의 맥[脈]을 한결같이 근독으로 삼고 있다.

선생은 선비의 의관을 정제하시고 유언을 당부하시며 앉은 채 눈을 감으셨다. "내가 죽은 후 조정에서 내려주는 화려한 상례를 받지 말라. 작은 둥근 돌에다가 「퇴도만은진성이공지묘(退陶晩隱眞城李公之墓)」라고만 새겨라." 「늘그막이 향촌에 은거한 퇴도 진성 이씨의 묘」라고만 적으라는 것이다. 이는 자신이 거쳤던 많은 관직을 일절 기록하지 못하도록 한 선생의 유언이었다. 또한 묘비 앞쪽의 왼쪽에는 작은 글씨들이 새겨져 있다. 둥그스름한 작은 비석에 새기는 글이란 뜻의 묘갈명墓碣銘이다. 죽은 후 다른 사람이 자신에 대해 글을 쓰면 혹여나 과장해서 쓸까 염려스러워 선생께서 직접 생전에 써 둔 비문인 것이다. 자기 자신의 과시와 꾸밈을 철저히 경계하셨던 것이다.

참으로 겸손하시다. 벼슬과 명예보다는 학문을 더 사랑하는 참다운 학자로서 지녀야 할 고귀한 선비의 성품이시다. 지금 이 시대에 가르치는 일을 하고 있는 나와 같은 사람들이 꼭 본받고 마음의 경계로 삼아야 할 태도이다.

선생은 생후 7개월 만에 아버지를 여의고 홀어머니에게서 자랐다. 선생은 나이 21세에 허씨 부인과 결혼하였는데, 결혼 7년 만에 부인 허씨를 잃고 말았다. 재혼한 둘째 권씨 부인은 결혼 전부터 이미 정신착란증이 있었다. 그마저도 46세에 죽었다고 한다. 더욱이 선생이 48세 되던 해에 둘째 아들을 잃었고, 50세에는 을사사화에 연루된 친형 이해마저 잃었다.

참으로 험난한 인생여정이다.

하지만 혹독한 시련 속에서 난이 피어나듯, 선생에게 닥친 거친 인생 풍파가 어느 누구와도 견줄 수 없는 고매한 학문의 경지에 이르게 하지는 않았을까! 또한 그 시련 극복 과정을 통해 정제된 맑고 바른 정신세계가 바로 한국의 선비 정신을 태동시킨 것은 아닐런지! 그렇다. 고난이 도리어 유익이 된 것이다. 마찬가지로 여러분들도 앞으로 배를 타면서 만나게 될 숱한 위협적인 거친 파도와 고비를 당당히 이겨내 주기 바란다. 꼭 이겨내야만 여러분들의 인생 지경地境이 대한민국 최남단 마라도를 넘어 세계로 뻗어나갈 수 있다. 꼭 이겨내야만 한다. 자기 자신을 말이다. 이것이 바로 극기克己인 것이다.

나이 서른이 넘어 단돈 300만 원 남짓 손에 쥐고 대한민국 최남단 마라도를 넘었다. 이윽고 가깝고도 먼 나라에 도착했다. 공부만 하다 보니 몇 푼 안 되는 돈마저 점점 사라져 갔다. 유학생활을 혼자서 감당하기 어려웠다. 아내의 도움이 절실해 유학 시작한 지 6개월 만에 결혼을 했다. 물론 결혼 전 양가 어르신들이 서로 인사하는 상견례에도 나는 참석하지 못했다. 신혼여행은 꿈조차 꾸지 못했고, 결혼식 전날 한국에 와 식을 올린 후 결혼식 이틀 만에 이제는 아내와 함께 비행기에 올랐다. 그럼 졸업 때까지 신혼여행을 한 것일까.

참으로 다행스럽게도 아내는 내가 공부하고 있는 동안 아르바이트를 전혀 하지 않아도 되었다. 결혼하러 한국에 오기 전에 장학생 선발 면접을 하나 보았는데, 그 당시 매달 16만 엔씩 주는, 금액도 크고 졸업 때까지 받을 수 있는 하늘이 내려주는 장학금이었다. "설마 내 차지가 되겠어?" 전혀 기대하지 않았다. 그런데 그만 그게 되고 만 것이다. 3년 내에 졸업하지 못하면 신이 내려준 장학금도 끊긴단다. 사력을 다해 밤낮없이 공부했고, 공부도 원 없이 해봤다. 그러고 딱 3년이 지났다. 최단기 졸업이다. 귀국하려보니 평소 격려와 도움을 주신 분들이 너무 고마워 그냥 떠나올 수 없었다. 조금이나마 마음의 빚을 갚기 위해 식사를 대접했다.

그러고 나니 비행기 삯은 물론 배 삯도 남지 않았다. 가장 싼 귀국길을 선택해야만 했다. 오사카항에서 부산항으로 귀국하는 길이 가장 쌌다. 그 싼 배 삯조차도 한 유학생에게 빌렸다. 물론 얼마 안 지나서 갚았다. 배 삯 빌려주신 그 분은 지금 나와 함께 같은 대학에서 강의를 하고 계신다. 참 인연이 깊고 참 아름다운 만남이며 나의 돕는 자였다. 이것이 돈 없이 갔다 돈 없이 돌아온 나의 젊은 시절 공부이야기다.

지금까지 가진 것은 비록 없어도 늘 자족하며 행복하게 살아왔다. 그런데 몇 년 전 어쩔 수 없이 집을 장만해야만 하는 사정이 생겼다. 평생 내가 살 집이 대한민국 천지에 과연 있을까? 하고 편한(?) 마음으로 지내고 있었는데 말이다. 돈이 없어 고민하고 있는데, 생애 최초 아파트 구입자에게 20년간 장기저리 연

4.5%로 돈을 빌려 준다고 한다.

굶으면 굶었지 여태껏 빚내고 살아 본 적이 없던 나다. 하지만 몸이 불편하신 어머님을 모시고 싶어 어쩔 수 없이 은행의 힘을 빌려 집을 사기로 했다. 그런데 아파트 금액의 전액을 다 빌려주지는 않는단다. 비록 당시 교수이긴 했어도 전임강사 딱지를 뗀 지 얼마 되지 않은 터라 은행에서 많은 금액의 신용대출은 불가능하단다. 거의 무일푼이었던 나는 하는 수 없이, 내 사랑하는 둘째 형님 부부한테 나머지 아파트 금액의 절반을 도움 받기로 했다. 결국 살고 있는 우리 집은 은행과 둘째 형님 부부가 공동으로 사준 집이다. 그런데 집 명의는 아내 이름으로 돼있다. 그리고 내 소유는 무소유[無所有]이다.

그런데 문득 이런 생각이 들었다. 만일 대출금의 일부를 중도에 상환하지 않고 연복리 이자 4.5%로 20년 후에 은행에 갚는다면, 과연 나는 은행에 원금의 몇 배를 갚아야 하는 것일까? 현찰 주고 살 정도로 돈이 많았다면 이런 계산을 해 보지 않았을 것이다. 물론 전자계산기로 몇 번 두드리면 순식간에 그 결과를 얻을 수도 있다. 하지만 지금 이황선생의 시대에 살고 있다고 치자. 그럼 뭘로 계산할 것인가? 계산기 없이도 계산할 수 있는 방법을 찾아야 할 것이다. 바로 매클로린급수가 그 대안이다.

일단, 식 $f(x)=(1+x)^n$을 매클로린급수로 나타내 보자.

$$f(0)=(1+0)^n$$

$$f'(0)=n(1+0)^{n-1}$$

$$f''(0)=n(n-1)(1+0)^{n-2}$$

$$f'''(0)=n(n-1)(n-2)(1+0)^{n-3}$$

$$\vdots$$

$$\therefore\ f(x) = (1+x)^n$$

$$= 1 + \frac{n}{1!}x + \frac{n(n-1)}{2!}x^2 + \frac{n(n-1)(n-2)}{3!}x^3 + \cdots$$

여기에다 $x = 0.045$, $n = 20$을 넣고 5차까지 계산한다.

$$f(x) = (1+0.045)^{20}$$

$$= 1 + \frac{20}{1!}0.045 + \frac{20\times19}{2!}0.045^2 + \frac{20\times19\times18}{3!}0.045^3 + \cdots$$

$$\simeq 2.411\cdots$$

5차까지의 근사값은 약 $2.411\cdots$이 된다. 이 근사값을 참값, $f(1.045) = 2.4117\cdots$과 비교해 보면 소수점 셋째 자리까지 일치한다. 이처럼 매클로린급수를 이용하면 전자계산기가 없는 이황선생 시대에도 펜과 종이만으로도 얼마든지 계산해 낼 수 있다. 그런데 계산 결과를 보면, 20년 후에 은행에 갚아야 할 돈은 대출금의 약 2.4배 정도라는 것이다. 이를 좀 더 알기 쉽게 설명해 보겠다. 만일 천만 원을 은행에서 연복리 이자 4.5%로 빌렸다고 치자. 그러면 1년 후에 은행에 갚아야 할 돈은 얼마가 되겠는가?

$$1000\text{만 원} + 1000\text{만 원} \times 0.045$$

$$= \underline{1{,}045\text{만 원}}$$

$$= \underline{1000\text{만 원} \times (1+0.045)^1}$$

그러면 2년 후에는?

$$
\begin{aligned}
&1{,}045\text{만 원} + 1{,}045\text{만 원} \times 0.045 \\
&= \underline{1{,}045\text{만 원}} \times (1+0.045) \\
&= \underline{1{,}000\text{만 원} \times (1+0.045)} \times (1+0.045) \\
&= 1{,}000\text{만 원} \times (1+0.045)^2
\end{aligned}
$$

이제 됐다. 더 이상 길게 계산 안 해도 될 것 같다. 계산 규칙을 알았으니 말이다. 그러니 n년 후에는?

$$1{,}000\text{만 원} \times (1+0.045)^n$$

따라서 20년 후에는 얼마를 은행에 갚아야 하는가? 약 2,411.714만 원이 된다.

$$
\begin{aligned}
&1{,}000\text{만 원} \times (1+0.045)^{20} \\
&\simeq 2{,}411.714\text{만 원}
\end{aligned}
$$

즉, 빌린 돈 원금 1,000만 원에 대해 약 2.411배를 갚아야 한다는 얘기다. 이는 매클로린급수로 계산한 것과 같은 결과이다. 그런데 이자를 꼭 1년이 아닌 6개월마다 계산할 수도 있지 않은가. 연복리 이자의 절반인 '0.045/2'씩 반 년 마다 계산한다는 얘기다.

$$
\begin{aligned}
\text{전반기:}\quad &1000\text{만 원} + 1000\text{만 원} \times 0.045/2 \\
&= \underline{1{,}022.5\text{만 원}} \\
&= \underline{1000\text{만 원} \times (1+0.045/2)^1}
\end{aligned}
$$

후반기: $1{,}022.5$만 원 $+ 1{,}022.5$만 원 $\times 0.045/2$

$= \underline{1{,}022.5\text{만 원}} \times (1+0.045/2)$

$= \underline{1000\text{만 원} \times (1+0.045/2)^1} \times (1+0.045/2)$

$= 1000\text{만 원} \times (1+0.045/2)^2$

여기에도 반복되는 계산 규칙이 있다.

그러므로 2년 후에는?

$$1000\text{만 원} \times (1+0.045/2)^4$$

n년 후에는?

$$1{,}000\text{만 원} \times (1+0.045/2)^{2\times n}$$

따라서 연 이자를 반 년마다 계산하면 20년 후에 은행에 갚아야 돈은 약 2,435.189만 원이 된다.

$$1{,}000\text{만 원} \times (1+0.045/2)^{2\times 20}$$
$$\simeq 2{,}435.189\text{만 원}$$

1년 단위로 이자를 계산하는 것 보다 갚아야 할 돈이 약간 늘었다. 이제는 이자를 분기별로도 계산해 보자. 즉, 1년에 4번씩 이자를 복리 계산해 보자는 것이다.

1분기: 1000만 원 $+ 1000$만 원 $\times 0.045/4$

$= \underline{1{,}011.25\text{만 원}}$

$= \underline{1{,}000\text{만 원} \times (1+0.045/4)^1}$

2분기: $1{,}011.25$만 원 $+ 1{,}011.25$만 원 $\times 0.045/4$

$= \underline{1{,}011.25\text{만 원}} \times (1+0.045/4)$

$= \underline{1{,}011.25\text{만 원} \times (1+0.045/4)^1} \times (1+0.045/4)$

$= 1000\text{만 원} \times (1+0.045/4)^2$

이 계산 규칙이라면 3, 4분기도 바로 계산할 수 있을 것이다.

3분기: $1000\text{만 원} \times (1+0.045/4)^3$

4분기: $1000\text{만 원} \times (1+0.045/4)^4 \simeq 1{,}045.765\text{만 원}$

즉, 분기별로 계산하면 빌린 연수에 따라 은행에 갚아야 할 돈은?

1년 후: $1000\text{만 원} \times (1+0.045/4)^4$

2년 후: $1000\text{만 원} \times (1+0.045/4)^8$

n년 후: $1000\text{만 원} \times (1+0.045/4)^{4\times n}$

따라서 분기별로 계산할 경우 20년 후에 은행에 갚아야 할 돈은 약 2,447.275만 원이 된다.

$$1000\text{만 원} \times (1+0.045/4)^{4\times 20} = 2{,}447.275\text{만 원}$$

그런데 지금까지의 모든 계산 규칙을 종합 정리하면 뭔가 의미있는 식이 얻어질 것 같기도 하다.

$$S = L\left(1+\frac{r}{t}\right)^{nt}$$

여기서 S는 은행에 갚아야 할 돈, L은 최초로 빌린 돈, r은 연복리 이자, t는 복리이자 환산주기, n는 돈을 빌린 연수이다. 이 식에 환산주기를 t=52, t=365로 해서 한 번 계산해 보자. 20년 후에 갚아야 할 돈이 각각 2,458.246만 원과 2,459.467만 원이 된다.

빌린 돈 1000만 원에 대한 다양한 복리이자 환산주기와
연이자율 4.5%조건에서 20년 후에 은행에 갚아야 할 돈

복리이자 환산주기, t	r/t	nt	갚아야 할 돈 S(만 원)
1년, t=1	0.045/1=0.045	1×20=20	2,411.714
반년, t=2	0.045/2=0.0225	2×20=40	2,435.189
분기, t=4	0.045/4=0.01125	4×20=80	2,447.275
매달, t=12	0.045/12=0.00375	12×20=240	2,455.466
매주, t=52	0.045/52=0.000865	52×20=1040	2,458.246
매일, t=365	0.045/365=0.000123	365×20=7300	2,459.467

어떤가? 복리이자 환산주기가 짧아질수록 은행에 갚아야 할 돈이 점점 많아져 돈 빌린 사람의 이자부담이 커진다. 이러니 은행과 고객 간의 타협이 당연히 있어야만 할게다. 현재 대부분 은행에서는 복리이자 환산주기를 분기별, 즉 3개월로 하는 경우가 많다. 또 한 가지 염두해 두어야 할 것은 상환 거치기간과 중도상환 금액 조건과 같은 은행 대출 조건에 따라 실제 갚아야 할 액수가 달라진다는 점이다.

그런데 우리가 실제 금융거래를 할 때 서로 주고받을 수 있는 최대 이자금액은 과연 얼마나 될까? 만일 여러분들이 친구나 은행에서 돈을 빌린다면, 과연 연리 몇 %의 이자를 주고 빌리겠는가? 아무리 센 이자를 주고 돈을 빌린다 하더라도 최대 100%는 넘지 않을 것이다. 그러니 1년에 최대 100% 이자를 주고 돈을 빌린 경우에 얼마를 갚아야 하는지 한 번 알아보자. 앞에서 만들어 낸 식에 돈을 빌린

연수 $n=1$, 연복리 이자 $r=1$을 넣고, 복리이자 환산주기 t만을 1년에서부터 반년, 분기, 매달, 매주, 매일, 매초까지 바꿔가며 계산해 보자.

$$S=1{,}000\text{만 원}\times\left(1+\frac{1}{t}\right)^{1\times t}$$

이 식으로부터 얻은 계산결과 중에 특히 주목해야 할 부분이 있다. 1년을 초 단위로 환산한 복리주기 't=31,536,000'인 경우인데, 갚아야 할 돈이 'S=2,718.281781만 원'으로 계산된다. 다른 것보다도 숫자를 유심히 들여다보길 바란다.

빌린 돈 1000만 원에 대한 다양한 복리이자 환산주기와
연이자율 100%조건에서 1년 후에 은행에 갚아야 할 최대 금액

복리이자 환산주기 t	r/t	nt	갚아야 할 돈 S(만 원)
1년, t=1	1/1=1	1×1=1	2,000
반년, t=2	1/2=0.5	2×1=2	2,250
분기, t=4	1/4=0.25	4×1=4	2,441.40625
매달, t=12	1/12=0.083333	12×1=12	2,6130.3529
매주, t=52	1/52=0.019231	52×1=52	2,692.596954
매일, t=365	1/365=0.00274	365×1=365	2,714.567482
매초, t=31,536,000초	1/31,536,000 = 3.17098×10^{-8}	365×1×24×3600 = 31,536,000	**2,718.281781**

어디선가 많이 본 숫자들이 아닌가! 그렇다. 바로 '자연상수 e'이다. 이 값은 소수점 여섯째 자리까지 자연상수 e값과 일치한다. 아마도 복리이자 환산주기를 매초보다 더 작게 했더라면 더 많은 소수점까지 일치했을 것이다.

$$e=2.7\,1828\,1828\,4590\,4523\,5360\,2874\,7135\,2662\,49\cdots$$

이는 상식적인 일상 경제활동에서 1년 내에 최대한 받을 수 있거나 되돌려 줘야 하는 돈은 아무리 커야 자연상수 e배보다 클 수 없다는 중요한 의미를 지닌다. 이러한 연유로 자연상수 e는 대서양 연안 국가들 간의 해양무역과 거대 금융업이 활발했던 중세 이후의 유럽 상인들에게 매우 중요한 '기본 단위 수' 또는 '밑수'로 자리매김된 것 같다.

이 외에도 당시에 거대 수를 다루는데 편리한 또 하나의 수가 있었다. 바로 '10'이다. 당시 귀하고 비쌌던 종이에 예를 들어 '100,000,000'과 같은 거대 수를 장황하게 쓴다고 생각해 보라. 그 비싼 종이 값을 어떻게 다 감당해 내겠는가? 이러니 새로운 표기법이 나올 수밖에 없었을 것이다. 그 수를 간단히 '10^8'로 종이 위에 써보라. 얼마나 짧고 간단한가! 당시 10을 밑으로 하는 지수함수 표기법이야말로 종이 값을 엄청나게 줄이는 기발한 표기법이었을 것이다.

거대 수를 짧게 표현하는 기법이 또 있다. 바로 로그이다. 로그 중에 상용로그는 그 밑수로 10을 사용하고 있고, 자연로그는 e를 밑수로 사용한다. 그런데 왜 밑수를 달리한 것일까? 추측컨데 아마도 '큰 수 자체'에 단순히 적용할 지 혹은 '어떤 현상'에 적용할 지에 따라 구분해서 사용하지 않았나 싶다.

어떤 현상을 표현하는 데는 e를 사용한 것 같다. 그런데 왜 하필이면 그 이름을 자연상수라고 하였을까? 이 책을 집필하기 전까지는 나도 별 의미를 두고 생각해 본 적이 없다. 단지 e는 무리수이자 대수방정식의 근이 될 수 없는 초월수, 자연로그의 밑[Base]으로 사용되는 수, 여러 공학적 계산에 필요한 수 정도로 대수롭지 않게 여겼다. 하지만 이 책을 써 내려갈수록 이 책의 핵심 알맹이인 e를 왜 자연상수라고 하였을까 그 궁금증이 머릿속에서 떠나지 않았다. 그러던 중 어느 날, 우리 아이들 이름 짓던 때가 생각났다. 바로 우리 아이들의 이름은, 그들이 장차 다른 사람들에게 선한 영향력을 끼치며 살게 해달라는 아비로서의 간절한 소망을 담고 담아 지었던 것이다. 이와 마찬가지다. 사물의 이름도 그 쓰임새와 의미를 담아 짓는다. 그런데 무지하게도 여태까지 나는 자연상수의 자연이라는 단어를 간과했었다.

자연[Natural]이란 어떤 것인가. 우리 주변의 강, 바다, 산과 같은 자연 자체가 자연이다. 역시 그 자연의 일부인 우리 인간도 자연이다. 이를 더욱 확대 해석하자면, 자연의 일부인 우리 인간에 의해 만들어진 사회, 문화, 정치, 경제 등 그 소산물 역시도 자연에 포함될 것이다. 이러한 자연현상을 표현하는 데 가장 적합한 수가 바로 e라는 것이다. 그래서 이 수를 자연상수라고 이름 짓지 않았나 싶다.

이 수는 반복되는 마디도 없고 그 끝이 어딘지도 모르는 수이다. 그렇기 때문에 종이에 무한정 써 내려갈 수도 없어 오로지 기호로만 나타낼 수 있는 수이다. 하지만 이 수는 어느 값에 수렴되는 상수임에 틀림없다. 마치 확실한 답이 있을 것 같지만 그 답을 찾을 길 없는, 참으로 기묘한 우리 인간의 삶에서 파생된 다양한 현상들을 그려내는 그런 수인 것이다.

그럼, e는 우리 주변의 어떤 자연 현상들을 표현하는 데 사용될까? 생태계 속에서 발생하는 세균의 번식 개체 수를 예측하는 데도 사용된다. 또한 앞에서 언급한 복리이자 계산과 금융 및 경제동향 분석에도 이용된다. 더욱이 지구상의 인구변화와 같은 사회현상을 예측하는 데도 사용된다. 또한 더운 여름날에 남도 식당에서 맛볼 수 있는 선어[鮮魚] 상태의 민어[民魚]의 온도변화를 예측하는 데도 사용된다. 방사능의 반감기를 계산하는 데도 사용된다. 이처럼 자연상수 e는 우리 주변의 지극히 당연한 자연적, 사회적 현상과 경제 문제 및 공학적 문제 등을 예측하고 해석하는 데 많이 이용되는 상수[常數]이다.

제 9 장

복소수

淸心 깨끗한 마음

茶山 정약용

바다와 수학

우리는 앞에서 수의 체계를 허수까지 그 지경을 넓혀가며 꼼꼼히 살펴보았다. 그 내용들은 이미 다 알고 있어서 오히려 따분했길 바란다. 이제부터는 실수와 허수가 어우러진 복소수에 대해서 본격적으로 다루려고 한다. 특히 복소수의 성질을 중점적으로 다룰 것인데, 다음 장에 나올 이 책의 귀공자격인 오일러 공식을 정중히 맞이하기 위해서다.

복소수의 기하학적 의미

우리가 지금까지도 편리하게 사용하고 있는 복소평면과 복소수의 극형식에 대한 아이디어는 노르웨이의 베셀[Wessel, 1745-1818]에게서 나왔다. 그는 측량 기사이자 지도 제작자였는데, 지도를 만들면서 이러한 아이디어를 얻은 것 같다.

그럼 베셀의 복소수에 대한 발상이 뭔지부터 알아보자. 우리는 수 체계에서 실수에 대해서 이미 배웠다. 실수가 무엇인지 알기 쉽게 그림으로 그려보자. 물건을 세는 자연수를 포함한 정수, 유리수, 무리수가 꽉 채워진다면 하나도 빈틈이 없는 직선이 될 것이다. 이 직선이 바로 우리가 실수를 시각적으로 볼 수 있는 하나의 형상이다.

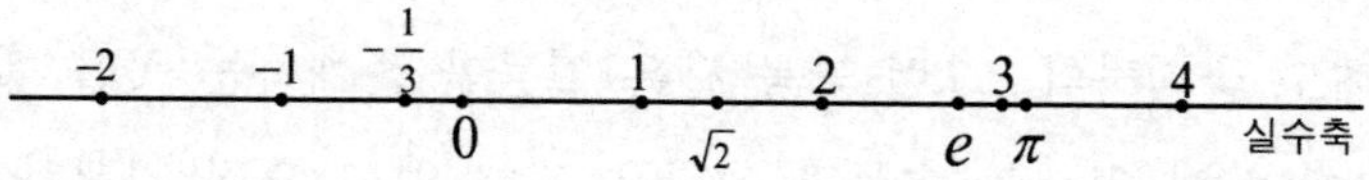

그런데 이 실수축에는 허수가 존재할 수 없다. 그래서 여기에 허수가 존재할 수 있도록 실수축에 수직인 새로운 축을 하나 더 그려 넣어보자. 이 축이 바로 허수축인데 이러한 기발한 아이디어가 다름 아닌 베셀의 발상에서 비롯되었다. 그리고 실수축 -1과 허수축 $-2i$의 교점을 찍어보자. 그러면 하나의 평면이 될 것이다.

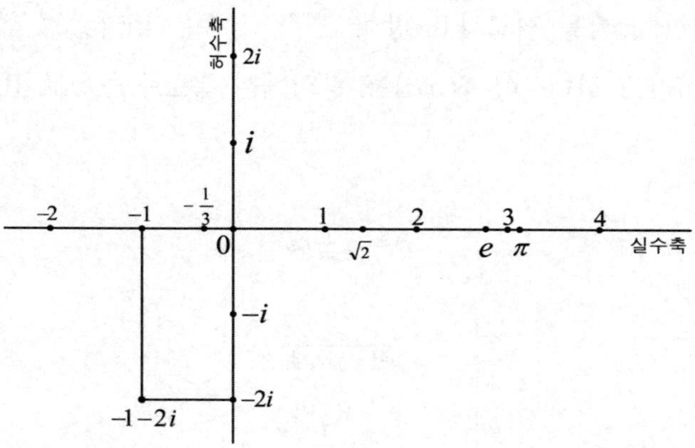

이와 같이 실수와 허수가 함께 만드는 평면을 복소평면이라 부른다. 이 복소평면은 가우스 평면이라고 부르기도 하는데, 이는 복소함수론과 복소평면 연구에 지대한 업적을 남긴 독일의 가우스[Gauss, 1777-1855]의 이름을 따서 부른 것이다. 이 복소평면을 유심히 보라. 그림에서 가로축으로 나타낸 실수축 위에 있는 모든 점은 순전히 실수뿐이다. 역시 세로축으로 나타낸 허수축 위에 있는 점은 모두 허수뿐이다. 그런데 이 두 개의 축을 일점일획이라도 벗어나면 실수와 허수가 함께 공존하는 복소수 영역으로 빠져 들고 만다.

만일 우리 삶 가운데 오로지 힘들고 고달픈 일들만 일어난다면 어떻게 살겠는가? 생각만 해도 끔직하다. 그런 악몽 같은 일들만 존재하는 곳을 실수축이라고 가정하자. 이에 반해 인생의 슬픔과 고난은 전혀 없고 오직 기쁨과 행복만으로 가득 찬 그런 유토피아적인 세계를 허수축이라고 하자. 이 땅에 이런 데가 있을까? 없다. 그러면 우리 인생의 실제 삶의 좌표는 어디일까? 바로 기쁨과 노여움, 슬픔과 즐거움이 어우러진 그런 희로애락이 언제나 공존하는 그곳, 우리 삶의 좌표는 다름 아닌 복소수 영역인 것이다.

그런 삶의 좌표를 복소평면에 찍는 데는 두 가지 방법이 있다. 하나는 실수축 방향으로 몇 칸 이동, 그리고 허수축 방향으로 몇 칸 이동하며 좌표 점을 찍는 방법이다. 이러한 방식을 직교좌표 방식[Rectangular], 혹은 데카르트 좌표 방식[Cartesian] 또는 직교형식이라고 한다. 이 직교좌표 방식에서 복소수는 z로 표기하고 아래와 같이 나타낸다.

$$z = a + bi$$

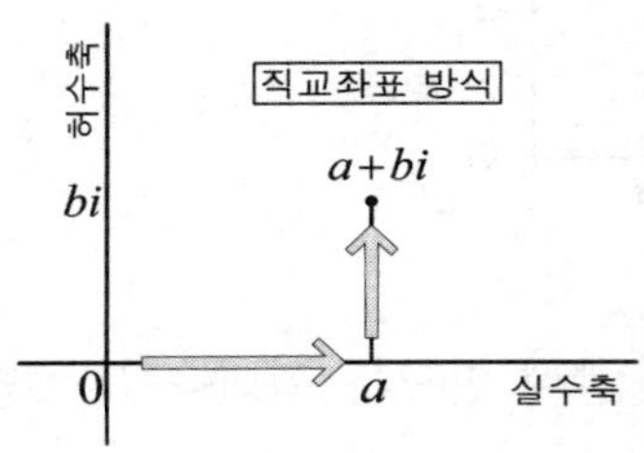

또 하나는 크기와 각도만으로 표시하는 방법이 있는데, 이를 극좌표 방식[Polar] 또는 극형식이라고 한다. 그런데 이 극좌표 방식은 거의 벡터 방식과 흡사하다. 왜냐하면 벡터는 비록 유향선분이지만 방향과 크기를 갖기 때문이다. 그러나 다르다. 복소수의 극좌표는 두 개의 축이 실수와 허수로 된 수의 축이지만, 벡터는 두 개의 축이 모두 방향 축이다.

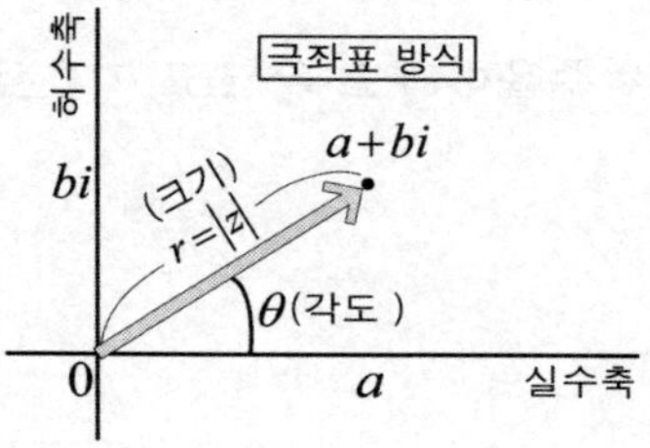

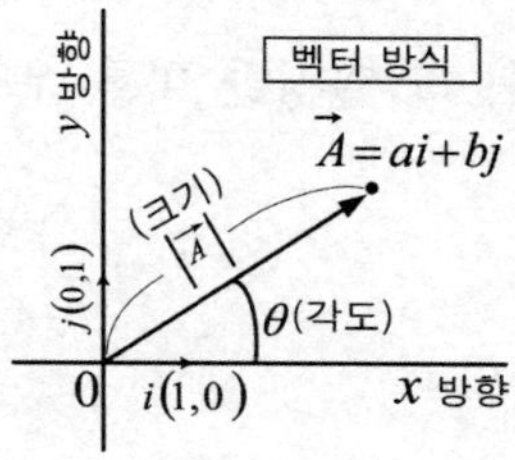

극좌표 방식에서 복소수를 표기하는 방법은 아래와 같다.

$$z=|z|\angle z$$

여기서 $|z|$는 복소수의 크기인데 회전운동을 하는 경우에는 반경(r)에 해당된다. 그리고 $\angle$는 각도를 뜻하는 기호이다. $\angle z$는 복소수 z가 실수축과 이루는 각도인데, $\theta=\angle z$와 같이 표현하기도 한다. 일반적으로 이 각도를 편각Argument이라고 부른다.

그런데 이 편각은 보통 각도(°)보다는 라디안Radian 단위를 많이 쓴다. 라디안은 각도를 원호의 길이로 바꾼 것이다. 그러므로 라디안은 각도와 길이를 동시에 나타낼 수 있는 중요한 의미를 가진 단위임을 기억해야 한다. 그런데 각도는 분명 기본 물리량에 해당되지 않는다. 그래서 각도를 물리적인 의미를 갖게 하기 위해서는 길이의 단위로 바꿀 필요가 있었다. 또한 이렇게 각도를 호의 길이로 표기하는 방법을 일명 호도법이라고 한다. 이는 각도의 '도'자와 원호 길이의 '호'자를 발음하기 좋게 합성하여 '호도법'이라고 부른 것 같다.

반지름이 1인 단위원이 하나 있다고 하자. 그러면 각도 180° 에 해당하는 원호의 길이는 π가 될 것이다. 그러면 45° 에 해당하는 원호의 길이는 $\pi/4$가 될 것이다.

이처럼 호도법을 쓰면 각도에 해당하는 원의 둘레 길이를 바로 알 수 있다. 또한 우리가 이미 잘 알고 있는 바와 같이, 원의 지름과 원 둘레의 비($2\pi r/2r$)는 항상 일정하다. 그 일정한 비를 우리는 원주율이라고 부르고 기호로는 π로 표기한다.

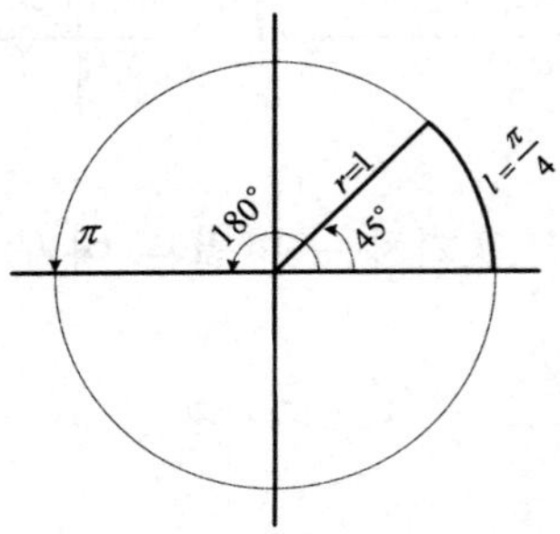

또한 호도법을 이용하면 원의 면적도 일관성 있게 구할 수 있다. 즉, 단위원의 면적은 $A_1=\pi\left(=\pi r_1^2\right)$이다. 만일 그 단위원의 반지름을 2배, 3배, 4배, …로 늘려보자. 그러면 원의 면적은 단위원의 면적보다 몇 배 증가할까?

$$1\text{배: } A_1/A_1=\left\{\pi\times(r_1)^2\right\}/\left(\pi\times r_1^2\right)=1^2$$

$$2\text{배: } A_2/A_1=\left\{\pi\times(2r_1)^2\right\}/\left(\pi\times r_1^2\right)=2^2$$

$$3\text{배: } A_3/A_1=\left\{\pi\times(3r_1)^2\right\}/\left(\pi\times r_1^2\right)=3^2$$

$$4\text{배: } A_4/A_1=\left\{\pi\times(4r_1)^2\right\}/\left(\pi\times r_1^2\right)=4^2$$

$$\vdots$$

그렇다. 반지름이 4배 증가하면 원의 면적이 16배 증가한다. 증가된 반지름만큼 반지름 자신을 곱한 것이 원의 면적이 된다는 것이다. 이 사실은 배에서도 매우 유용한 간편 지식이다. 배에는 엄청나게 많은 파이프들이 거미줄처럼 서로 엮여 있다. 그 중에 청수, 해수 또는 기름 등이 흘러가는 파이프도 있다. 만일 처음보다 반지름이 3배 큰 파이프에 이러한 유체들이 흐른다면 유속은 어떻게 변하겠는가? 우리는 체적유량 Q가 파이프의 단면적과 유속에 비례한다는 것을 잘 알고 있다.

$$Q = Av$$

그런데 반지름이 3배 증가하면 면적은 3^2배가 된다. 하지만 체적유량은 변화가 없다. 그러므로 유속은 처음보다 9배 느려진다. 이와 같이 반지름과 유속의 관계도 쉽게 알아 낼 수 있다.

$$v_2 = \frac{Q}{3^2 \times A_1} = \frac{1}{9}\frac{Q}{A_1} = \frac{1}{9}v_1$$

다시 복소수 이야기로 돌아가자. 그런데 왜 복소수를 설명하다가 갑자기 좌표계 이야기를 하는가. 다 이유가 있다. 이제 잠시 후 복소수를 연산할 텐데, 주어진 복소수의 연산이 사칙연산 중 어느 것에 해당되는지에 따라서 표시하는 좌표방식을 달리하면 그 연산이 훨씬 쉬워지기 때문이다.

복소수의 덧셈

그러면 먼저 복소수의 사칙연산 중 덧셈을 해보자. 복소수의 덧셈을 위한 두 개의 복소수를 각각 $z_1 = a+bi$, $z_2 = c+di$라고 하자. 복소수의 덧셈법은 간단하다. 실수부는 실수부끼리, 허수부는 허수부끼리 더하면 된다.

$$z_1 + z_2 = (a+bi)+(c+di)=(a+c)+(b+d)i$$

이 합의 결과는 아래의 직교좌표 방식의 복소평면에 나타낸 바와 같이 평행사변형의 대각선으로 표현된다. 이는 벡터의 방식과 똑같다. 또한 두 복소수 합의 절대값 $|z_1 + z_2|$는 평행사변형의 대각선 길이이므로, 이 길이는 피타고라스의 정리를 이용하여 얻을 수 있다.

$$|z_1 + z_2|= \sqrt{(a+c)^2 + (b+d)^2}$$

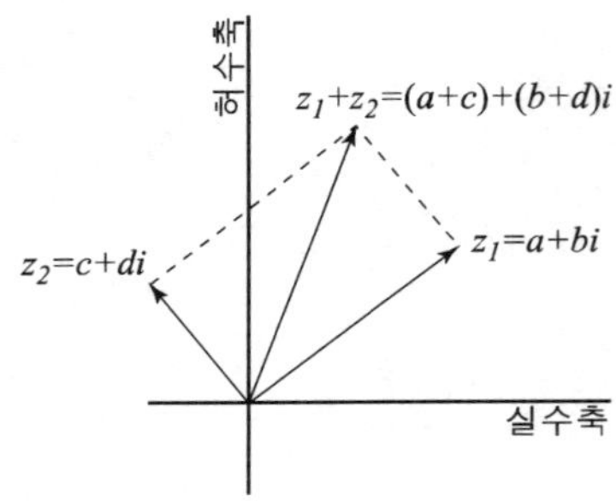

바다와 수학

복소수의 뺄셈

또한 두 복소수의 뺄셈도 역시 실수부는 실수부끼리, 허수부는 허수부끼리 빼면 된다. 그 절대값 역시 피타고라스 정리를 이용하여 얻을 수 있다.

$$z_2 - z_1 = (c+di) - (a+bi) = (c-a) + (d-b)i$$

$$|z_2 - z_1| = \sqrt{(c-a)^2 + (d-b)^2}$$

복소수의 곱셈

베셀의 기발한 발상은 복소수의 곱셈과 나눗셈에서 특히 돋보인다. 그런데 막상 알고 보면 너무 당연한 이야기 같아서 시시해 보일지도 모른다. 하지만 그 힘은 참으로 크고 대단하다. 특히 전기공학 분야의 교류회로를 해석하는데 있어서 더욱 그렇다. 그러니 잘 기억해 두기 바란다.

복소수 z를 n번 거듭제곱(z^n)하라고 할 때, 그 계산을 n번 반복한다고 생각해 보라. 정말로 지루한 작업이 아닐 수 없다. 그러나 복소수 곱의 성질을 이용하면 그 계산이 정말 쉬워진다. 그러면 먼저 복소수의 곱에 대해서 알아보자. 아래의 극좌표방식의 복소평면에 나타낸 바와 같이 두 개의 복소수를 각각 z_1과 z_2라고 하자.

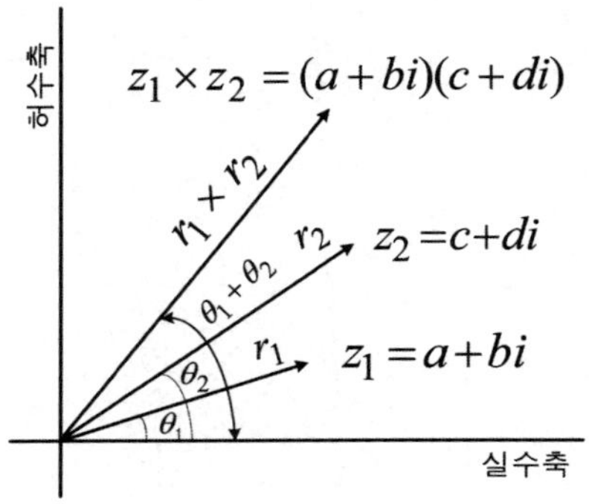

그리고 복소수 z_1의 절대값을 $r_1 = |z_1| = \sqrt{a^2+b^2}$ 이라 하고, x축으로부터 반시계 방향의 각도를 $\theta_1 = \angle z_1$으로 표기하자. 역시 마찬가지로 복소수 z_2의 절대값을 $r_2 = |z_2| = \sqrt{c^2+d^2}$, x축과 이루는 각을 $\angle z_2 = \theta_2$라고 하자. 그리고 이 두 개의 복소수를 극형식으로 표현해 보자.

$$z_1 = |z_1| \angle z_1,\ z_2 = |z_2| \angle z_2$$

이제 두 복소수를 서로 곱하자.

$$z_1 \times z_2 = (a+bi)(c+di) = (ac-bd) + (ad+bc)i$$

그러면 복소수 곱의 절대값을 얻을 수 있다.

$$|z_1 \times z_2| = \sqrt{(ac-bd)^2 + (ad+bc)^2}$$

그리고 이 식의 오른쪽 항을 전개하자.

$$\begin{aligned} |z_1 \times z_2| &= \sqrt{a^2(c^2+d^2) + b^2(c^2+d^2)} \\ &= \sqrt{(a^2+b^2)(c^2+d^2)} \\ &= r_1 \times r_2 \\ &= |z_1| \times |z_2| \end{aligned}$$

어떻게 됐는가. '두 복소수 곱의 절대값은 각각의 절대값의 곱'이 되었다. 이것도 베셀의 기막힌 발상이기도 하지만, 이 보다 더 훌륭한 베셀의 발견은 두 복소수의 곱에 의해 만들어진 새로운 복소수의 각도에 있다. 결론부터 말하자면, '두 복소수 곱의 각도는 각각의 각을 합한 것과 같다.'는 것이다. 방금 전의 그림을 보면 잘 알 수 있을 것이다.

$$\angle(z_1 \times z_2) = \angle z_1 + \angle z_2 = \theta_1 + \theta_2$$

그런데 이는 아무런 논리적 근거도 없이 다짜고짜 선언한 듯한 느낌이 든다. 하지만 이는 아주 명백하고 지극히 당연한 사실이다. 그래도 여전히 "외우라면 외우지, 무슨 말이 그렇게 많아." 라는 느낌이 가시질 않는다. 이에 대한 명쾌한 설명은 잠시 뒤에 하겠다. 하지만 다시 한 번 당부 드리지만, 이러한 복소수의 곱에 대한 베셀의 기발한 발상을 절대 잊어서는 안 된다. '두 복소수 곱의 절대값은 각각의 절대값의 곱과 같고, 그 복소수 곱의 각도는 두 개의 각도를 합한 것과 같다.' 두 복소수의 곱에 대한 결과를 종합해서 극형식으로 나타내 보자.

$$z_1 \times z_2 = |z_1| \times |z_2| (\angle z_1 + \angle z_2)$$

복소수의 나눗셈

이번엔 두 복소수의 나눗셈을 해보자.

$$\frac{z_1}{z_2} = \frac{a+bi}{c+di}$$

그리고 분모의 공액복소수를 위아래에 모두 곱해보자. 공액복소수란 허수부의 부호가 반대인 복소수를 말한다.

$$\frac{z_1}{z_2} = \frac{a+bi}{c+di} \times \frac{c-di}{c-di}$$

이것을 풀고 정리하자.

$$\begin{aligned}\frac{z_1}{z_2} &= \frac{a+bi}{c+di} \times \frac{c-di}{c-di} \\ &= \frac{ac-adi+bci-bdi^2}{c^2+d^2} \\ &= \frac{(ac+bd)-(ad-bc)i}{c^2+d^2}\end{aligned}$$

이를 실수부와 허수부로 분리하여 복소수의 기본 형태로 나타내자.

$$\frac{z_1}{z_2} = \frac{ac+bd}{c^2+d^2} - \frac{ad-bc}{c^2+d^2}i$$

이제 나눗셈을 통해 얻은 새로운 복소수의 절대값을 구해보자.

$$\begin{aligned} \left|\frac{z_1}{z_2}\right| &= \sqrt{\left(\frac{ac+bd}{c^2+d^2}\right)^2 + \left(\frac{ad-bc}{c^2+d^2}\right)^2} \\ &= \sqrt{\frac{(ac)^2+2abcd+(bd)^2}{(c^2+d^2)^2} + \frac{(ad)^2-2abcd+(bc)^2}{(c^2+d^2)^2}} \\ &= \sqrt{\frac{a^2(c^2+d^2)+b^2(c^2+d^2)}{(c^2+d^2)^2}} = \sqrt{\frac{(a^2+b^2)(c^2+d^2)}{(c^2+d^2)^2}} \\ \therefore \left|\frac{z_1}{z_2}\right| &= \sqrt{\frac{(a^2+b^2)}{(c^2+d^2)}} = \frac{r_1}{r_2} = \frac{|z_1|}{|z_2|} \end{aligned}$$

놀라운 결과를 얻었다. '두 복소수 나눗셈의 절대값은 각각의 절대값의 나눗셈과 같다. 또한 각도는 분자의 각도에서 분모의 각도를 뺀 것과 같다.'는 것이다.

$$\angle\frac{z_1}{z_2} = \angle z_1 - \angle z_2 = \theta_1 - \theta_2$$

그런데 여기에 '왜 그렇게 되지?' 라는 의문이 든다. 그 이유는 잠시 뒤에 설명하기로 하겠다. 여하튼 복소수 나눗셈을 극형식으로 나타내 보자.

$$\frac{z_1}{z_2} = \frac{|z_1|}{|z_2|}(\angle z_1 - \angle z_2)$$

설명이 너무 길었다. 그러다보니 복소수 연산 자체가 너무 어렵게 받아들여질 것 같다. 아니다. 얼마나 쉽고 재밌는지 보여 드리겠다. 더불어 베셀의 아이디어가 얼마나 기발한지 감상해 보길 바란다.

복소수 '$z = 0.5 + 1.5i$'를 20번 거듭제곱하라는 문제가 주어졌다고 하자. 정말 신경질 날 것이다. 곱하고 또 곱하고 지루한 반복 계산을 20번이나 해야 한다. 계산을 쉽게 할 수 있는 묘안이 없을까? 아참, 방금 전에 배운 베셀의 아이디어가 있지 않은가. "그래, 복소수 곱의 성질을 이용하면 되겠네." 그런데 복소수의 극형식이 어떻게 되더라?

$$z = |z| \angle z$$

그렇다. 이 극형식에 맞추어 주어진 복소수의 절대값과 각도를 먼저 구해 놓으면 꼬인 실타래가 척척 풀리듯 이 문제도 자연스럽게 풀릴 것이다. 절대값부터 먼저 구하자.

$$|z| = \sqrt{0.5^2 + 1.5^2}$$

우리는 베셀의 발상을 통해, 복소수 곱의 절대값은 절대값을 서로 곱하면 된다고 이미 알고 있다. 그러니 복소수 곱의 절대값은 $|z|$를 20번 거듭 곱하기만 하면 될 것이다. 그런데 주의할 점이 있다. 20번 곱하라고 했지 20을 곱($|z| \times 20$)해서는 안 된다.

$$|z|^{20} = \left(\sqrt{0.5^2 + 1.5^2}\right)^{20}$$

이번에는 20번 거듭제곱한 복소수의 편각도 구해보자. 그런데 왠지 어려울 것 같다. 아니다. 별로 어렵지 않다. 해결의 실마리만 찾으면 된다. 그 실마리는 바로 삼각함수의 탄젠트에 숨겨져 있다.

$$\tan\theta = \frac{b}{a}$$

이 탄젠트에서 뭐가 보이는가? 편각 θ가 보인다. 우리가 원하는 편각이다. 탄젠트 속에서 그 편각을 끄집어내자. 그러기 위해서는 역함수를 취해 아크탄젠트로 변신시켜야 한다.

$$\angle z = \theta = \tan^{-1}\left(\frac{b}{a}\right)$$

이 식에 주어진 복소수의 조건을 모두 넣어보자. 그러면 편각 $\angle z = \theta$가 구해진다.

$$\angle z = \theta = \tan^{-1}\left(\frac{1.5}{0.5}\right)$$

실마리가 완전히 풀렸다. 이제 남은 것은 이 편각을 20번 더하기만 하면 된다. 그러면 20번 거듭제곱한 복소수의 편각이 얻어질 것이다.

$$20 \times \angle z = 20 \times \theta = 20 \times \tan^{-1}\left(\frac{1.5}{0.5}\right)$$

이제 구해진 절대값과 편각을 모두 모아보자.

$$\begin{aligned} z^{20} &= (0.5 + 1.5i)^{20} \\ &= |z|^{20} \angle 20 \times \theta \\ &= \left(\sqrt{0.5^2 + 1.5^2}\right)^{20} \angle 20 \times \tan^{-1}\left(\frac{1.5}{0.5}\right) \\ &= 9536.743 \angle 20 \times 71.60135^\circ \\ &= 9536.743 \angle 1432.0270^\circ \end{aligned}$$

그런데 20번 거듭제곱한 복소수의 편각을 보니 1432.0270°가 된다. 이는 양의 실수축으로부터 반시계 방향으로 원을 3번 돌고 352.027°를 더 돈 셈이다. 그러니 제4사분면에 있다. 이를 살짝 달리 해보자. 원을 4번 돌고 다시 -7.973° 만큼 뒤로 돌았다고 말이다.

$$\begin{aligned}(0.5+1.5i)^{20} &= 9536.743\angle -7.973^\circ \\ &= 9536.743\angle -0.044\pi\end{aligned}$$

베셀의 아이디어가 얼마나 기발한지 실감했을 것이다. 또 하나의 예를 들어 보겠다. 두 개의 복소수 $z_1=(117+117i)$, $z_2=(20000+20000i)$의 나눗셈에 의한 새로운 편각은 어떻게 되겠는가? 복소수의 나눗셈이므로 분자의 편각에서 분모의 편각을 빼기만 하면 될 것이다.

$$\begin{aligned}\theta &= \angle\frac{z_1}{z_2} \\ &= \angle z_1 - \angle z_2 \\ &= \tan^{-1}(117/117) - \tan^{-1}(20000/20000) \\ &= \frac{\pi}{4} - \frac{\pi}{4} \\ &= 0\end{aligned}$$

제 10 장

오일러 공식

털끝 하나라도
더러워지면
죽을 때까지
결점이 된다

茶山 정약용

오일러 가문은 모두 베르누이 가문으로부터 수학을 배웠다. 성직자였던 아버지 파울 오일러Paul Euler는 야곱 베르누이로부터 수학을 배웠고, 아들 레온하르트 오일러Leonhard Euler는 야곱의 동생 요한 베르누이한테서 어릴 적부터 수학을 배웠다.

오일러는 1727년, 러시아의 상트페테르부르크 과학아카데미에 초빙되었다. 그리고 그곳에서 1733년, 요한의 아들 다니엘 베르누이로부터 수학 교수직을 물려받았다. 하지만 안타깝게도 러시아에 머무는 동안 오른쪽 눈의 시력을 잃고 말았다. 불행은 여기서 그치지 않았다. 그가 낳은 자녀 13명 중 고작 5명만이 살아남았다. 8명이나 자식이 아비보다 먼저 간 것이다. 참으로 부모로서 참아내기 어려운 아픔이다.

오일러는 1741년부터 25년 동안 프리드리히 대제의 초청으로 베를린에 머물다 1766년에 다시 상트페테르부르크로 가게 되었는데, 1년 후 거기서 왼쪽 눈마저 시력을 잃게 되었다. 맨눈으로 태양을 너무 많이 관측한 까닭이었다. 게다가 아무것도 볼 수 없었던 그에게 길잡이 역할을 해주던 아내마저 1773년에 죽고 말았다.

하지만 그의 연구는 멈추지 않았다. 아내가 죽은 지 3년이 지나 재혼을 하여 생활이 다시 안정되자, 자신의 머릿속에 있는 놀라운 발견들을 자녀나 제자들에게 받아 적게 했다. 그러다 1783년 9월 18일 저녁, 갑작스런 뇌출혈로 위대한 수학자 오일러는 그만 세상을 떠나고 만다. 파란만장한 인생을 모두 내려놓고 위대한 업적만 남긴 채 간 것이다.

오일러 공식

우리는 이미 매클로린급수에서 우연찮게 오일러 공식을 한 번 만났다. 하지만 그 공식이 어떻게 탄생했는지, 그의 출생 비밀은 전혀 알지 못한다. 그래서 여기서는 오일러 공식의 출생 비밀을 꼼꼼히 다루려 한다. 그래서 어쩔 수 없이 다시 한 번 지수함수의 극한식을 봐야 될 것 같다.

$$e^x = \lim_{n\to\infty}\left(1+\frac{x}{n}\right)^n$$

이 식의 x를 단지 허수 bi로 바꾸자. 여태까지 x는 실수였는데 말이다. 이제 그냥 지수함수가 허수지수함수로 바뀌게 되었다.

$$e^{bi} = \lim_{n\to\infty}\left(1+\frac{bi}{n}\right)^n$$

그리고 괄호 안에 있는 복소수를 z라고 하자. 또 이를 가우스의 복소평면에도 표시하자.

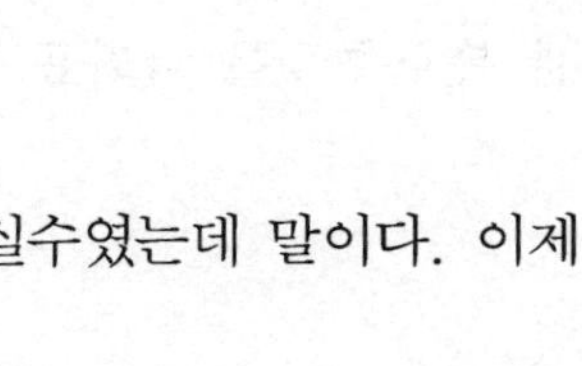

그러면 이 복소수의 실수부는 1이고 허수부는 $\frac{b}{n}$, 그리고 절대값은 $r_n = \sqrt{1^2+\left(\frac{b}{n}\right)^2}$ 이며, 실수축과 이

루는 편각은 θ_n 임을 쉽게 알 수 있게 된다. 또한 이 복소수를 직교좌표 형태로도 나타내 보자.

$$z=\left(1+\frac{b}{n}i\right)$$

그러면 복소수 z의 실수부와 허수부를 삼각함수 형태로 고친 것과 직교좌표 형태로 나타낸 것이 서로 같다고 두어도 될 것이다.

$$\text{실수부: } 1=r_n\cos\theta_n,\ \text{허수부: } \frac{b}{n}=r_n\sin\theta_n$$

$$z=\left(1+\frac{bi}{n}\right)=r_n(\cos\theta_n+i\sin\theta_n)$$

그러니 삼각함수로 표시된 복소수는 직교좌표 방식의 일종이란 뜻이 된다. 이젠 복소수 z를 극좌표 형식으로도 표현해 보자.

$$z=|z|\angle z,\ r_n=|z|,\ \theta_n=\angle z$$

그러면 결국 한 개의 복소수가 세 가지 형태로 변신될 수 있다는 얘기다.

$$\begin{aligned} z&=\left(1+\frac{bi}{n}\right)\\ &=r_n(\cos\theta_n+i\sin\theta_n)\\ &=|z|[\cos(\angle z)+i\sin(\angle z)] \end{aligned}$$

이 극형식의 복소수 z에 다름 아닌 자신을 한 번 곱해 보자. 그러고 베셀의 발상을 적용하자. 즉, 절대값은 서로 곱하고 편각은 서로 더하자는 얘기다.

$$
\begin{aligned}
z^2 &= \left(1+\frac{bi}{n}\right)^2 \\
&= |z|^2(\angle z + \angle z) \\
&= |z|^2 \angle 2z \\
&= r_n^2 \angle 2z
\end{aligned}
$$

또 삼각함수 형태의 복소수도 거듭제곱해 보자.

$$
\begin{aligned}
z^2 &= \left(1+\frac{bi}{n}\right)^2 \\
&= r_n(\cos\theta_n + i\sin\theta_n)\times r_n(\cos\theta_n + i\sin\theta_n) \\
&= r_n^2(\cos\theta_n + i\sin\theta_n)\times(\cos\theta_n + i\sin\theta_n) \\
&= |z|^2[\cos(\angle z)+i\sin(\angle z)]\times[\cos(\angle z)+i\sin(\angle z)]
\end{aligned}
$$

그리고 극형식과 삼각함수 형식으로 나타낸 것을 서로 같다고 두자.

$$
\begin{aligned}
z^2 &= \left(1+\frac{bi}{n}\right)^2 \\
&= |z|^2[\cos(\angle z)+i\sin(\angle z)]\times[\cos(\angle z)+i\sin(\angle z)] \\
&= r_n^2 \angle 2z
\end{aligned}
$$

여기서 $\angle 2z = 2\theta_n$ 임을 여러분들은 잘 알고 있을 것이다. 이제 드디어 중요한 결과가 얻어지는 순간이다.

$$z^2 = \left(1 + \frac{bi}{n}\right)^2 = r_n^2 \angle 2z$$

$$= |z|^2 \left[\cos(\angle 2z) + i\sin(\angle 2z)\right]$$

$$= |z|^2 \left[\cos(2\theta_n) + i\sin(2\theta_n)\right]$$

복소수 자기 자신을 한 번 곱하니 절대값은 2승이 되었고 편각은 두 배가 되었다. 그럼 만일 이 일을 n번 반복했다면 어떻게 되겠는가.

$$z^n = \left(1 + \frac{b}{n}i\right)^n$$

$$= (r_n)^n \left[\cos(n\theta_n) + i\sin(n\theta_n)\right]$$

근데 산뜻한 느낌이 영 들지 않는다. 그러니 산뜻하고 단아한 식이 될 수 있도록 수고를 조금만 더 하자. 만일 이 식에서 n 값이 엄청 커지면 어떻게 될지 한 번 고민해 보자. 오른쪽 항의 절대값 r_n^n 부터 먼저 살펴보겠다.

$$r_n^n = \left(\sqrt{1^2 + \left(\frac{b}{n}\right)^2}\right)^n$$

$$= \left(1^2 + \left(\frac{b}{n}\right)^2\right)^{\frac{n}{2}}$$

$$= \left(\left(1^2 + \left(\frac{b}{n}\right)^2\right)^{\frac{n^2}{b^2}}\right)^{\frac{b^2}{2n}}$$

이 식에서 n값이 엄청 커지면 괄호 바깥의 지수가 $\frac{b^2}{2n} \to 0$이 될 것이다. 따라서 절대값 r_n^n은 1에 가까운 값이 되고 말 것이다.

이제는 편각 $n\theta_n$을 살펴보자. 이 편각이 어떻게 될지 가늠해 보려면 먼저 복소평면에서 '$\sin\theta_n = \frac{\frac{b}{n}}{r_n}$' 라는 사실을 알고 있어야 한다. 또한 이 식에서 n값이 엄청 커지면 '$\frac{b}{n} \to 0$'이 된다는 것은 자명한

$\sin\theta_n \to 0,\ \theta_n \simeq \sin\theta_n$

$\theta_n(rad)$	$\sin\theta_n$
0	0
0.017444	0.01744356
0.026167	0.026163681
0.052333	0.052309448
0.087222	0.087111671
0.174444	0.17356104
0.261667	0.258690844

사실이다. 이는 결국 '$\sin\theta_n = \frac{\frac{b}{n}}{r_n} \to 0$'이 된다는 뜻과도 같다. 게다가 이 의미는 sin의 각도가 '$\theta_n \to 0$'로 된다는 것이기도 하고, 최종적으로는 '$\theta_n \simeq \sin\theta_n$'라는 의미로도 해석될 수 있다. 이는 마치 줄기 한 가닥을 죽 잡아당겨 땅속에 묻혀있는 감자를 줄줄이 캐내는 듯한 연상이 든다. 이제 우리는 n값이 엄청 커지면 '$\frac{b}{n} \to 0$'이 된다는 단서로부터 θ_n에 대한 식을 만들 수 있게 되었다.

$$\theta_n \simeq \sin\theta_n = \frac{\frac{b}{n}}{r_n}$$

거의 다 되어 간다. 이 식의 양변에 n을 곱해 보자. 그러면 우리가 원하는 편각 $n\theta$가 손에 들어온다.

$$n\theta_n \simeq \frac{b}{r_n}$$

이 식에서 만일 n이 커지면 절대값은 $r_n^n \to 1$이 된다는 것과, 편각은 '$n\theta_n \simeq \frac{b}{r_n} \simeq b$' 이 된다는 것을 알 수 있다. 이제 이 모두를 하나로 융합시키자. 그러고 자신을 n번 거듭제곱하자. 그러면 복소수 z^n의 생김새가 드러난다.

$$\begin{aligned} z^n &= \left(1+\frac{b}{n}i\right)^n \\ &= (r_n)^n\left[\cos(n\theta_n)+i\sin(n\theta_n)\right] \\ &= 1\times\left[\cos(b)+i\sin(b)\right] \end{aligned}$$

그런데 이 식은 허수지수함수 e^{bi} 의 극한식과 같다고 둘 수 있다. 이렇게 해서 드디어 허수지수함수 e^{bi} 가 삼각함수로 변신할 수 있게 되었다.

$$\begin{aligned} e^{bi} &= \lim_{n\to\infty}\left(1+\frac{b}{n}i\right)^n \\ &= (\cos b+i\sin b) \\ \therefore e^{bi} &= (\cos b+i\sin b) \end{aligned}$$

그런데 이 식이 어떤 식인지 아는가! 질문에 답하기가 두근거린다. 이 식이 바로 그 유명한 오일러 공식이다. 오일러 공식이 드디어 탄생했다. 이 탄생의 기쁨은 잠시 뒤로 미루고 변수 b를 x로 살짝 바꾼 후 자연로그를 취해 보라.

$$\begin{aligned} \ln\left(e^{ix}\right) &= \ln(\cos x+i\sin x) \\ \therefore ix &= \ln(\cos x+i\sin x) \end{aligned}$$

이 식은 영국의 수학자 코츠Cotes, 1682-1716가 1714년에 발견한 식이다. 이 식을 오일러가 지수함수 형태로 변형시킨 것이 바로 오일러 공식인 것이다. 그런데 만일 미적분에 대한 지식이 어느 정도 갖춰져 있으면 오히려 다음과 같은 방법으로 오일러 공식을 얻는 것이 훨씬 편하다. 삼각함수 형태로 나타낸 복소수를 x에 대해 미분해 보자.

$$z = \cos x + i\sin x,\ \frac{dz}{dx} = -\sin x + i\cos x$$

그런데 $-1 = i^2$이다. 이것을 넣고 다시 정리해 보자.

$$\begin{aligned}\frac{dz}{dx} &= -\sin x + i\cos x \\ &= i^2\sin x + i\cos x \\ &= i(i\sin x + \cos x) \\ &= iz\end{aligned}$$

이 미분방정식의 모양을 약간만 바꿔보자.

$$\frac{dz}{z} = i\,dx$$

그리고 이번에는 양변을 적분해 보자.

$$\int \frac{dz}{z} = \int i\,dx \quad \rightarrow \ln z = ix + c$$

적분상수 c 값도 구해보자. $x = 0$일 경우를 생각하자.

$$\ln z = i0 + c$$

$$\ln 1 = 0 + c$$

$$e^{0+c} = 1$$

$$e^{c} = 1$$

$$\therefore c = 0$$

결국 적분상수 $c=0$이 되어 오일러 공식이 되고 만다.

$$\ln z = ix$$

$$e^{ix} = z$$

$$= (\cos x + i\sin x)$$

여하튼 지수의 세계를 허수 영역까지 넓혔더니 귀중한 오일러 공식이 구해졌다. 허수의 역할이 참으로 컸다. 하지만 이것은 단지 빙산의 일각에 불과하다. 진정 이 허수의 값어치를 머지않아 곧 깨닫게 될 것이다. 물론 감탄과 놀라움도 금치 못할 것이다. 일단 여기서는 오일러 공식에 집중하자. 공식에 있는 b 값을 π로 살짝 바꿔보자. 또 무슨 일이 일어날지 기대된다.

$$e^{\pi i} = (\cos\pi + i\sin\pi) \quad \rightarrow \quad e^{\pi i} = (-1+0)$$

그리고 오른쪽에 있는 -1을 왼쪽으로 옮겨보라. 세상에서 가장 아름답다고 찬사를 받고 있는 등식이 또 탄생한다. 바로 오일러 등식이다.

$$e^{\pi i} + 1 = 0$$

이 등식을 바라보며 곰곰이 생각해보자. 무엇이 보이는가? 'e, π, i, 1, 0, +, =' 가 보인다. 즉 이 등식은 다섯 가지, 수와 덧셈 및 등호 기호로 구성되어 있다. 그 의미를 하나씩 하나씩 짚어 보자.

가장 먼저 보이는 e는 쌍곡선에서 탄생한 자연상수이다. 또한 π는 원과 상관있는 원주율이다. 이 두 수는 모두 무리수이자 초월수이다. 또한 상상의 수인 허수 i가 있고, 1은 자연수 또는 양수를 대표하는 수이다. 게다가 1을 등호 오른쪽으로 넘기면 음수가 된다. 음과 양의 조화의 수이자 동양적인 수인 0도 있다. 결국 오일러 등식은 인간이 만들어 낸 모든 수를 다 담고 있는 커다란 그릇과 같다. 게다가 이 다섯 개의 수는 고전 수학의 네 가지 분야를 상징한다고 한다. 0과 1은 산술을, 허수 i는 대수학을, π는 기하학을, e는 해석학을 상징한다는 것이다. 또한 이 등식은 수학에서 가장 중요한 덧셈(+)과 곱셈($\pi \times i$) 및 지수의 연산($e^{\pi i}$)까지도 담고 있다. 어떻게 이런 등식을 만들어 낼 수 있는지 오일러의 천재성에 찬사를 보낼 뿐이다.

그런데 만일 이 등식에서 허수가 사라진다면 어떻게 될까? 이 식의 첫 번째 항은 $e^{\pi} = 23.14069263\cdots$이다. 이 값은 이미 초월수로 판명돼 있다. 그리고 여기에 1을 더하면 왼쪽 항은 $e^{\pi} + 1 = 24.14069263\cdots$이 된다. 물론 이 수도 초월수이다. 그런데 지수에 허수가 들어가자 등식이 '$e^{\pi i} = -1$'와 같이 된다. 이는 무엇을 뜻하는 것일까. 바로 회전이다. 이제부터는 허수를 바라보는 시각을 약간 바꾸라. 지수에 허수가 들어가면 허수는 수의 역할보다는 회전을 일으키는 회전자 역할을 한다고 말이다.

제 11 장

오일러 공식의 활용

민생에
해를 끼치는
것이라면
굽히지 말고
꿋꿋이
자신을
지키는 것이
마땅하다

茶山 정약용

한 페이지의 한 줄도 채 안 되는 오일러 공식을 유도해 내기 위해 너무나 많은 시간과 공을 들였다. 왜 그랬을까? 오일러 공식은 마냥 어렵게만 느껴지는 수학을 흥미롭고 재밌는 수학으로 바꿔주기 때문이다. 역시 수학에 대한 자신감도 붙게 해준다. 지난날 우리는 행렬을 이용한 좌표 회전법을 배우기도 했다. 그다지 어렵지는 않았지만 왠지 복잡했고 불편했던 기억이 있다. 또한 많은 삼각함수의 공식을 달달 외우기도 했던 것 같다. 하지만 수학 시험이 끝나면 머리에서 연기처럼 사라지고 말았다. 그러니 또 다시 시험기간이 되면 또 날 새워 외워야만 했다. 잠 못 이루는 밤의 연속이었다.

이는 당연한 일이다.

우리가 살면서 듣고 배운 모든 지식들이 머릿속에 모두 저장된다면 어떻게 되겠는가. 그런 사람이 있다면 그는 천재가 아니라 기계이다. 뭔가를 항상 잊어버리도록 신God이 우리의 두뇌구조를 그렇게 만들어 놓았다. 만일 두뇌 속에 들어온 것이 모두 저장만 된다면 어찌되겠는가. 모두 다 미칠 것이다. 그러니 망각은 신이 인간에게 주신 커다란 축복의 선물임에 틀림없다. 사람이 나이가 들면 자주 잊어버린다. 아내 생일과 결혼기념일조차도 말이다. 간덩이가 부어도 한참 부었다. 늙어서 얻어터지지 않으려면 아내 생일날만큼은 몸에 문신으로라도 새겨놔야 할 것이다. 하지만 나이가 들면 들수록 나이에 비례해 기하급수적으로 잊어져야 할 것들이 있다. 나를 험담하고 비아냥거리는 소리가 그것이다. 분노와 화가 치밀게 하는 소리, 미움과 시기가 일게 하는 소리들 말이다. 이것들은 잊지 않으면 자신만 손해다. 오래 기억할수록 가슴에 시퍼런 응어리만 펴져나간다. 그러니 나이가 들면 이런 소리 저런 소리 모두 잊어야 한다. 그래야 장수한다. 그래야 자아가 건강해진다.

하지만 잊어버릴 때 잊어버리더라도, 우리에게 유용한 지식들만큼은 필요할 때 언제든지 다시 기억 속에서 꺼내 쓰고 싶다. 그러려면 단순 암기를 해서는 안된다. 논리적으로 이해해야 한다. 논리적으로 이해한 지식은 설령 잊었다손 치더라도 필요시 다시 기억 속에서 언제든지 되살아난다. 오일러 공식을 이용하면 수학과 공학에 매우 유용한 공식들이 단순 암기가 아닌 논리적 체계로 우리 머릿속에 차곡차곡 저장된다. 그래서 필요할 때마다 꺼내 쓸 수 있다.

한편, 이 책에서 여기까지 배운 수학의 핵심은 단 두 가지뿐이다. 하나는 복소수이고, 다른 하나는 자연상수 e이다. 그런데 이들은 다름 아닌 오일러 공식의 주역들이다. 오일러 공식에 관련된 핵심 내용을 요약해 본다면, 복소수 z는 삼각함수 형태로 나타낼 수 있으며, 이 삼각함수 형태는 지수함수 형태로 변환할 수 있다는 것이다. 정말 중요한 얘기다. 꼭 명심해 두기 바란다. 특히 전기를 다루는 사람들에게는 더더욱 그렇다.

$$\begin{aligned} z &= (a+bi) \\ &= r(\cos\theta + i\sin\theta) \\ &= re^{i\theta} \end{aligned}$$

이 식을 극좌표 형식으로까지 변형할 수도 있다면 금상첨화[錦上添花]다.

$$\begin{aligned} z &= (a+bi) \\ &= r(\cos\angle z + i\sin\angle z) \\ &= |z|e^{i\angle z} \end{aligned}$$

이제부터는 오일러 공식을 활용하는 방법을 다루련다. 진정 새로운 수학의 맛을 느끼게 될 것이다.

회전성

오일러 공식의 변수를 b에서 θ로 바꾸자.

$$e^{i\theta} = (\cos\theta + i\sin\theta)$$

이 θ에 0π을 넣어보자. 어떻게 될까?

$$\begin{aligned} e^{0\pi i} &= (\cos 0 + i\sin 0) \\ &= (1+0) \\ &= 1 \end{aligned}$$

그렇다. $e^{0\pi i} = 1$가 되는 것은 당연한 일이다. 이 지수함수의 지수 부분이 0이기 때문이다. 이번에는 θ에 $\pi/2$를 넣어보자. 허수 i가 얻어진다.

$$\begin{aligned} e^{\frac{\pi}{2}i} &= \left(\cos\frac{\pi}{2} + i\sin\frac{\pi}{2}\right) \\ &= (0+i) \\ &= i \end{aligned}$$

이번에는 θ에 π를 넣자. 그러자 음수 −1이 되었다.

$$e^{\pi i}=(\cos\pi+i\sin\pi)$$
$$=(-1+0)$$
$$=-1$$

이번에는 θ에 $3\pi/2$를 넣자. 그러자 음의 허수 $-i$가 되었다.

$$e^{\pi i}=\left(\cos\frac{3\pi}{2}+i\sin\frac{3\pi}{2}\right)$$
$$=(0-i)$$
$$=-i$$

끝으로 2π를 넣어보자. 그러자 1이 되어 다시 처음으로 되돌아갔다.

$$e^{2\pi i}=(\cos2\pi+i\sin2\pi)$$
$$=(1+0)$$
$$=1$$

이것들은 과연 무엇을 뜻하는가? 원을 한 바퀴 돈 것이다. 이 결과를 다른 시각에서 바라보자. 지수함수의 각도 θ가 0π에서 $\pi/2$씩 증가할 때마다 어떻게 되는가? 오일러 공식의 오른쪽에서 규칙성이 발견된다. 이를 복소평면에 그려보면 축이 순차적으로 바뀐다는 것을 알 수 있다.

$$1\rightarrow i\rightarrow -1\rightarrow -i$$

이는 실수축 1에 허수 i를 연속적으로 곱한 것과 같은 결과이다.

$$1\times i \rightarrow i\times i \rightarrow -1\times i \rightarrow -i\times i$$

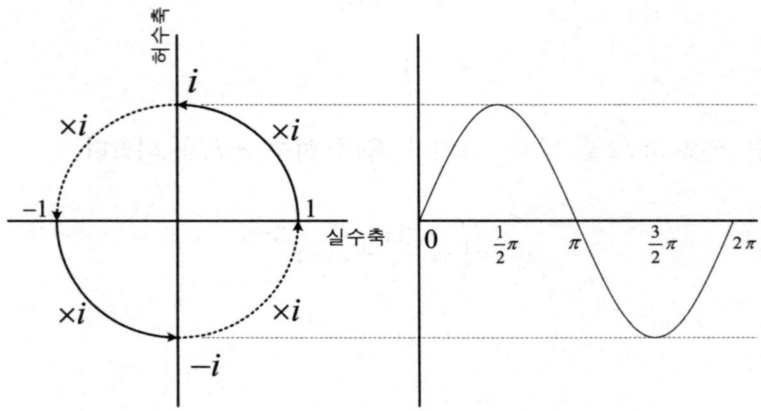

또한 이 회전을 각도의 변화에 따라 나타내면 사인곡선을 그린다. 이는 우리 주변에서 발생하는 회전현상 즉, 사인곡선을 그리는 주기성을 가진 교류전기, 전파, 진동 등은 오일러 공식으로 얼마든지 표현할 수 있음을 짐작케 하는 아주 중요한 대목이다.

또한 반지름이 1인 복소수 z_1을 실수축으로부터 반시계 방향으로 $+\alpha$만큼, z_2도 역시 실수축으로부터 $+\beta$만큼 각각 회전시켰다고 하자. 이 두 개의 복소수 z_1과 z_2를 삼각함수와 지수형태가 동시에 존재하는 오일러 공식과 이를 극좌표 형식으로 변환한 것을 동시에 나타내 보자. 동시에 여러 형태를 한꺼번에 보니 다소 현기증이 날 것 같기도 하다. 하지만 이러한 세 가지 표현 방법을 잘 익혀두면, 공학적 계산에 있어서 정말 유용하다.

$$z_1 = r_1(\cos\theta + i\sin\theta) = r_1 e^{i\theta}$$
$$= 1\times(\cos\alpha + i\sin\alpha) = 1\times e^{i\alpha}$$
$$= 1\times(\cos\angle z_1 + i\sin\angle z_1) = 1\times e^{i\angle z_1}$$

$$z_2 = r_2(\cos\theta + i\sin\theta) = r_2 e^{i\theta}$$
$$= 1\times(\cos\beta + i\sin\beta) = 1\times e^{i\beta}$$
$$= 1\times(\cos\angle z_2 + i\sin\angle z_2) = 1\times e^{i\angle z_2}$$

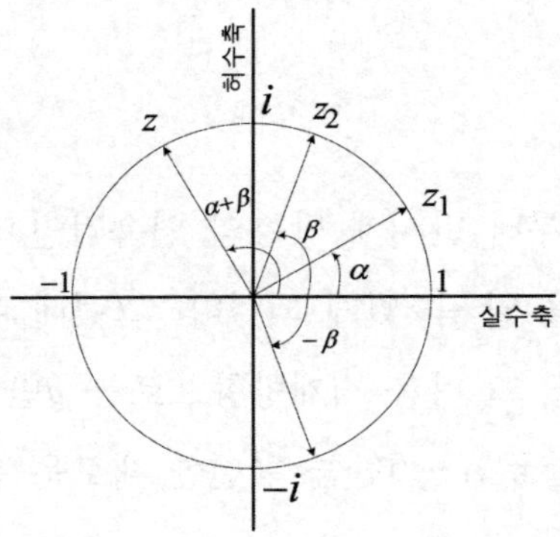

그런데 반경이 1인 복소수를 실수축에서 $+\alpha$만큼 회전시킨 후, 연속적으로 $+\beta$만큼 더 회전시켜 얻은 새로운 복소수 즉, 실수축에서 반시계 방향으로 $\alpha+\beta$ 만큼 회전시킨 복소수 z도 역시 세 가지 방법으로 표현할 수 있다.

$$z = r(\cos\theta + i\sin\theta) = re^{i\theta}$$
$$= 1\times\{\cos(\alpha+\beta) + i\sin(\alpha+\beta)\} = 1\times e^{i(\alpha+\beta)}$$
$$= 1\times\{\cos(\angle z_1 + \angle z_2) + i\sin(\angle z_1 + \angle z_2)\} = 1\times e^{i(\angle z_1 + \angle z_2)}$$

이 세 가지 표현법 중에서 어느 것이 복소수 z_1, z_2, z 를 동시에 다루는데 가장 편리하고 계산하기 좋겠는가. 당연히 지수함수 표현법이다.

$$z_1 = r_1 e^{i\alpha},\ z_2 = r_2 e^{i\beta},\ z = re^{i(\alpha+\beta)}$$

여기서 우리가 알고자 하는 반지름이 $1(r = r_1 = r_2 = 1)$인 단위원에서 실수축으로부터 $\alpha + \beta$만큼 회전시킨 복소수 z를 지수법칙을 이용해 나타내보자.

$$\begin{aligned} z &= re^{i(\alpha+\beta)} \\ &= r_1 e^{i\alpha} \times r_2 e^{i\beta} \\ &= z_1 \times z_2 \end{aligned}$$

이 식에서, 실수축으로부터 반시계 방향의 연속적인 좌표 회전은 복소수의 곱으로도 표현된다는 사실을 알 수 있게 되었다. 그런데 이번에는 실수축으로부터 반시계 방향으로 $+\alpha$만큼, 그 다음 시계방향으로 $-\beta$만큼 방향을 바꿔가며 회전시켰다고 하자. 그러면 결국 $\alpha - \beta$만큼 회전한 새로운 복소수 z를 얻게 될 것이다.

$$\begin{aligned} z &= re^{i(\alpha-\beta)} \\ &= r_1 e^{i\alpha} \times r_2 e^{-i\beta} \\ &= z_1 \div z_2 \end{aligned}$$

아니 그런데 복소수의 나눗셈으로 표현되지 않는가! 놀라운 사실이다. 복소수의 곱과 나눗셈은 결국 회전현상을 표현한다는 것이다. 그러므로 이제부터는 복소수의 곱과 나눗셈을 수의 셈보다는 회전으로 생각하는 것이 더 좋을 듯 싶다.

바다와 수학

방정식 풀이

'$x^3=1$의 해를 구하라' 라는 문제가 주어졌다. 어떻게 풀 것인가? 복소수 성질을 모른다면 어쩔 수 없이 인수분해와 근의 공식으로 풀어야 할 것이다.

$$(x-1)(x^2+x+1)=0$$

$$\begin{aligned}\therefore x&=1\\ \therefore x&=\frac{-1\pm\sqrt{1^2-4\times1\times1}}{2\times1}\\ &=\frac{-1\pm\sqrt{3}\,i}{2}\end{aligned}$$

그러나 우리가 복소수를 이미 알고 있는 이상 아마추어같이 풀 수는 없다. 주어진 방정식의 오른쪽 1을 오일러 공식을 이용해서 표시해 보자.

$$\begin{aligned}x^3&=1\\ &=\cos 2n\pi+i\sin 2n\pi\\ &=1+i\times0\\ &=e^{i2n\pi}\end{aligned}$$

여기서 삼각함수 '$\cos 2n\pi + i\sin 2n\pi = 1$'과 같이 되는 것은, 정수 n이 0부터 1, 2, 3, …로 증가하더라도 항상 $\cos 2n\pi = 1$, $i\sin 2n\pi = 0$이 되기 때문이다. 그러니 이 방정식의 해가 쉽게 구해진다.

$$x = \left(e^{i\frac{2}{3}n\pi}\right)$$

그런데 여러분들은 이 식의 오른쪽 항의 지수함수를 삼각함수로도 바꿀 수 있다는 것을 이미 잘 알고 있다.

$$\begin{aligned} x &= e^{i\frac{2}{3}n\pi} \\ &= \left(\cos\frac{2}{3}n\pi + i\sin\frac{2}{3}n\pi\right) \end{aligned}$$

이제 n 값을 0부터 하나씩 증가시켜 보자.

n =0인 경우,

$$\begin{aligned} x_1 &= e^{i\frac{2}{3}\times 0\pi} \\ &= \cos\left(\frac{2}{3}\times 0\pi\right) + i\sin\left(\frac{2}{3}\times 0\pi\right) \\ &= 1 \end{aligned}$$

n =1인 경우,

$$\begin{aligned} x_2 &= e^{i\frac{2}{3}\times 1\pi} \\ &= \cos\left(\frac{2}{3}\times 1\pi\right) + i\sin\left(\frac{2}{3}\times 1\pi\right) \\ &= -\frac{1}{2} + \frac{\sqrt{3}}{2}i \end{aligned}$$

$n=2$인 경우, $$x_3 = e^{i\frac{2}{3}\times 2\pi} = \cos\left(\frac{2}{3}\times 2\pi\right) + i\sin\left(\frac{2}{3}\times 2\pi\right) = -\frac{1}{2} - \frac{\sqrt{3}}{2}i$$

$n=3$인 경우, $$x_4 = e^{i\frac{2}{3}\times 3\pi} = \cos\left(\frac{2}{3}\times 3\pi\right) + i\sin\left(\frac{2}{3}\times 3\pi\right) = 1$$

$n=4$인 경우, $$x_5 = e^{i\frac{2}{3}\times 4\pi} = \cos\left(\frac{2}{3}\times 4\pi\right) + i\sin\left(\frac{2}{3}\times 4\pi\right) = -\frac{1}{2} + \frac{\sqrt{3}}{2}i$$

$n=5$인 경우, $$x_6 = e^{i\frac{2}{3}\times 5\pi} = \cos\left(\frac{2}{3}\times 5\pi\right) + i\sin\left(\frac{2}{3}\times 5\pi\right) = -\frac{1}{2} - \frac{\sqrt{3}}{2}i$$

어떤 특징이라도 발견했는가?

n 값을 0에서부터 5까지 증가시킨 결과 세 개의 해가 반복되었다. 물론 6, 7, 8 … 계속 증가시켜가며 계산해 봐도 역시 세 개의 해가 계속 반복될 뿐이다. 여하튼 오일러 공식으로 방정식의 근도 쉽게 구할 수 있다니 참으로 놀라운 사실이 아닐 수 없다.

바다와 수학

삼각함수

오일러 공식을 활용해서 회전 성질과 방정식 풀이도 해봤다. 그런데 오일러 공식은 삼각함수의 여러 공식을 유도해 내는데도 매우 유용하다. 또한 그 방법 역시 상당히 논리적이다. 앞에서 다룬 바와 같이 반지름이 모두 1이고 편각이 각각 $\angle z_1 = \alpha$, $\angle z_2 = \beta$인 복소수 z_1과 z_2를 오일러 공식으로 나타내 보자.

$$z_1 = (\cos\alpha + i\sin\alpha) = e^{i\alpha}$$

$$z_2 = (\cos\beta + i\sin\beta) = e^{i\beta}$$

두 개의 복소수를 서로 곱해 보자.

$$\begin{aligned} z_1 \times z_2 &= (\cos\alpha + i\sin\alpha)(\cos\beta + i\sin\beta) \\ &= (\cos\alpha\cos\beta - \sin\alpha\sin\beta) + i(\cos\alpha\sin\beta + \sin\alpha\cos\beta) \\ &= e^{i(\alpha+\beta)} \end{aligned}$$

그런데 이 식의 마지막 $e^{i(\alpha+\beta)}$도 삼각함수 형태로 나타내 보자.

$$e^{i(\alpha+\beta)} = \cos(\alpha+\beta) + i\sin(\alpha+\beta)$$

그렇다면 다음과 같은 결론을 얻을 수 있다.

$$(\cos\alpha\cos\beta - \sin\alpha\sin\beta) + i(\cos\alpha\sin\beta + \sin\alpha\cos\beta)$$
$$= \cos(\alpha+\beta) + i\sin(\alpha+\beta)$$

그러면 양변의 실수부는 실수부끼리, 허수부는 허수부끼리 서로 같아야만 할 것이다.

$$(\cos\alpha\cos\beta - \sin\alpha\sin\beta) = \cos(\alpha+\beta)$$
$$(\sin\alpha\cos\beta + \cos\alpha\sin\beta) = \sin(\alpha+\beta)$$

그런데 어디선가 많이 본 듯하다. 그렇다. 여러분들이 대학에 입학하기 전까지 그렇게 달달 외웠던 삼각함수의 덧셈공식이다. 하지만 복소수 곱의 성질을 이용하면 삼각함수의 덧셈공식도 이렇게 쉽게 유도해 낼 수 있다.

그리고 이 삼각함수의 덧셈공식에 β 대신에 $-\beta$을 한 번 넣어보자.

$$\cos(\alpha-\beta)$$
$$= \cos\alpha\cos(-\beta) - \sin\alpha\sin(-\beta)$$
$$= \cos\alpha\cos(\beta) + \sin\alpha\sin(\beta)$$

$$\sin(\alpha-\beta)$$
$$= \sin\alpha\cos(-\beta) + \cos\alpha\sin(-\beta)$$
$$= \sin\alpha\cos(\beta) - \cos\alpha\sin(\beta)$$

이 식도 많이 본 식이다. 다름 아닌 삼각함수 뺄셈공식이다. 이런 논리라면 삼각함수 배각 공식도 가능할 것 같다. $\alpha=\beta=\theta$라고 두자. 그러면 삼각함수의 덧셈공식으로부터 배각공식도 덤으로 얻을 수 있다.

$$\begin{aligned}&\cos 2\theta \\ &=\cos(\theta+\theta) \\ &=\cos\theta\cos\theta-\sin\theta\sin\theta \\ &=\cos^2\theta-\sin^2\theta\end{aligned}$$

$$\begin{aligned}&\sin 2\theta \\ &=\sin(\theta+\theta) \\ &=\sin\theta\cos\theta+\cos\theta\sin\theta \\ &=2\sin\theta\cos\theta\end{aligned}$$

이젠 오일러 공식으로 삼각함수의 3배각 공식도 만들어 보자.

$$\begin{aligned}e^{3\alpha i}&=(\cos 3\alpha+i\sin 3\alpha) \\ &=(\cos\alpha+i\sin\alpha)^3 \\ &=(\cos\alpha+i\sin\alpha)(\cos\alpha+i\sin\alpha)^2 \\ &=\cos^3\alpha-3\cos\alpha\sin^2\alpha+i(3\cos^2\alpha\sin\alpha-\sin^3\alpha)\end{aligned}$$

여기서도 가장 위의 식과 맨 마지막 식의 실수부와 허수부는 서로 같게 된다. 이로부터 3배각 코사인함수와 사인함수를 얻게 되었다.

$$\begin{aligned}\cos 3\alpha&=\cos^3\alpha-3\cos\alpha\sin^2\alpha \\ &=\cos^3\alpha-3\cos\alpha(1-\cos^2\alpha) \\ &=4\cos^3\alpha-3\cos\alpha\end{aligned}$$

$$\begin{aligned}\sin 3\alpha&=3\cos^2\alpha\sin\alpha-\sin^3\alpha \\ &=3(1-\sin^2\alpha)\sin\alpha-\sin^3\alpha \\ &=-4\sin^3\alpha+3\sin\alpha\end{aligned}$$

덤으로 3배각 탄젠트함수도 얻어진다.

$$\therefore \tan 3\alpha = \frac{\sin 3\alpha}{\cos 3\alpha}$$

$$= \frac{3\cos^2\alpha\sin\alpha - \sin^3\alpha}{\cos^3\alpha - 3\cos\alpha\sin^2\alpha}$$

$$= \frac{\sin\alpha(3\cos^2\alpha - \sin^2\alpha)}{\cos\alpha(\cos^2\alpha - 3\sin^2\alpha)}$$

$$= \tan\alpha\frac{(3 - \tan^2\alpha)}{(1 - 3\tan^2\alpha)}$$

$$= \frac{3\tan\alpha - \tan^3\alpha}{1 - 3\tan^2\alpha}$$

이번에는 배각공식에서 얻은 공식 $\cos^2\theta - \sin^2\theta = \cos 2\theta$와 우리가 이미 잘 알고 있는 공식 $\cos^2\theta + \sin^2\theta = 1$을 이용해서도 뭔가 만들어 보자. 우선 두 식을 합해 보자.

$$\begin{array}{r} \cos^2\theta - \sin^2\theta = \cos 2\theta \\ + \ \cos^2\theta + \sin^2\theta = 1 \\ \hline 2\cos^2\theta = \cos 2\theta + 1 \end{array}$$

그러면 코사인 제곱에 관한 식이 얻어진다.

$$\cos^2\theta = \frac{1 + \cos 2\theta}{2}$$

이번엔 반대로 빼보자.

$$\begin{array}{rr} & \cos^2\theta - \sin^2\theta = \cos 2\theta \\ - & \cos^2\theta + \sin^2\theta = 1 \\ \hline & -2\sin^2\theta = \cos 2\theta - 1 \end{array}$$

그러면 사인 제곱에 대한 식이 얻어진다.

$$\sin^2\theta = \frac{1-\cos 2\theta}{2}$$

삼각함수 공식들이 줄줄이 유도된다. 이런데도 삼각함수 공식을 계속 외울 건가. 이제 갈 데까지 갔으니 극한까지 가보자. $\sin^2\theta$에 관한 식의 양변을 θ로 나눠 보자!

$$\frac{\sin^2\theta}{\theta} = \frac{1-\cos 2\theta}{2\theta}$$

그리고 양변에 극한을 취하자.

$$\begin{aligned} \lim_{\theta\to 0}\frac{1-\cos 2\theta}{2\theta} &= \lim_{\theta\to 0}\frac{\sin^2\theta}{\theta} \\ &= \lim_{\theta\to 0}\left(\frac{\sin\theta}{\theta}\sin\theta\right) \\ &= \lim_{\theta\to 0}\left(\frac{\sin\theta}{\theta}\right)\lim_{\theta\to 0}(\sin\theta) \\ &= 1\times 0 = 0 \end{aligned}$$

여기서 왼쪽 항에 있는 $2\theta=h$라고 하면 다음과 같은 극한 공식을 얻을 수 있다.

$$\lim_{h\to0}\frac{1-\cos h}{h}=0$$

여기서 잠깐 여러분들의 수학적 흥미를 자극하려 한다. 아주 특별한 작업이다. 오일러 공식의 변수에 α와 $-\alpha$을 각각 넣어보자.

$$e^{\alpha i}=(\cos\alpha+i\sin\alpha)$$
$$e^{-\alpha i}=(\cos\alpha-i\sin\alpha)$$

그리고 이 두 식을 더하자. 아니 코사인함수가 지수함수로 표현된다.

$$e^{\alpha i}+e^{-\alpha i}=2\cos\alpha$$

$$\therefore \cos\alpha=\frac{e^{\alpha i}+e^{-\alpha i}}{2}$$

이제는 서로 빼자. 사인함수도 지수함수로 변신된다.

$$e^{\alpha i}-e^{-\alpha i}=2i\sin\alpha$$

$$\therefore \sin\alpha=\frac{e^{\alpha i}-e^{-\alpha i}}{2i}$$

이렇게 코사인과 사인함수가 지수함수로 변환된 식을 역오일러 공식이라고 부른다. 이는 다루기 까다로운 삼각함수를 지수함수로 바꾸는 역오일러 공식을 잘만 활용하면 여러 계산상의 수고를 엄청 덜 수 있다는 얘기가 된다. 또한 방금 전에 구한 지수함수 형태의 코사인과 사인함수를 서로 곱해 보자. 그러면 삼각함수의 곱도 지수함수로 표현할 수 있다.

$$\sin\alpha\sin\beta=\left(\frac{e^{\alpha i}-e^{-\alpha i}}{2i}\right)\left(\frac{e^{\beta i}-e^{-\beta i}}{2i}\right)$$

$$=-\frac{1}{2}\left(\frac{e^{(\alpha+\beta)i}+e^{-(\alpha+\beta)i}-e^{(\alpha-\beta)i}-e^{-(\alpha-\beta)i}}{2}\right)$$

$$=-\frac{1}{2}\left(\frac{e^{(\alpha+\beta)i}+e^{-(\alpha+\beta)i}}{2}-\frac{e^{(\alpha-\beta)i}+e^{-(\alpha-\beta)i}}{2}\right)$$

$$=-\frac{1}{2}(\cos(\alpha+\beta)-\cos(\alpha-\beta))$$

$$\cos\alpha\cos\beta=\left(\frac{e^{\alpha i}+e^{-\alpha i}}{2}\right)\left(\frac{e^{\beta i}+e^{-\beta i}}{2}\right)$$

$$=\frac{1}{2}\left(\frac{e^{(\alpha+\beta)i}+e^{-(\alpha+\beta)i}+e^{(\alpha-\beta)i}+e^{-(\alpha-\beta)i}}{2}\right)$$

$$=\frac{1}{2}\left(\frac{e^{(\alpha+\beta)i}+e^{-(\alpha+\beta)i}}{2}+\frac{e^{(\alpha-\beta)i}+e^{-(\alpha-\beta)i}}{2}\right)$$

$$=\frac{1}{2}(\cos(\alpha+\beta)+\cos(\alpha-\beta))$$

다음 삼각함수 곱의 풀이 과정은 여러분 스스로 유도해 보기 바란다.

$$\cos\alpha\sin\beta=\left(\frac{e^{\alpha i}+e^{-\alpha i}}{2}\right)\left(\frac{e^{\beta i}-e^{-\beta i}}{2i}\right)$$

$$=\frac{1}{2}(\sin(\alpha+\beta)-\sin(\alpha-\beta))$$

$$\sin\alpha\cos\beta=\left(\frac{e^{\alpha i}-e^{-\alpha i}}{2i}\right)\left(\frac{e^{\beta i}+e^{-\beta i}}{2}\right)$$

$$=\frac{1}{2}(\sin(\alpha+\beta)+\sin(\alpha-\beta))$$

이제는 삼각함수의 거듭제곱도 해보자.

$$\cos^2\alpha=\left(\frac{e^{\alpha i}+e^{-\alpha i}}{2}\right)^2$$

$$=\frac{1}{4}\left(e^{2\alpha i}+2e^0+e^{-2\alpha i}\right)$$

$$=\frac{1}{4}(\cos 2\alpha+i\sin 2\alpha+2+\cos 2\alpha-i\sin 2\alpha)$$

$$=\frac{1}{2}(\cos 2\alpha+1)$$

$$\sin^2\alpha=\left(\frac{e^{\alpha i}-e^{-\alpha i}}{2i}\right)^2$$

$$=-\frac{1}{4}\left(e^{2\alpha i}-2e^0+e^{-2\alpha i}\right)$$

$$=-\frac{1}{2}(\cos 2\alpha-1)$$

삼각함수의 세, 네 거듭제곱은 여러분들이 직접 해보기 바란다.

$$\cos^3\alpha = \left(\frac{e^{\alpha i}+e^{-\alpha i}}{2}\right)^3 = \frac{1}{4}(3\cos\alpha+\cos3\alpha)$$

$$\sin^3\alpha = \left(\frac{e^{\alpha i}-e^{-\alpha i}}{2i}\right)^3 = \frac{1}{4}(3\sin\alpha-\sin3\alpha)$$

$$\cos^4\alpha = \left(\frac{e^{\alpha i}+e^{-\alpha i}}{2}\right)^4 = \frac{1}{8}\cos4\alpha+\frac{1}{2}\cos2\alpha+\frac{3}{8}$$

$$\sin^4\alpha = \left(\frac{e^{\alpha i}-e^{-\alpha i}}{2i}\right)^4 = \frac{1}{8}\cos4\alpha-\frac{1}{2}\cos2\alpha+\frac{3}{8}$$

그런데 왜 이렇게 삼각함수를 이 모양, 저 모양으로 바꿔가며 공식을 만들어 내는 것일까. 공부하는 우리 입장에서는 정말 신경질 난다. 왜 그럴까. 가만히 생각해 보라. 옛날 아랍인들이 비단길로 중국으로 장사하러 다닐 때 수백 수천 킬로미터를 왕래해야만 했다. 그들은 자신들이 있는 곳의 위치와 방향을 알아내기 위해 동서남북의 방향을 잡아주는 별자리를 찾아야만 했다. 그 별자리를 찾는데 삼각법은 필수적이었다. 유럽인들 역시 신항로를 개척하기 위해 아무것도 보이지 않는 망망대해를 항해할 때 자신들의 위치와 항로를 정하는 데도 삼각법이 필수적이었다.

지금은 계산기가 흔하다. 그러나 그 당시에는 계산기가 없었기 때문에 삼각함수를 계산하기가 무척 어렵고 까다로웠다. 그래서 보다 쉬운 삼각함수 계산법을 모색하다 보니 다양한 삼각함수 공식들이 만들어졌고, 그래서 여러분들이 그 많은 공식들로 힘들게 됐던 것이다. 하지만 여기서 배운 복소수 곱을 잘 익혀두면 많은 삼각공식을 외우지 않고서도 필요에 따라 바로바로 만들어 낼 수 있을 것이다.

자, 삼각함수를 쉽게 계산하는 방법을 터득해보자.

$\sin 135°$ 값을 계산하자. 이 사인 값을 계산기 없이 바로 답을 구해낼 수 있는 사람은 흔치 않다. 하지만 앞에서 복소수 곱을 통해 얻은 삼각함수 덧셈공식을 이용하면 쉽고 간단히 그 값을 구할 수 있다.

이 공식을 이용하기 위해서는, 먼저 주어진 사인 각 $135°$를 라디안 단위인 $3\pi/4$로 바꿔줘야 한다. 그 다음 $3\pi/4$값을 $\pi/2$와 $\pi/4$로 분리하고 삼각함수 덧셈공식에 넣어보자. 그런데 $\sin(\pi/2)=1$, $\cos(\pi/2)=0$이다. 결국 $\cos(\pi/4)$만 남게 된다. 이 값은 두 변의 길이가 각각 1이고 그 사이 각이 $\pi/4=45°$인 삼각형을 이용하면 $1/\sqrt{2}=0.707\cdots$ 값을 기하학적으로도 쉽게 얻을 수 있다.

$$
\begin{aligned}
\sin 135° &= \sin\frac{3\pi}{4} \\
&= \sin\left(\frac{\pi}{2}+\frac{\pi}{4}\right) \\
&= \left(\sin\frac{\pi}{2}\cos\frac{\pi}{4}+\cos\frac{\pi}{2}\sin\frac{\pi}{4}\right) \\
&= \cos\frac{\pi}{4} \\
&= 0.707\cdots
\end{aligned}
$$

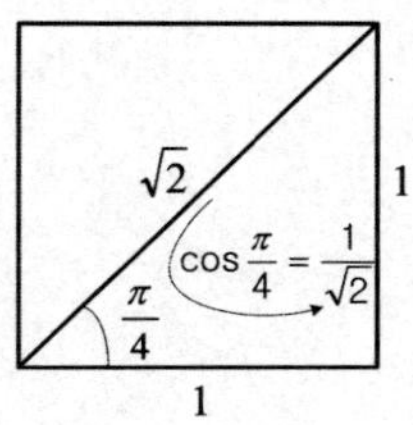

제 12 장

미적분 기초

자신의 몸가짐이 바르면 명령하지 않아도 일이 행해질 것이고

茶山 정약용

미적분법微積分法의 기원

우리는 미적분학을 배울 때 미분법을 먼저 배우고 그 다음에 적분법을 배웠다. 하지만 그 발견의 순서는 정반대다. 적분법의 기원은 아르키메데스가 구의 체적을 구할 때 사용한 방법인 '두께가 매우 얇은 많은 층으로 자르고…'에서 비롯되었다고 볼 수 있다.

또한 독일의 케플러[1571-1630]는 '행성과 태양을 잇는 동경은 동일한 시간 동안 같은 면적을 그린다.'라는 행성운동의 제2법칙을 발견했다. 그런데 그가 이 행성의 운동 면적과 각기 다른 포도주 통의 부피를 구하려고 골몰하던 중에 무한소[無限小]개념이 떠올랐다고 한다. 이 케플러의 무한소 개념이 미적분법을 한층 발전시키는 계기가 되었다고 볼 수 있다. 이 무한소 개념을 더욱 가다듬어 이탈리아의 카발리에리[1598-1647]가 불가분량법[不可分量法]을 제안했다. 이는 현대적 미적분법의 전신이라고도 할 수 있다. '불가분량'이라는 단어의 의미는 말 자체에 그 의미가 담겨져 있다. 즉 더 이상 나눌 수 없는 어떤 양을 뜻하는데 케플러의 무한소 개념과 거의 일맥상통한다.

말하자면 평면도형의 불가분량은 평면을 더 이상 자를 수 없는 하나의 선이 될 것이다. 이는 평면의 불가분량 또는 무한소인 선의 무한 집합이 바로 평면이 된다는 말과 같은 의미이다. 즉, 무한개로 나눠진 선을 모두 합하면 평면이 된다는 발상이 바로 카발리에리의 불가분량법의 개념인 것이다. 이런 의미에서 보면 입체도형의 불가분량은 바로 더 이상 얇게 자를 수 없는 단면이 될 것이다.

미분법은 적분법보다 약간 늦게 발견되었는데, 그 기원은 곡선에 접선을 긋는 문제와 함수의 극대, 극소값을 구하는 데서 비롯된 것 같다. 케플러가 함수의 증분이 극대, 극소값 부근에서는 무한소가 된다는 사실을 알아냈다. 이러한 케플러의 발견을 프랑스의 페르마 1601-1665가 극대값과 극소값을 결정하는 방법에 응용한데서 미분법의 기원을 찾을 수 있을 것 같다. 그 뒤 영국의 배로 1630-1677가 미분법과 적분법이 서로 역관계라는 사실도 알아냈다. 그는 케임브리지 대학에서 최초로 루카스 교수직에 임명된 사람인데, 뉴턴을 위해 자기의 자리를 기꺼이 내어 주었다고 한다. 인재를 알아보는 뛰어난 통찰력이 있었던 모양이다.

또한 뉴턴과 라이프니치에 의해 극한의 개념이 미적분학에 도입됨으로써 미적분학의 기본 개념이 바로 섰다. 하지만 오늘날과 같은 미적분의 극한과 연속에 대한 엄밀한 기본 개념의 정립은 프랑스 코시 1789-1857에 의해 이뤄졌다. 게다가 정적분에 대한 기본 개념 역시 코시에 의해 정의되었다.

미분

미분[Differential]이란 페르마의 방법[Fermat's method]을 이용하여 어떤 함수의 도함수를 구하는 과정을 미분이라 한다. 미분을 이해하기 위해서는 먼저 도함수의 정의부터 알아야 한다. $y=f(x)$가 x의 함수일 경우, 극한이 존재하고 유한할 때, 이 극한값을 x에서 함수 f의 도함수라고 하고 f가 x에서 미분가능하다고 한다.

$$\lim_{\Delta x \to 0} \frac{f(x+\Delta x)-f(x)}{\Delta x}$$

또한 이 식에서 분자 부분을 통째로 Δy라고 하자.

$$\lim_{\Delta x \to 0} \frac{\Delta y}{\Delta x} = \frac{dy}{dx} = \frac{df(x)}{dx} = f'(x) = y'$$

우리는 이를 'y를 x에 대해 미분한다.'라고 한다. 또한 미분기호를 읽는 방법은 다음과 같다.

$\frac{dy}{dx}$: 디와이 디엑스

$\frac{df(x)}{dx}$: 디에프 엑스 디엑스

$f'(x)$: f 프라임(prime) 엑스

y': y 프라임(prime)

미분에 대한 기본 공식들을 정리해 봤다.

공식1–상수미분

$$\frac{d(c)}{dx} = 0$$

공식2–상수 합 및 상수 배 미분

$$\frac{d(u(x)+c)}{dx} = \frac{du}{dx}$$

$$\frac{d(cu)}{dx} = c\frac{du}{dx}$$

공식3–합의 미분

$$\frac{d(u+v)}{dx} = \frac{d(u)}{dx} + \frac{d(v)}{dx}$$

공식-4 곱의 미분

$$\frac{d(uv)}{dx}=u\frac{dv}{dx}+v\frac{du}{dx}$$

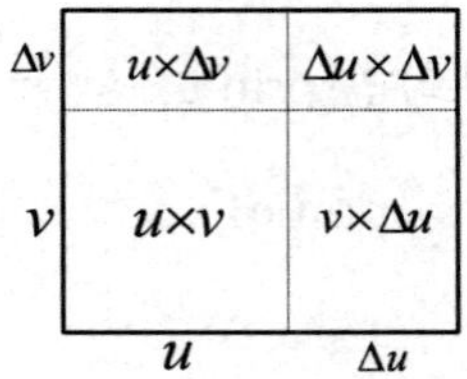

증명 : $y=uv$라 하면,

$(y+\Delta y)-y=\Delta y$

$=(u+\Delta u)(v+\Delta v)-uv$

$=uv+u\Delta v+v\Delta u+\Delta u\Delta v-uv$

$=u\Delta v+v\Delta u+\Delta u\Delta v$

그리고 이 식의 양변을 Δx로 나누자.

$$\frac{\Delta y}{\Delta x}=u\frac{\Delta v}{\Delta x}+v\frac{\Delta u}{\Delta x}+\Delta u\frac{\Delta v}{\Delta x}$$

그런데 $\Delta x\to 0$이면 $\Delta u\to 0$으로 접근한다. 그 이유는 아래 식을 보면 잘 알 수 있을 것이다.

$$\lim_{\Delta x\to 0}\Delta u=\lim_{\Delta x\to 0}\left(\frac{\Delta u}{\Delta x}\Delta x\right)$$

$$=\lim_{\Delta x\to 0}\left(\frac{\Delta u}{\Delta x}\right)\lim_{\Delta x\to 0}(\Delta x)$$

$$=\frac{du}{dx}\times 0$$

따라서 곱의 미분에 대한 최종 결과는 아래와 같다.

$$\therefore \lim_{\Delta x\to 0}\frac{\Delta y}{\Delta x}=\lim_{\Delta x\to 0}\left(u\frac{\Delta v}{\Delta x}+v\frac{\Delta u}{\Delta x}+\Delta u\frac{\Delta v}{\Delta x}\right)$$

$$\therefore \frac{dy}{dx}=u\frac{dv}{dx}+v\frac{du}{dx}+0\times\frac{dv}{dx}$$

$$=u\frac{dv}{dx}+v\frac{du}{dx}$$

공식5−거듭제곱미분

$$\frac{d(x^n)}{dx} = nx^{n-1}$$

공식6−함수의 거듭제곱 미분

$$\frac{d(u^n)}{dx} = u^{n-1}\frac{du}{dx}$$

공식7−분수함수 미분

$$\frac{d\left(\frac{u}{v}\right)}{dx} = \frac{v\frac{du}{dx} - u\frac{dv}{dx}}{v^2}$$

증명 : $y = \frac{u}{v}$라고 두자.

$$\begin{aligned}(y + \Delta y) - y = \Delta y &= \left(\frac{u + \Delta u}{v + \Delta v}\right) - \frac{u}{v} \\ &= \frac{(uv + v\Delta u) - (uv + u\Delta v)}{v(v + \Delta v)} \\ &= \frac{v\Delta u - u\Delta v}{v(v + \Delta v)}\end{aligned}$$

$$\therefore \lim_{\Delta x \to 0}\frac{\Delta y}{\Delta x} = \lim_{\Delta x \to 0}\left(\frac{\frac{v\Delta u}{\Delta x} - \frac{u\Delta v}{\Delta x}}{v(v + \Delta v)}\right)$$

$$= \frac{\frac{vdu}{dx} - \frac{udv}{dx}}{v^2}$$

왜냐하면, $\Delta x \to 0$이면 아래와 같이 되기 때문이다.

$$\lim_{\Delta x \to 0}\left(\frac{\Delta u}{\Delta x}\right) = \frac{du}{dx},\ \lim_{\Delta x \to 0}\left(\frac{\Delta v}{\Delta x}\right) = \frac{dv}{dx}$$

$$\lim_{\Delta v \to 0} v(v + \Delta v) = \lim_{\Delta v \to 0} v \lim_{\Delta v \to 0}(v + \Delta v) = v^2$$

적분

Integral은 적분이라는 뜻의 영단어이다. 이 단어는 두 가지의 의미를 가지고 있다. 첫 번째는 '합을 구한다'라는 의미를 가진다. 이런 의미의 적분은 어떤 영역의 면적, 체적 등을 계산할 때 사용된다. 다른 하나는 주어진 도함수 $f(x)$의 '모든 원시함수 $F(x)$을 구하라'는 뜻이기도 하다. 이는 '미분방정식을 푼다'라는 의미와 같다. 이를 수식 기호로 나타내 보자.

$$\int f(x)dx$$

읽을 때는 'integral $f(x)\ dx$, 인티그랄 에프 엑스 디엑스'라고 읽으면 된다. 적분은 미분에 바탕을 두고 있으므로 미분에 대응하는 기본적인 적분 공식들을 정리해 봤다.

공식1-상수적분

$$\frac{d(c)}{dx}=0 \Rightarrow \int 0 \times dx = c$$

공식2-상수 합 및 상수 배 적분

$$\frac{d(u(x)+c)}{dx} = \frac{du}{dx} \Rightarrow \int \frac{du}{dx} dx = u(x) + c$$

$$\frac{d(cu)}{dx} = c\frac{du}{dx} \Rightarrow \int cu(x)dx = c\int u(x)dx$$

공식3-합의 적분

$$\frac{d(u+v)}{dx} = \frac{d(u)}{dx} + \frac{d(v)}{dx}$$

$$\frac{d(u+v)}{dx} = \frac{d(u)}{dx} + \frac{d(v)}{dx}$$

$$\Rightarrow \int (u(x)+v(x))dx = \int u(x)dx + \int v(x)dx$$

공식-4 곱의 적분

$$\frac{d(uv)}{dx} = u\frac{dv}{dx} + v\frac{du}{dx}$$

$$\Rightarrow\ d(uv) = udv + vdu$$

$$\therefore udv = d(uv) - vdu$$

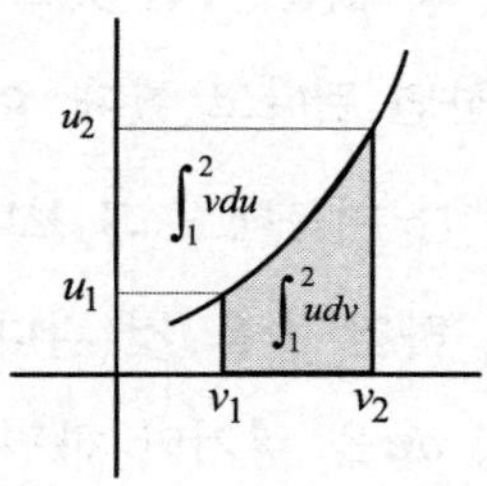

이 식을 적분해 보자.

$$\int_1^2 udv = \int_1^2 d(uv) - \int_1^2 vdu$$

$$= (u_2v_2 - u_1v_1) - \int_1^2 vdu$$

이 곱의 적분 공식은 나중에 배우게 될 라플라스 변환 과정을 근본적으로 이해하는데 정말 필요하다. 라플라스 변환은 제어공학과 전기 · 전자 회로설계 분야에서 매우 중요한 부분을 차지한다. 만일 여기서 이 공식의 개념과 원리를 정확히 알지 못하고 넘어간다면 나중에 골머리 아플 것이다. 그러니 이 공식을 꼭 이해해야 한다. 그러려면 위의 그림을 통째로 머릿속에 넣어두면 좋다. 이 공식을 다시 한 번 말로 자세히 풀어서 설명하겠다.

그림에서 면적 $\int_1^2 udv$ 을 구하기 위해서는 큰 직사각형의 면적(u_2v_2)에서 작은 직사각형의 면적 (u_1v_1)과 면적 $\int_1^2 vdu$ 을 빼면 된다.

그런데 곱의 적분 공식에서 u와 dv를 어떻게 선택하느냐가 큰 관건이다. 왜냐하면, 그 선택에 따라 적분이 쉬워지기도 하고 오히려 더 어렵게 꼬이기도 하기 때문이다.

u, dv 선택법

u : 미분하면 간단해지는 것으로 한다.
dv : 적분하면 단순해지는 것으로 한다.

그럼 이제 실제로 곱의 적분을 해보자.

$$\int x^2e^xdx$$

먼저 u, dv 값을 어떤 것으로 할지를 결정해야 한다. 미분하면 간단해지는 것을 u로 선택하면 된다고 했다. 어떤 값이 미분하면 더 간단해지겠는가? x^2이다. 왜냐하면, e^x는 미분해도 그 보다 더 간단해지지 않기 때문이다. 그러므로 $u=x^2$, $dv=e^x$로 하면 좋을 것 같다. 이제 아래의 곱의 적분 공식에 네 개의 값 즉, u, dv, v, du을 넣기만 하면 된다.

$$\int udv=uv-\int vdu$$

그런데 이들 중에 두 개의 값, u, dv 값은 이미 결정되어 있다. 그러니 그 나머지 du, v만을 구하면 된다. 이는 이미 결정된 u값은 미분하고 dv값은 적분하면 구해질 것이다.

미분 : $u=x^2 \Rightarrow du=2xdx$

적분 : $dv=e^xdx \Rightarrow \int dv=\int e^xdx \Rightarrow v=e^x$

이제 네 개의 값들을 모두 곱의 적분 공식에 넣자.

$$\int x^2 e^x dx = x^2 e^x - 2\int x e^x dx$$

그런데 오른쪽 두 번째 항이 여전히 곱의 적분식이다. 적분을 잘못한 것이 아니다. 잘했다. 그 부분만 다시 곱의 적분 절차를 밟으면 된다.

$$2\int x e^x dx = 2(xe^x - e^x + c_1)$$

마침내 곱의 적분 결과가 얻어졌다.

$$\begin{aligned}\int x^2 e^x dx &= x^2 e^x - 2\int x e^x dx \\ &= x^2 e^x - 2(xe^x - e^x + c_1) \\ &= x^2 e^x - 2xe^x + 2e^x + c\end{aligned}$$

그런데 적분 과정이 뭔가 복잡하고 어수선하지 않은가? 깔끔한 방법이 있으면 좋으련만. 그 비법이 당연 있다. 곱의 적분표라는 것을 활용하자. 이 표를 사용하면 헷갈리지 않고 정말 좋다. 아마도 앞으로 그 위력에 대해 두고두고 찬사를 보내게 될 것이다.

곱의 적분표

$u = x^2$			$dv = e^x$		곱의 적분
미분		부호		적분	
u	x^2	⊕	e^x	$\int dv$	x^2e^x
du	$2x$	⊖	e^x	$\iint dv$	$-2xe^x$
d^2u	2	⊕	e^x	$\iiint dv$	$2e^x$
d^3u	0	⊖	e^x	$\iiint\int dv$	c
곱의 적분 결과					$\int x^2e^x dx = x^2e^x - 2xe^x + 2e^x + c$

문제) $\int x^3 \sin x dx$을 적분하라.

$$\int x^3 \sin x dx = -x^3 \cos x + 3x^2 \sin x + 6x \cos x - 6 \sin x + c$$

$\int x^3 \sin x dx$의 적분표

$u = x^3$			$dv = \sin x$		곱의 적분
미분		부호		적분	
u	x^3	$\oplus$	$-\cos x$	$\int dv$	$-x^3 \cos x$
du	$3x^2$	$\ominus$	$-\sin x$	$\iint dv$	$3x^2 \sin x$
d^2u	$6x$	$\oplus$	$\cos x$	$\iiint dv$	$6x \cos x$
d^3u	6	$\ominus$	$\sin x$	$\iiint \int dv$	$-6 \sin x$
d^4u	0	$\oplus$	$-\cos x$	$\iiint \iint dv$	c
곱의 적분 결과			$\int x^3 \sin x dx = -x^3 \cos x + 3x^2 \sin x + 6x \cos x - 6 \sin x + c$		

문제) $\int_0^\infty e^{-sx} x dx$을 적분하라.

$$\int_0^\infty e^{-sx} x dx = \left[-\left(x\frac{1}{s} + \frac{1}{s^2}\right)e^{-sx}\right]_0^\infty$$

$$= \left[-\left(\infty \times \frac{1}{s} + \frac{1}{s^2}\right)e^{-s \times \infty}\right] - \left[-\left(0 \times \frac{1}{s} + \frac{1}{s^2}\right)e^{-s \times 0}\right]$$

$$= \left[-\left(\infty \times \frac{1}{s} + \frac{1}{s^2}\right) \times 0\right] - \left[-\left(0 \times \frac{1}{s} + \frac{1}{s^2}\right) \times 1\right]$$

$$= \frac{1}{s^2}$$

$$\int_0^{\infty} e^{-sx}\,x\,dx \text{의 적분표}$$

$u = x$			$dv = e^{-sx}$		곱의 적분
미분		부호		적분	
u	x	$\oplus$	$-\frac{1}{s}e^{-sx}$	$\int dv$	$-x\frac{1}{s}e^{-sx}$
du	1	$\ominus$	$\frac{1}{s^2}e^{-sx}$	$\iint dv$	$-\frac{1}{s^2}e^{-sx}$
곱의 적분 결과		$\int_0^{\infty} e^{-sx}x\,dx = \left[-\left(x\frac{1}{s}+\frac{1}{s^2}\right)e^{-sx}\right]_0^{\infty} = \frac{1}{s^2}$			

공식5-거듭제곱 적분

$$\frac{d(x^n)}{dx} = nx^{n-1} \Rightarrow \int nx^{n-1}dx = \frac{n}{n-1+1}x^{n-1+1} = x^n$$

공식7-로그, 지수, 삼각함수의 기본적분

$$d(\ln u) = \frac{du}{u} \Rightarrow \int \frac{du}{u} = \ln|u| + c$$

$$d(e^u) = e^u du \Rightarrow \int e^u du = e^u + c$$

$$d(a^u) = a^u \ln a\, du \Rightarrow \int a^u du = \frac{a^u}{\ln a} + c$$

$$d(\sin u) = \cos u\, du \Rightarrow \int \cos u\, du = \sin u + c$$

$$d(\cos u) = -\sin u\, du \Rightarrow \int \sin u\, du = -\cos u + c$$

이렇게 해서 대학 이전에 배웠던 미분과 적분에 대한 공식들을 간략히 살펴보았다. 헌데 지수함수의 미분과 적분에 대해서는 설명이 약간 필요할 것 같다. 지수함수를 보다 쉽게 미적분할 수 있는 방법이 있다. 지수함수 a^u을 미분하기 전에, 먼저 자연로그를 취하고 그 값을 y 라고 하자.

$$\ln a^u = y$$

따라서 $e^y = a^u$가 된다. 그리고 $\ln a^u = y$를 $e^y = a^u$의 y값에 대입하자.

$$e^{\ln a^u} = e^{u \ln a} = a^u$$

그리고 양변을 미분하자.

$$\begin{aligned}\frac{d}{du}e^{u\ln a} &= e^{u\ln a} \times \frac{d}{du}u\ln a \\ &= e^{u\ln a} \times \ln a \\ &= a^u \times \ln a \\ &= \frac{d}{du}a^u\end{aligned}$$

따라서 지수함수 a^u을 미분한 결과는 다음과 같다.

$$\frac{d}{du}a^u = a^u \times \ln a$$

이 식에서 만일 $a = e$라면 어떻게 될까?

$$\begin{aligned}\frac{d}{du}e^u &= e^u \times \ln e \\ &= e^u \times 1 \\ &= e^u\end{aligned}$$

이제 이 미분 결과를 이용하여 지수함수를 적분해 보자.

$$d(a^u) = a^u \ln a \, du$$

$$\Rightarrow \int a^u du = \frac{1}{\ln a} \int d(a^u)$$

$$= \frac{a^u}{\ln a} + c$$

이렇게 해서 지수함수의 적분공식을 쉽게 얻을 수 있게 되었다. 여기서 꼭 기억해야 할 것은 지수함수의 미적분을 쉽게 만드는 실마리가 $\ln a^u = y$라는 것이다. 그럼 다음 지수함수를 미분하고 적분해 보기 바란다.

$$\frac{d}{dx} 5^x = ? \qquad \int 5^x = ?$$

답: $5^x \ln 5$, $\dfrac{5^x}{\ln 5} + c$

제 13 장

쌍곡선함수

자신의 몸가짐이 바르지 못하면 명령을 하더라도 일이 행해지지 않을 것이다

茶山 정약용

바다와 수학

쌍곡선함수

삼각함수의 한계를 뛰어넘는다! 앞부분에서 여러 함수를 다룰 때 쌍곡선함수 Hyperbolic function는 다루지 않았다. 쌍곡선함수는 급수와 밀접한 관계가 있기에 급수전개법을 먼저 배운 후 다루고자 하였기 때문이다. 삼각함수의 한계를 뛰어넘는 삼각법이 바로 여기서 다룰 쌍곡선함수이다.

쌍곡선함수의 발전에 크게 기여한 인물로는 코츠Cotes를 선두로 드무아브르de Moivre와 오일러Euler 등이 있다. 그들을 이어 쌍곡선함수의 체계를 확립한 인물로는 람베르트Lambert, 1728-1777, 스위스/독일를 꼽을 수 있을 것이다. 빛과 열에 대한 그의 연구 업적도 지대했으며 빛의 밝기의 단위인 '람베르트, L'도 그의 이름에서 비롯된 것이다. 또한 그는 기체의 부피가 0이 되는 점을 절대영도로 정의하여 그 온도를 −273.15℃라 하였다.

쌍곡선 모양은 우리 주변에서 흔히 볼 수 있다. 축 처진 빨랫줄, 전봇대 사이의 전깃줄, 현수교의 현수선 등으로, 이러한 모양은 두 개의 지주에 매달려 있는 기다란 줄이 중력에 의해 아래로 축 처질 때 생긴다.

아인슈타인은 1905년 특수상대성이론에서 4차원 시공간을 쌍곡선 개념을 도입하여 설명하였다. 두 개의 무선국으로부터 항해 중인 선박에 도달하는 전파 도달 시각 차이를 이용하여 항해 선박의 위치를 알아내는 무선항법시스템인 로랜LORAN,

Long Range Navigation, 장거리 무선항법장치 도 쌍곡선의 원리를 응용한 장치이다. 물론 배에는 자이로컴퍼스[Gyrocompass]와 같은 관성항법장치 및 GPS를 이용한 위성항법장치도 함께 탑재되어 있다. 또한 태양으로 되돌아오지 않는 혜성들은 쌍곡선 모양의 궤도로 우주공간을 운행한다. 쌍곡선의 원리는 미국 항공우주국[NASA]의 우주망원경에도 응용되었다.

말이 너무 많았다. 하여튼 앞에서 배웠던 급수를 이용해서 일단 쌍곡선함수를 탄생시켜 보겠다. 자, 지수함수 e^x를 매클로린급수로 나타내 보자.

$$\begin{aligned} f(x) &= e^x \\ &= 1 + x + \frac{1}{2!}x^2 + \frac{1}{3!}x^3 + \frac{1}{4!}x^4 + \frac{1}{5!}x^5 + \frac{1}{6!}x^6 + \frac{1}{7!}x^7 \dots \end{aligned}$$

이번에는 e^{-x}도 그렇게 해보자.

$$\begin{aligned} f(x) &= e^{-x} \\ &= 1 - x + \frac{1}{2!}x^2 - \frac{1}{3!}x^3 + \frac{1}{4!}x^4 - \frac{1}{5!}x^5 + \frac{1}{6!}x^6 - \frac{1}{7!}x^7 \dots \end{aligned}$$

이제 두 개의 식을 더해보자. 그러면 기이한 일이 벌어진다. 홀수 차수가 사라져 버린다.

$$\begin{aligned} f(x) &= \frac{e^x + e^{-x}}{2} \\ &= 1 + \frac{1}{2!}x^2 + \frac{1}{4!}x^4 + \frac{1}{6!}x^6 \dots \end{aligned}$$

그럼 짝수 차수는 언제 사라지지? 이제 사라진다. 빼보라.

$$f(x) = \frac{e^x - e^{-x}}{2}$$
$$= x + \frac{1}{3!}x^3 + \frac{1}{5!}x^5 + \frac{1}{7!}x^7 \dots$$

이번에는 더 나아가 덧셈과 뺄셈한 결과를 각각 거듭제곱해 보자.

$$\left(\frac{e^x + e^{-x}}{2}\right)^2, \left(\frac{e^x - e^{-x}}{2}\right)^2$$

그리고 빼보자. 그런데 그 결과가 1이 된다. 허허, 무슨 이런 일이!

$$\frac{1}{4}(e^{2x} + 2 + e^{-2x}) - \frac{1}{4}(e^{2x} - 2 + e^{-2x}) = 1$$

이것은 과연 무엇을 뜻한단 말인가. $x^2 - y^2 = 1$과 같은 꼴이다. 바로 쌍곡선함수이다. 지수함수로 표현된 방금 전의 복잡한 식들을 기호를 써서 간략히 나타내 보자.

$$\cosh x = \frac{e^x + e^{-x}}{2}, \ \sinh x = \frac{e^x - e^{-x}}{2}$$
$$\cosh^2 x - \sinh^2 x = 1$$

여기서 h는 쌍곡선을 뜻하는 'hyperbolic'의 약자이다.

또 $\cosh x$와 $\sinh x$ 를 "코쉬 엑스[kosh x]", "신쉬 엑스[cinch x]"라고 읽는다.

그리고 이들을 이용해서 쌍곡선함수에 관련된 여러 공식들도 만들어 보자. 먼저 $\cosh^2 x - \sinh^2 x = 1$의 양변을 $\cosh^2 x$으로 나누자.

$$\frac{\cosh^2 x - \sinh^2 x}{\cosh^2 x} = \frac{1}{\cosh^2 x}$$

$$\therefore\ 1 - \tanh^2 x = \mathrm{sech}^2 x$$

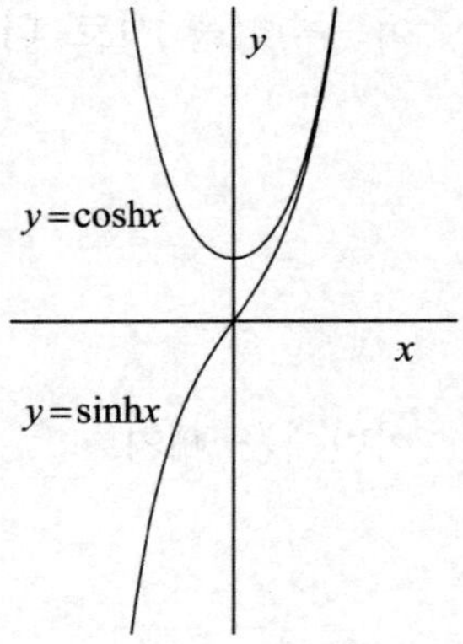

이번에는 $\sinh^2 x$로 나누자.

$$\frac{\cosh^2 x - \sinh^2 x}{\sinh^2 x} = \frac{1}{\sinh^2 x}$$

$$\therefore \coth^2 x - 1 = \mathrm{csch}^2 x$$

그리고 $\cosh x$와 $\sinh x$를 각각 더하고 빼보자.

$$\cosh x + \sinh x = \frac{e^x + e^{-x}}{2} + \frac{e^x - e^{-x}}{2}$$

$$= e^x$$

$$\cosh x - \sinh x = \frac{e^x + e^{-x}}{2} - \frac{e^x - e^{-x}}{2}$$

$$= e^{-x}$$

이번에는 이 식들을 각각 제곱해 보자.

$$(\cosh x + \sinh x)^2 = \cosh^2 x + \sinh^2 x + 2\cosh x \times \sinh x$$

$$= e^{2x}$$

$$(\cosh x - \sinh x)^2 = \cosh^2 x + \sinh^2 x - 2\cosh x \times \sinh x$$

$$= e^{-2x}$$

이 두 식을 서로 더하자.

$$\cosh^2 x+\sinh^2 x=\frac{\left(e^{2x}+e^{-2x}\right)}{2}$$
$$=\cosh 2x$$

이번에는 빼자.

$$2\sinh x\times\cosh x=\frac{\left(e^{2x}-e^{-2x}\right)}{2}$$
$$=\sinh 2x$$

하나만 더 유도하고 쌍곡선 삼각법 공식 유도는 마치도록 하자. $\cosh^2 x+\sinh^2 x=\cosh 2x$와 $\cosh^2 x-\sinh^2 x=1$을 서로 더하기도 하고 빼기도 해보자.

$$\cosh^2 x=\frac{\cosh 2x+1}{2},\ \sinh^2 x=\frac{\cosh 2x-1}{2}$$

이젠 복소수 영역까지 확장시켜 보자. 동시에 오일러 공식도 적용해 보자.

$$\begin{aligned}\cosh ix&=\frac{e^{ix}+e^{-ix}}{2}\\&=\frac{(\cos x+i\sin x)+(\cos x-i\sin x)}{2}\\&=\frac{2\cos x}{2}\\&=\cos x\end{aligned}$$

$$
\begin{aligned}
\sinh ix &= \frac{e^{ix} - e^{-ix}}{2} \\
&= \frac{(\cos x + i\sin x) - (\cos x - i\sin x)}{2} \\
&= \frac{2i\sin x}{2} \\
&= i\sin x
\end{aligned}
$$

아니 쌍곡선 함수가 삼각함수로 변신했다. 이 두 개의 식을 유심히 봐주기 바란다. 쌍곡선 함수 $\cosh x$의 변수에 허수를 넣으면 $\cosh ix$가 어떤 수가 되는지 말이다. 실수 혹은 허수.

나는 수학자가 아니라서 잘 모르겠는데, 이 식의 오른쪽에 있는 $\cos x$ 값을 보니 $\cosh ix$ 값은 분명히 실수임이 틀림이 없는 것 같다. 그렇다면 $\sinh ix$ 값은 어떤 수가 될까? 이번에는 허수가 되고 말았다. $\sin x$ 값은 분명 실수 값일 테고 여기에 허수가 곱해졌으니 틀림없이 허수인 셈이다. 참 묘하다. 이제 $\cosh ix$와 $\sinh ix$를 서로 더해 보자.

$$\cosh ix + \sinh ix = \cos x + i\sin x = e^{ix}$$

어라, 이건 오일러 공식이 아닌가! 그리고 이번에는 삼각함수에 허수를 넣어보자. 어떻게 될까?

$$
\begin{aligned}
\cos(ix) &= \cosh(i \times ix) = \cosh(-x) = \cosh x \\
i\sin(ix) &= \sinh(i \times ix) = -\sinh x
\end{aligned}
$$

삼각함수가 쌍곡선함수로 변신해 버렸다. 또한 중요한 사실을 하나 알게 됐다. 복소수 세계에서는 삼각함수와 쌍곡선함수가 서로 형태를 자유롭게 바꿀 수 있다는 사실 말이다. 공식도 서로 매우 흡사하다. 하지만 쌍곡선함수는 삼각함수처럼 주기함수가 아니라는 것만은 알아두어야 한다.

그리고 앞에서 쌍곡선함수의 변수에 복소수를 넣으니 $\cosh ix$는 실수가 되고 $\sinh ix$는 허수가 되었지만, 삼각함수의 경우에는 $\cos x$와 $i\sin x$의 변수에 허수를 넣더라도 모두 실수가 된다는 점이다. 이러한 점이 쌍곡선함수와 삼각함수가 다른 점이다.

쌍곡선함수 미분

쌍곡선함수의 미분도 다뤄보자.

우리는 앞에서 $\cosh x + \sinh x = e^x$라는 것을 배웠다. 이 식의 양변을 모두 미분하면 어떻게 될까? 그런데 지수함수 e^x는 미분을 한없이 해도 도로 자신이 된다는 것은 이미 잘 알고 있는 사실이다. 그러니 당연히 좌변을 미분해도 도로 자신이 되어야 할 것이다. 좌변을 하나씩 미분한 다음 두 개를 합쳐보자.

$$\frac{d(\cosh x)}{dx} = \frac{1}{2}\frac{d(e^x + e^{-x})}{dx} = \frac{e^x - e^{-x}}{2} = \sinh x$$

$$\frac{d(\sinh x)}{dx} = \frac{1}{2}\frac{d(e^x - e^{-x})}{dx} = \frac{e^x + e^{-x}}{2} = \cosh x$$

$\cosh x$을 미분하니 $\sinh x$가 되고 $\sinh x$을 미분하니 $\cosh x$되어 미분하기 전과 똑같아졌다. 예상대로다. 그런데 삼각함수에서는 $\cos x$를 미분하면 $-\sin x$가 되는데 쌍곡선함수 $\cosh x$의 미분은 부호가 바뀌지 않는다. 이런 차이점은 기억해 둘 필요가 있다. 그리고 이 나머지 쌍곡선 함수에 대한 미분 풀이는 여러분들에게 맡기고 결과만 남겨두겠다.

$$\frac{d(\tanh x)}{dx}=\operatorname{sech}^2 x,\ \ \frac{d(\coth x)}{dx}=-\operatorname{csch}^2 x$$

$$\frac{d(\operatorname{sech} x)}{dx}=-\operatorname{sech} x \tanh x,\ \ \frac{d(\operatorname{csch} x)}{dx}=-\operatorname{csch} x \coth x$$

바다와 수학

쌍곡선함수 적분

앞서 미분해서 얻은 결과들을 이용하면 쌍곡선함수의 적분 공식들도 쉽게 얻을 수 있다.

$$\int \cosh x dx = \sinh x + c, \quad \int \sinh x dx = \cosh x + c$$

$$\int \mathrm{sech}^2 x dx = \tanh x + c, \quad \int \mathrm{csch}^2 x dx = -\coth x + c$$

$$\int \mathrm{sech} x \tanh x dx = -\mathrm{sech} x + c, \quad \int \mathrm{csch} x \coth x dx = -\mathrm{csch} x + c$$

다소 갑작스럽지만 여러분들의 탄탄해진 수학 실력을 점검해 보겠다. 주어진 문제를 풀어보기 바란다.

$$\int_0^1 e^x \sinh x dx$$

이것을 어떻게 정적분하지? 어렵게 느껴진다. 사고의 발상을 조금만 바꿔보라. 미분을 해도 적분을 해도 자기 자신이 되는 것이 무엇이었더라? 지수함수 e^x이다. 그러니 $\sinh x$를 지수함수 형태로 바꾸자.

$$\int_0^1 e^x \frac{e^x - e^{-x}}{2} dx = \int_0^1 \frac{e^{2x} - 1}{2} dx$$

$$= \left[\frac{e^{2x}}{4} - \frac{1}{2}x \right]_0^1$$

$$= \left(\frac{e^2}{4} - \frac{1}{2} \right) - \left(\frac{e^0}{4} - 0 \right)$$

$$\simeq 1.097262$$

참 쉽게 계산된다. 그럼 $\int_0^1 e^x \cosh x dx$는 여러분들이 직접 풀어보기 바란다.

답: 약 2.097262

제 14 장

미분방정식

산에서 흘린
땀은 짜지 않다
오히려 달다
땀!

산악대장 엄홍길

바다와 수학

민어民魚 온도변화를 미분방정식으로 표현하기

남도의 여름 보양식으로 널리 알려진 음식 중에 하나가 민어이다. 대략 몸길이가 80cm 정도 되는데, 살을 도톰하게 듬성듬성 썰어 놓은 민어를 한 점 입에 넣으면 남도향취가 절로 느껴진다. 그런데 민어는 선어회鮮魚膾로 먹는다. 선어회란 생선을 살짝 얼려 먹는 회를 말한다. 그러니 박테리아와 독성 세균들의 번식이 억제되어 여름에 먹어도 별탈이 없다.

하지만 아무리 선어 상태의 민어일지라도 무더운 여름날 식탁 위에 얼마간 놔두면 세균이 번식해 잘못하면 먹고 탈날 수도 있다. 그래서 지금 에어컨이 돌고 있는 식당 안에서 친구와 민어회를 맛나게 먹고 있는 중이라고 하자. 에어컨 바람을 강하게 틀고 먹을까, 약하게 틀고 먹을까, 어떤 것이 세균 억제에 과연 효과적일까?

일단 식탁에 올라온 민어의 질량과 표면적, 비열 및 막 나왔을 때의 온도, 즉 초기온도를 각각 m, A, C_p, T_i 라고 하자. 또한 에어컨이 돌고 있는 식당의 온도는 T_∞라 하자. 그러면 열에너지는 식당 공기에서 민어로 전달될 것이다. 식당의 공기온도 T_∞가 민어의 초기온도 T_i 보다 높기 때문이다.

그런데 이때의 열에너지 이동의 주요 수단은 대류이다. 이때의 대류열전달계수를 h라 하자. 또한 식탁에 막 올라온 초기 시간 $t=0$에서의 민어의 초기온도 T_i는 시간이 지남에 따라 점점 높아질 것이다. 그리고 시간이 t만큼 지난 후의 민어 온도는 $T_{(t)}$가 될 것이다. 그러다가 민어 온도가 식당 공기온도와 같아지면 열전달이 멈추고 민어의 온도도 더 이상 올라가지 않을 것이다.

또한 미소 시간 dt 동안에 민어의 온도가 $dT=d(T-T_\infty)$만큼 올랐다고 하자. 그러면 민어가 임의의 온도까지 오르는데 필요한 열에너지는 대류에 의해 전달된 에너지와 서로 같아야만 한다.

$$hA(T_\infty - T)dt = mC_p dT$$

이 식을 약간 변형해 보자.

$$-\frac{hA}{mC_p}dt = \frac{d(T-T_\infty)}{(T-T_\infty)} = \frac{dT}{T}$$

이 식의 왼쪽 항은 시간 $t=0$에서 임의의 시간 t까지 적분하고 오른쪽 항은 초기온도 T_i에서 임의의 시간에서의 온도 $T_{(t)}$ 까지 적분하자.

$$-\int_0^t \frac{hA}{mC_p}dt = \int_i^t \frac{dT}{T}$$

$$= [\ln T]_i^t$$

$$= \left[\ln\left(T_{(t)} - T_\infty\right) - \ln\left(T_i - T_\infty\right)\right]$$

$$\therefore -\frac{hA}{mC_p}t = \ln\frac{\left(T_{(t)} - T_\infty\right)}{\left(T_i - T_\infty\right)}$$

이 식은 결국 지수함수로도 표현될 수 있다.

$$\frac{(T_{(t)} - T_\infty)}{(T_i - T_\infty)} = e^{-\frac{hA}{mC_p}t}$$

$$= e^{-kt}$$

이 식에서 k는 양의 값이고 k의 역수인 $1/k$의 단위는 시간(s)으로써 시정수[Time constant] 라 한다. 그러므로 kt 값은 무차원이 된다. 또한 이 식을 약간만 바꾸면 임의의 시간 $T_{(t)}$에서의 민어의 온도를 예측할 수 있다.

$$T_{(t)} = T_\infty + (T_i - T_\infty)e^{-kt}$$

이 식에 시간 $t=0$을 대입해 보자. 그러면 식탁에 막 나온 민어의 온도가 구해진다.

$$T_{(0)} = T_\infty + (T_i - T_\infty) \times e^{-k0}$$

$$= T_\infty + (T_i - T_\infty) \times 1$$

$$= T_i$$

이제 무한대 시간 $t=\infty$을 넣어보자. 그러면 민어의 온도가 식당의 공기온도와 같아지게 된다.

$$T_{(\infty)} = T_\infty + (T_i - T_\infty) \times e^{-k\infty}$$

$$= T_\infty + (T_i - T_\infty) \times 0$$

$$= T_\infty$$

이젠 시간이 얼마 지나면 민어가 식당온도와 같아지는지도 계산해 보자. 에어컨이 돌고 있는 식당의 온도를 26℃, 방금 신선하게 나온 민어의 온도는 4℃라고 하자. 그리고 에어컨의 온도는 손대지 않고 바람세기만 약, 중, 강으로 조정한다고 하자. 이렇게 에어컨 바람세기가 바뀔 때마다 대류열전달계수도 함께 바뀐다고 하자($h_{약} = 0.025$, $h_{중} = 0.05$, $h_{강} = 0.1$, $kJ/m^2 s ℃$). 또한 민어의 표면적 $A = 0.3m^2$, 민어의 질량 $m = 5kg$, 민어의 비열 $C_p = 3.36kJ/kg℃$은 모두 일정하게 유지된다고 하자. 그러면 에어컨의 바람세기에 따른 k 값들이 구해진다.

$$k = \frac{hA}{mC_p}$$

$$k_{약} = 4.46429 \times 10^{-5},\ k_{중} = 8.92857 \times 10^{-5},\ k_{강} = 1.78571 \times 10^{-4}$$

이제 k 값들과 식당의 온도 및 민어의 초기온도를 아래 식에 넣기만 하면, 시간이 지남에 따라 변하는 민어의 온도를 계산해 낼 수 있게 된다.

$$T_{(t)} = T_\infty + (T_i - T_\infty)e^{-kt}$$

$$= 26 + (4 - 26)e^{-kt}$$

민어의 온도변화

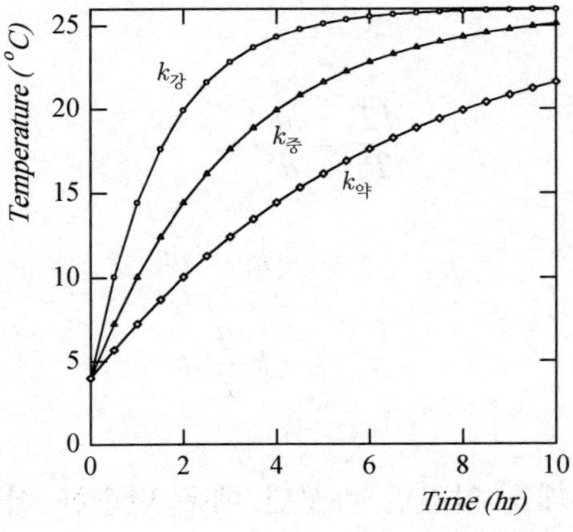

그림을 보면 바람의 세기가 '강'인 경우, 8시간 정도 지나면 민어의 온도가 식당온도와 거의 같아지게 된다. 하지만 중, 약으로 갈수록 그 시간은 더 길어진다. 또한 바람세기가 강인 경우, 민어가 30분이 지나면 4℃에서 10℃로 된다. 그리고 중인 경우에는 1시간이 지난 후에, 약인 경우에는 2시간이 지난 후에야 10℃가 된다. 이 사실로부터 에어컨 설정온도가 고정된 경우에는 바람의 세기가 강해질수록 민어의 온도가 빨리 높아진다는 것을 알 수 있다. 당연히 민어의 온도가 빨리 높아지면 세균번식도 빨라질 것이다. 그러니 여름철에 에어컨 밑에서 민어 선어회를 먹을 때는 센 바람보다는 약한 바람으로 켜놓고 먹는 것이 더 좋을 듯싶다. 전기도 아끼고 말이다.

그런데 앞에 나온 수식들이 뭔가 복잡하고 어수선한 느낌이 든다. 보다 간편한 식을 만들어 보자. 앞의 식에서 민어 초기온도와 식당 온도와의 차이를 $T_c=(T_i-T_\infty)$라 하고 임의의 시간이 지난 후의 온도차를 $T=(T_{(t)}-T_\infty)$로 두자.

$$\frac{(T_{(t)}-T_\infty)}{(T_i-T_\infty)}=\frac{T}{T_c}=e^{-kt}$$

그리고 미분하자.

$$\begin{aligned}\frac{dT}{T_c}&=\frac{d}{dt}e^{-kt}\\&=-ke^{-kt}dt\\&=-k\frac{T}{T_c}dt\end{aligned}$$

그리고 이 식의 형태를 약간만 바꾸면 매우 단순한 식이 얻어진다.

$$\frac{dT}{T_c} = -k\frac{T}{T_c}dt$$

$$\therefore \frac{dT}{dt} = -kT$$

이 미분방정식을 한 번 살펴보자. 무슨 특징이라도 발견했는가. 온도 T 자신을 미분하니 상수가 곱해진 자신이 되었다. 어떤 함수가 이런 특징을 가지고 있는지 잘 알고 있을 것이다. 바로 지수함수이다.

이런 지수함수의 특징이 앞으로도 미분방정식의 풀이에 많이 사용될 것이다. 그러니 잘 눈여겨 두기 바란다. 이처럼 우리 실생활에서 흔히 볼 수 있는 열전달 현상을 이렇게 짤막한 미분방정식으로 표현할 수 있다. 이 외에도 세균 번식과 스프링의 진동, 추의 진자운동, 전기회로 등 우리 주변의 많은 자연 현상과 공학 문제 역시 이처럼 간단한 미분방정식으로 표현할 수 있다. 여러분들이 진정 글로벌 수준의 해기사로 거듭나고 싶다면 미분방정식 정도는 잘 다룰 줄 알아야 할 것이다.

바다와 수학

미분방정식의 정의

미분방정식[Differential equation]이란 미지함수와 그 함수의 모든 도함수[Derivate]를 포함하는 방정식을 일컫는다. 여기서 임의의 미지함수를 $f(x)$라 하면 그 도함수를 dy/dx 혹은 $f'(x)$라고 쓸 수 있으며 이 도함수는 그 함수의 각 점에서의 변화율을 나타낸다. 이 변화율은 곡선을 따라 각 점에서 다르므로 그 함수의 도함수도 다시 새로운 함수가 된다. 또한 그 도함수의 도함수와 그 도함수의 도함수들도 다시 새로운 함수가 될 것이다. 이처럼 함수와 그 모든 도함수들의 조합으로 이뤄진 방정식을 미분방정식이라 한다.

일반적으로 미분방정식은 한 개 또는 두 개 이상의 변수들을 포함한다. 여기서 변수[Variable]란 값이 임의로 변할 수 있는 독립변수와 독립변수에 종속되어 변하는 종속변수 혹은 함수[Function]를 말한다. 이 변수들은 보통 알파벳 뒷부분인 t, x, y, z를 사용해서 표기한다. 이에 반해 변하지 않고 고정된 값 즉 상수[Constant]가 있는데 보통 알파벳 앞부분의 a, b, c, d를 사용해서 표기한다.

그리고 함수 y 또는 f가 독립변수 x만의 함수일 때, 이를 정확히 $y(x)$, $f(x)$와 같이 표기해야한다. 하지만 미분방정식에서 이들이 여러 번 반복되거나 도함수의 도함수들을 표기할 때는 수식이 길어지고 번거로워지기 때문에 이를 간단히 y, f, y', f'와 같이 표기한다.

또한 미분방정식에 포함된 도함수의 생김새에 따라 미분방정식의 명칭과 해법도 달라진다. 그런데 그 생김새는 계수[Order]와 차수[Degree]로 결정된다. 따라서 차수와 계수의 의미를 정확이 알고 있어야만 미분방정식을 쉽게 풀 수가 있다.

함수 y의 도함수를 $\dfrac{dy}{dx}$ 또는 간단히 y'로 표기하고, 이를 1계 도함수라 하며 이 도함수의 도함수 즉, 2회 째 도함수는 y''로 표기하고 2계 도함수라 한다. 일반적으로 1계 도함수는 독립변수에 대한 함수의 변화율, 즉 기울기를 나타내며, 2계 도함수는 함수 기울기의 변화율을 나타낸다. 또한 m회 째 도함수는 $y^{(m)}$로 표기하고 m계 도함수라고 읽는다. 여기서 m은 양의 정수이며 도함수의 계수라 한다.

그리고 도함수 $(y')^1$와 같이 도함수 자신을 1승한 도함수를 1차 도함수라 하고 2승한 도함수 $(y')^2$를 2차 도함수라 하며 n번 누승한 도함수를 n차 도함수라 한다. 여기서 도함수의 누승[累乘] 횟수 n은 양의 정수이며 도함수의 차수라 한다.

y' : 1계 1차 도함수

$(y'')^2$: 2계 2차 도함수

$(y''')^2$: 3계 2차 도함수

$\left(y^{(m)}\right)^n$: m계 n차 도함수

이제 미분방정식의 이름도 지어보자. 먼저 여러분들이 잘 알고 있는 1차 직선의 방정식 '$y=ax+b$'를 미분방정식으로 만들고 그 이름을 지어보자. 이 식의 y절편인 b 값을 0이라 하면 식이 $y=ax$로 단순해진다. 여기서 기울기 a는 $a=\dfrac{dy}{dx}=y'$로 나타낼 수 있다. 그러니 y절편이 0인 1차 직선의 방정식은 아래와 같은 미분방정식으로 나타낼 수 있을 것이다.

$$xy' - y = 0$$

또한 이를 앞의 명명법에 따라 '1계 1차 미분방정식'라고 부를 수 있을 것이다. 그러면 다른 미분방정식들의 이름도 쉽게 지을 수 있다.

$y' + ky = 0$: 1계 1차 미분방정식

$y'' + y' + ky = 0$: 2계 1차 미분방정식

$(y'')^3 + (y')^2 + ky = 0$: 2계 3차 미분방정식

$y''' + (y')^3 + (ky)^2 = 0$: 3계 1차 미분방정식

바다와 수학

미분방정식의 해

여러분들에게 다음 방정식 "$y=x^2-1$을 풀어라"하고 문제를 냈을 때, 그 답은 당연히 $x=\pm 1$라고 할 것이다. 이는 "대수방정식을 풀어라" 혹은 "그 근을 구하라"라는 의미이기 때문이다. 하지만 $y'-y=0$과 같은 "미분방정식을 풀어라" 하면 여러분들은 과연 어떤 답을 할 것인가? 이는 근을 구하라는 의미가 아니다. 미분하기 전 상태인 원시함수 y를 찾으라는 뜻이다. 주어진 미분방정식의 형태를 약간 바꿔보자.

$$\frac{dy}{dx}=y$$

그리고 조용히 바라보고 생각하며 음미해 보라.

조용히 생각할 때 마음이 고요해지면 그것은 정념(正念)이요
도리어 마음에 동요가 일어나면 그것은 잡념(雜念)이다

어떤 함수 y를 미분하니 도로 함수 자신이 되었다. 바로 지수함수 e^x가 생각날 것이다.

자신을 몇 번이고 미분해도 도로 자신이 되는 함수,
바로 지수함수 e^x가 이 미분방정식의 해인 것이다.

뭔가 이런 독특한 특징이 있으니 지수함수가 공학은 물론 경제, 인문, 사회 분야에 걸쳐 두루 사용되고 있나 보다. 이와 비슷한 퀴즈를 하나 내 보겠다. 자신을 미분하면 한 다리 건너 도로 자신이 되긴 하지만 부호가 다른 함수는? 답은 사인함수와 코사인함수이다.

또 더 떠오르는 것이 없는가. 함수 자신이 바로 자신의 기울기가 된다는 사실이다. $y=1$인 위치에서는 모든 x에 대해 기울기가 1이어야 하고 $y=2$에서는 모든 x에 대해 기울기가 2이어야 한다. 이는 함수 값에 해당하는 값이 바로 그 함수의 기울기가 된다는 것을 뜻한다. 그리고 이제는 같은 변수끼리 모으고 적분을 하자.

$$\frac{dy}{y}=dx$$
$$\ln y=x+c$$
$$\therefore y=e^{x+c}$$
$$=e^c\times e^x$$

여기서 e^c는 새로운 상수 c로 표현할 수 있다. 따라서 이 미분방정식의 해는 임의의 상수가 포함된 함수가 된다.

$$y=ce^x$$

이 식에서 c값을 조금씩 바꾸어 가며 그림을 그려보자. 무수히 많은 곡선들이 그려질 것이다. 이처럼 적분상수 c 값이 정해지지 않은 미분방정식의 해를 일반해[一般解, General solution]라고 한다. 그러나 $x=0$에서 그 곡선의 기울기는 1이라는 초기조건Initial condition을 만족하며 이 점(0,1)을 지나는 곡선은 오직 하나 밖에 없으며 이때의 적분상수 c값은 $c=1$로 정해진다. 이처럼 적분상수 값이 초기조건에 의해 정해진 미분방정식의 해를 특수해特殊解, Particular solution라고 한다.

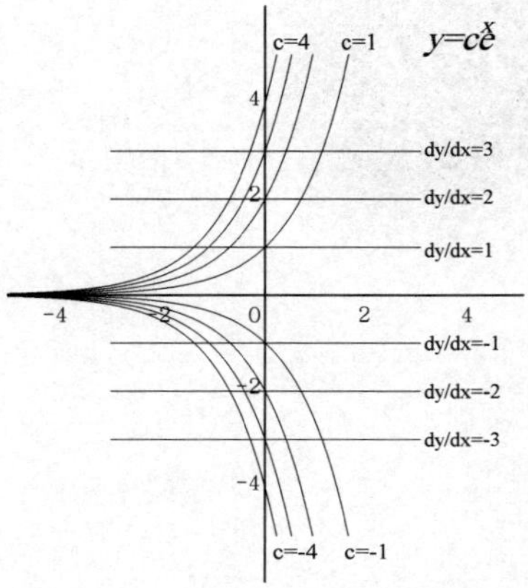

하지만 어떤 미분방정식은 적분상수 c값에 어떤 값을 넣더라도 얻을 수 없는 또 하나의 해를 가질 수 있는데 이런 해를 특이해特異解, Singular solution라고 한다. $y=(x+c)^2$을 미분해보자. $y'=2(x+c)$이 된다. 이 미분방정식을 제곱하고 정리하면 다음 꼴의 미분방정식을 얻을 수 있다.

$$(y')^2=4y$$

따라서 포물선 군을 나타내는 식 $y=(x+c)^2$은 이 미분방정식의 일반해이다.

하지만 $y=0$을 미분하여도 $(y')^2=4y$라는 미분방정식을 만족시키므로 $y=0$도 이 미분방정식의 해가 될 수 있다. 그러나 $y=0$은 포물선이 아니라 직선을 나타낸다. 이런 해가 바로 특이해이다.

여러분들은 지금까지 미분방정식들의 해를 구하는 과정에서 미분방정식의 생김새를 적절히 바꾸어 적분한 사실에 주목했기 바란다. 이 말의 의미를 나중에 더 잘 알게 되겠지만 적분하기 쉬운 형태의 미분방정식은 그 해도 쉽게 구할 수 있다. 또한 미분방정식의 해를 구하는데 있어서 미분방정식의 종류에 따라 그 해법도 크게 달라진다. 그러므로 무엇보다도 미분방정식을 정확히 분류할 줄 아는 것이 가장 중요하다.

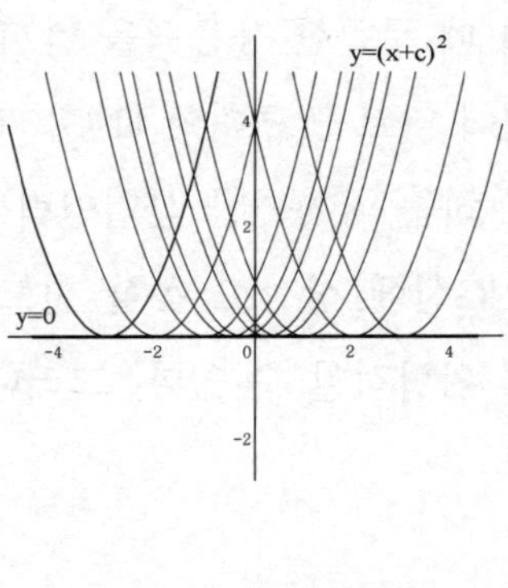

바다와 수학

미분방정식의 분류

지금까지는 직관적으로 쉽게 풀 수 있는 미분방정식들만 다루었다. 여러분들이 미분방정식을 지레 겁낼까봐 그랬다. 그것들은 미분방정식 입장에서 보면 흔치 않은 매우 특수한 미분방정식들인 셈이다. 하지만 쉽든 어렵든 간에 푸는 기본 원리는 근본적으로 적분이다. 또한 미분방정식들의 유형에 따라 푸는 다양한 수법들도 이미 제시되어 있다. 수학자들이 참으로 고마울 뿐이다. 우리 몫은 단지 주어진 미분방정식이 어떤 유형에 속하는지와 그 유형에 맞는 풀이 기법만 익혀 두면 되는 것이다.

여러분들은 국제해사기구(IMO) STCW 협약에 따른 국제적 교육시스템으로 교육을 받고 있는 세계 어디에 내놓아도 뒤지지 않는 고급 해기사들이다. 이론만 알아서는 안 될 일이다. 반드시 그 미분방정식들이 지니고 있는 물리적, 공학적 의미 역시 간파하고 있어야만 한다. 그래야 상선과 미래 특수선박 등에 실전 배치될 때 무한한 응용력을 발휘할 수 있다. 여러분들은 앞으로 대한민국의 에너지를 실어 나르는 초대형 LNG, LPG선도 타야한다. 그러니 여러분들은 국가가 꼭 필요로 하는 국가기반 산업인력들이다. 또한 만일 여러분들이 타고 있는 수십만 톤의 LNG선에 상상도 못할 사고가 난다면, 북한 김정은이 가지고 있는 핵무기보다 더 위협적일 수 있다. 그러니 여러분들은 국가 안보도 책임지고 있는 국방인력인 것이다. 북극과 같은 극지탐험 항해 선박과 세계를 왕래하는 국제크루즈선도 타야한다. 그러니 여러분들은 실로 글로벌 인재들이다.

이제부터는 미분방정식을 분류하는 절차에 대해서 이야기 하겠다. 그 분류 절차에 있어서 첫 번째로, 주어진 미분방정식이 상미분방정식인지 편미분방정식인지를 따져봐야 한다. 상미분방정식(常微分方程式, ODE, Ordinary Differential Equation)은 독립변수가 1개뿐인 함수와 그 상도함수들로 이뤄진 미분방정식을 말한다. 여기서 '常'자는 '항상, 늘, 보통, 평범'을 뜻하는 한자이다. 즉 상미분방정식은 보통미분방정식 혹은 일반적인 미분방정식이란 얘기다. 상미분방정식의 샘플을 몇 개 보여주겠다.

$$f'(x) = \sin x,\ \ y'' + 3y' + y = 0,\ \ x^2y'' + xy' + e^xy = 2x^2$$

미분방정식 분류 절차

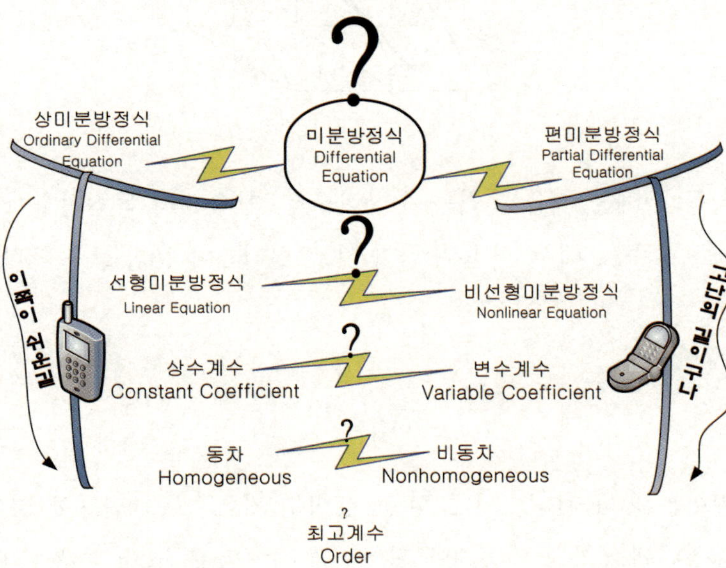

또한 편미분방정식偏微分方程式, PDE, Partial Differential Equation은 독립변수가 2개 이상인 다변수 함수와 그 편도함수들로 이뤄진 미분방정식을 말한다. 여기서 '偏'자는 '한쪽으로 치우치거나 쏠리다'라는 의미를 가진 한자이다. 그래서 독립변수 1개는 변수로 취급하고 그 나머지는 모두 상수로 간주해서 그 편도함수를 구한다. 독립변수가 2개인 다변수 함수 $z = f(x,y)$를 생각해 보자. 이 함수 z는 입체 공간 속에서 어떤 곡면을 이루고 있다. 그 곡면 z를 평면 $y = y_1$라는 날카로운 칼로 싹둑 자르자. 곡선 A가 만들어질 것이다. 그러면 그 곡선 A위의 임의의 점 (x_1, y_1)에서의 기울기는 어떻게 될까?

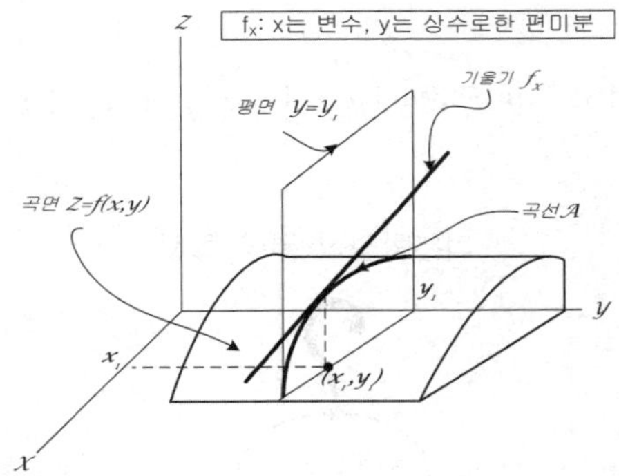

이 기울기를 구하는 것을 우리는 수학적으로 '함수 z의 독립변수 x는 변수로 취급하고 y를 상수로 해서 편미분 한다'라고 한다. 이 문장을 수학적 기호로도 나타내 보자.

$$\frac{\partial z}{\partial x},\ \frac{\partial}{\partial x}f(x,y),\ \frac{\partial f}{\partial x}$$

여기서 편미분을 나타내는 기호 '∂'는 상미분 기호 'd'를 변형한 것이다. 상미분에서 dx을 '디엑스'라고 읽었지만 편미분에서는 ∂x을 'round dx, 라운드 디엑스'라고 읽는다. 편미분 기호 ∂가 둥근 모양을 하고 있기 때문이다. 또한 이렇게 편미분해서 생긴 편도함수 Partial derivative는 변수로 취급한 독립변수를 편미분한 함수 기호 아래에 첨자로 기입해서 나타내기도 한다.

$$z_x,\ f_x(x,y),\ f_x$$

그럼 이번에는 독립변수 y를 변수로 취급하고 x를 상수로 해서 함수 z를 편미분한 것도 수학적으로 나타내 보자.

$$z_y,\ f_y(x,y),\ f_y$$

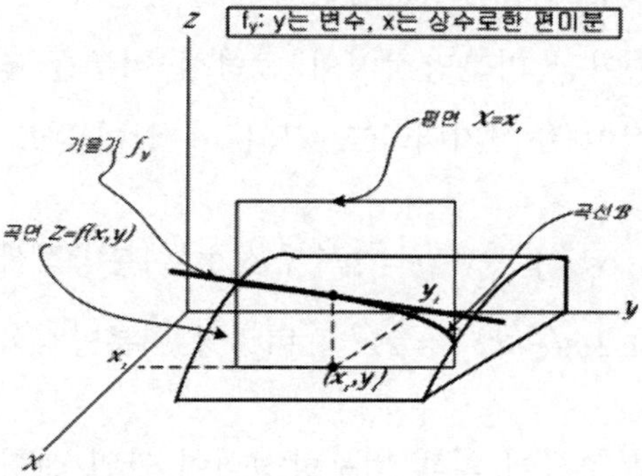

여러분들에게 $2x+3=0$과 같은 1차 직선의 방정식과 $x^3+x^2-x-1=0$과 같은 3차 곡선의 방정식이 주어졌을 때 어느 쪽이 더 풀기 쉽겠는가. 당연히 1차 직선의 방정식이라고 답할 것이다. 이는 1차 방정식은 선형이고 3차 방정식은 비선형이기 때문이다. 미분방정식도 마찬가지이다. 풀기 쉬운 것인지 아닌지를 판단하기 위해서 그 두 번째로, 주어진 미분방정식의 선형성 여부를 따져봐야 한다. 그 선형성 여부 판단은 다음과 같다.

첫째, 주어진 함수와 그 도함수가 모두 1차이어야 한다.

비선형 예) $y^2,\ (y')^2,\ (y'')^3$

둘째, 비선형 함수가 포함되어 있지 않아야 한다.

비선형 예) sin$y$, cos$y$, e^y

셋째, 주어진 함수와 그 도함수의 계수가 상수이거나 독립변수이어야 한다.

비선형 예) yy', $y'y''$

그러므로 만일 어떤 주어진 미분방정식이 위 세 가지 조건 중에 어느 하나라도 만족하지 못하면 그 미분방정식은 비선형 미분방정식으로 판정할 수 있다. 그럼 이 세 가지 조건을 가지고 다음 미분방정식이 선형인지 비선형인지를 판정해 보자. 여러분이 만일 주어진 미분방정식의 선형성 여부를 정확히 판단했다면 이외의 어떤 미분방정식이 주어지더라도 거의 다 알아맞힐 수 있을 것이다.

$$x^2y'' + (\cos x)y' + e^x y = 2x^2$$: 선형 미분방정식[Linear DE]

$$(y'')^2 + 2yy' + e^y y = 2x^2$$: 비선형 미분방정식[Nonlinear DE]

그리고 위의 선형성 조사에 의해 미분방정식이 만일 선형미분방정식으로 판명되었다면, 그 선형미분방정식이 보다 쉽게 풀릴 수 있는 미분방정식인지 아닌지의 여부를 판단하기 위한 세 번째 단계로, 미분방정식을 이루고 있는 함수와 그 도함수의 모든 항의 계수를 조사해야 한다.

그래서 만일 주어진 함수와 그 도함수의 계수가 모두 상수이면 상수계수 미분방정식[Constant coefficient DE]으로 판정할 수 있다. 그러나 계수 중에 독립변수가 하나라도 포함되어 있으면 변수계수 미분방정식[Variable coefficient DE]으로 간주된다. 설령 주어진 미분방정식이 선형미분방정식이라 할지라도 계수가 상수이면 풀기가 훨씬 수월해진다.

$$\text{상수계수 미분방정식: } y'' + 2y' - 3y = x^2e^{-x}$$

$$\text{변수계수 미분방정식: } y'' + 2\underline{x}y' - \frac{3}{\underline{x}-1}y = x^2e^{-x}$$

네 번째로, 미분방정식의 등호 오른쪽 값이 0인 경우에는 보다 쉽게 해를 구할 수 있다. 이러한 스타일의 미분방정식을 동차(同次) 혹은 제차(齊次) 미분방정식 Homogeneous DE이라 하고 0인 아닌 경우에는 비동차 혹은 비제차 미분방정식 Nonhomogeneous DE이라 한다. 여기서 한자 '동'자와 '제'자는 모두 '같다'라는 뜻을 가진 한자이다. 그러므로 차수가 같은 미분방정식을 동차방정식이라고 할 수 있을 것이다. 보통 n계 선형 상미분방정식의 일반형을 아래와 같이 나타낸다.

$$y^{(n)} + f_1(x)y^{(n-1)} + f_2(x)y^{(n-2)} + \cdots + f_{n-1}(x)y' + f_n(x)y = R(x)$$

여기에서 함수 y 대신에 $Cy(C \neq 0)$를 대입해 보자.

$$C\{y^{(n)} + f_1(x)y^{(n-1)} + f_2(x)y^{(n-2)} + \cdots + f_{n-1}(x)y' + f_n(x)y\} = R(x)$$

식이 참 길다. 더구나 뭘 뜻하는지도 모르겠다. 그래서 한 눈에 그 의미를 알아보도록 해보겠다.

$$CR(x) = R(x)$$

이 식에서 $C \neq 0$이기 때문에 양변이 같기 위해서는 $R(x) = 0$이어야만 한다. 즉 $R(x) = 0$일 때만 원래의 식과 같아지게 되어 결국 계수와 차수도 같아지는 미분방정식이 된다. 이를 우리는 동차미분방정식이라 부른다.

미분방정식의 분류 연습

이제 미분방정식을 분류하고 그 이름을 짓는 연습을 해보자. 단, 종속변수 y는 독립변수 x에만 의존한다.

$$y' - 2y = 0$$

상미분방정식인가 편미분방정식인가?

답) 상미분방정식

선형인가 비선형인가?

답) 선형

상수계수인가 변수계수인가?

답) 상수계수

동차인가 비동차인가?

답) 동차

최고계수는?

답) 1계

꼼꼼히 하나씩 하나씩 따져 보니, (1계) (동차) (상수계수) (선형) (상) 미분방정식이 되었다. 이 다섯 가지 절차를 거치면서 결정된 것을 역순으로 나열하니 미분방정식의 이름이 자동으로 지어졌다. 이는 괄호 안에 들어갈 세부 이름만 절차에 따라 결정해 넣으면 어떤 미분방정식이든지 간에 그의 풀 네임Full name을 얼마든지 지을 수 있다는 얘기다. 마치 서양 사람들의 긴 이름을 짓는 느낌이다. 선형 상미분방정식은 가장 기본이 되는 미분방정식이다. 그러니 이 미분방정식의 이름을 짓는 일반 절차를 잘 익혀 두면 다른 미분방정식들의 이름을 짓는데도 큰 어려움이 없게 될 것이다. 아래는 n계 선형 상미분방정식의 일반 꼴이다.

$$y^{(n)} + f_1(x)y^{(n-1)} + f_2(x)y^{(n-2)} + \cdots + f_{n-1}(x)y' + f_n(x)y = R(x)$$

이 식에는 이미 선형이라는 조건이 붙어 있다. 그러니 선형성 여부는 판단할 필요가 없다. 그 나머지 것만 따지면 된다.

y의 지수 n값에 따라 미분방정식의 계수를 정한다.

등호 오른쪽 $R(x)$의 값이 0이냐 아니냐에 따라 동차 혹은 비동차 여부를 결정한다.

원시함수와 그 도함수의 계수, $f_1(x), f_2(x), \cdots, f_{n-1}(x), f_n(x)$가 상수계수 혹은 변수계수인지 결정한다.

1계 선형 상미분방정식

여러분들은 남도 보양식 민어의 온도변화를 미분방정식이라는 아주 짧은 수학적 언어로 묘사해 보았다. 이와 같이 우리 주변의 많은 자연현상들과 공학적인 문제들 역시 미분방정식으로 대부분 표현할 수 있다. 이들 대부분은 1계 혹은 2계 선형미분방정식으로 어느 정도 만족스럽게 표현할 수 있다. 그러니 이 미분방정식들을 풀어 낼 수만 있다면 직접 경험해 보지 않고도 그 현상들의 변화와 추이를 미리 짐작할 수 있게 된다.

그래서 여기서는 많은 현상들을 수학적으로 묘사해 내는 1계 선형 상미분방정식의 풀이 기법에 대해 다루고자 한다. 이는 다른 까다로운 미분방정식을 푸는데도 큰 도움이 된다. n계 선형 상미분방정식의 일반형을 한 번 더 써보겠다.

$$\underline{y^{(n)}}+f_1(x)y^{(n-1)}+f_2(x)y^{(n-2)}+\cdots+f_{n-1}(x)y'+\underline{f_n(x)y}=R(x)$$

여기서는 1계 선형 상미분방정식만을 다루기로 하였으므로 이 일반형에 $n=1$을 넣자. 그러면 $y'+f_1(x)y=R(x)$ 꼴로 확 줄어들 것이다. 이 식의 우변에 $R(x)$가 있으므로 좌변의 f_1을 알파벳 R 앞의 영문자 P나 Q로 바꾸어 주자. 그러면 이 미분방정식이 앞에서부터 알파벳 순서로 보기에도 좋고 읽기에도 좋게 꾸며진다. 그런데 나중에 2계 선형 상미분방정식에 대해서도 다루므로 미리 그것까지 생각해서 f_1을 P로 하자. 마침내 1계 선형 상미분방정식의 일반형이 만들어졌다.

$$y' + P(x)y = R(x)$$

생김새를 약간 바꿔보자.

$$\frac{dy}{dx} + P(x)y = R(x)$$
$$P(x)ydx + dy = R(x)dx$$

$$\therefore [P(x)y - R(x)]\,dx + dy = 0$$

그런데 이 미분방정식을 어떻게 풀지?

● 변수분리형인지 확인한다.

한쪽에는 x와 그의 자녀 dx만 살도록 하고 다른 한쪽에는 y와 dy만 모여 살도록 나눈 후 집성촌을 만들어 주자. 이처럼 같은 변수들끼리 따로따로 분리할 수 있는 미분방정식을 변수분리형 미분방정식[Separable DE]이라고 한다. 또한 이 미분방정식의 오른쪽 항을 $R(x) = 0$이라고 하자. 그러니 1계 동차 선형 상미분방정식이 되었다. 이를 약간 고쳐 써보자. 예전에 어디서 많이 본 모양새이다.

$$[P(x)y - 0]\,dx + dy = 0$$
$$\therefore \frac{dy}{y} = -P(x)dx$$

여기서 $P(x) = x$라고 둬보자. 서로 같은 변수끼리 완벽히 분리되었다.

$$\frac{dy}{y} = -\,xdx$$

이를 적분하자.

$$\int \frac{dy}{y} = -\int x dx$$

$$\ln y = -\frac{x^2}{2} + c$$

$$\therefore y = e^{-\frac{x^2}{2}+c}$$

$$= e^c \times e^{-\frac{x^2}{2}}$$

$$= ce^{-\frac{x^2}{2}}$$

이렇게 해서 1계 동차 선형 상미분방정식을 풀었다. 하지만 이 결과가 무엇을 의미하는지 선뜻 파악되지 않는다. 그림을 그려보자. 마치 노래 부를 때 크게 벌린 입 모양 같다.

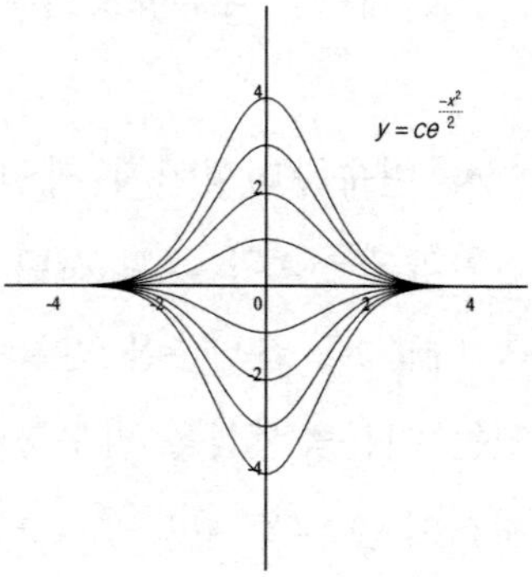

여하튼 미분방정식을 푸는 첫 번째 순서는 변수분리가 되는지 안되는지를 확인하는 것이다.

● 변수분리 확장형(동차형)인지 확인한다.

변수가 모두 분리되면 풀기도 쉽고 참 좋으련만, 세상사가 다 그렇지 않은가. 변수분리가 될 듯 말 듯 아리송한 미분방정식도 있기 마련이다. 그런데 조금만 기교를 부리면 변수분리가 되는 경우도 있다. 그런데 이러한 임기응변식 기교를 사람들에게는 부리지 말기 바란다. 신뢰가 무너진다. 이번에는 $P(x) = 1/x$을 넣어보자.

$$\frac{dy}{y} = -\frac{dx}{x}$$

어, 변수분리형이다. 그래서 방금 전에 했던 대로 적분하면 그 해를 얻을 수 있다. 하지만 $\sin(y/x)$와 같은 것이 포함돼 있다고 하자. 변수분리가 안된다. 이런 경우에는 어떻게 풀면 좋을까. 위의 식을 약간 바꿔 보자.

$$\frac{dy}{dx} = -\frac{y}{x}$$

어떤가? 등호 좌우가 모두 'y/x' 꼴로 바뀌었다. 그래서 x, y에 대해 모두 동차가 되었다. 이러한 미분방정식을 동차형 또는 변수분리 확장형Reduction to separable DE이라고 한다. 이런 미분방정식은 약간만 기교 부리면 금방 변수분리형으로 거듭나서 적분하기 쉬운 변수분리형이 되어준다. 일단 $\frac{y}{x} = u$라고 둬보자. 그리고 미분하자.

$$dy = d(xu) = udx + xdu$$

양변을 dx로 나누자. 그러면 dy/dx에 대한 식이 얻어진다.

$$\frac{dy}{dx} = u + x\frac{du}{dx}$$

이것을 원래 식에 넣어보자.

$$\frac{dy}{dx} = -\frac{y}{x}$$

$$u + x\frac{du}{dx} = -u$$

이 식을 약간만 정리하고 같은 변수끼리 모으면 결국 변수분리형으로 탈바꿈된다.

$$\frac{du}{u}=-2\frac{dx}{x}$$

이제 적분만 하면 그 일반해가 구해진다.

$$\int\frac{du}{u}=-2\int\frac{dx}{x}+c$$

$$\ln u=-2\ln x+c$$

$$\ln u+2\ln x=c$$

$$\ln(ux^2)=c$$

$$\ln\left(\frac{y}{x}\right)x^2=\ln(xy)=c$$

$$\therefore xy=e^c=c$$

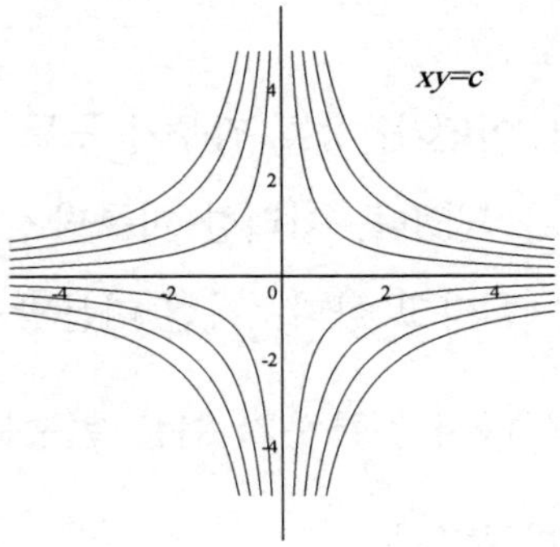

이처럼 두 번째로, 주어진 미분방정식이 변수분리 확장형인지를 확인해야 한다.

● 완전미분형인지 확인한다.

주어진 미분방정식을 이리 저리 아무리 고쳐보아도 변수분리형도 아니고 변수분리 확장형(동차형)도 아니다. 어떻게 풀지? 걱정마라. 머리 좋으신 분들이 오래전에 이미 그 방도를 다 마련해 놓으셨다. 즉, 세 번째는 완전미분형 풀이법이다. 방금 전 변수확장형을 다룰 때 $P(x)=1/x$을 사용했었다. 하지만 이 풀이법에서는 단지 그것의 두 배인 $P(x)=2/x$을 넣도록 하겠다.

$$\frac{dy}{y} = -\frac{2}{x}dx$$

이 식도 물론 변수분리형이다. 적분하면 그 해도 바로 얻을 수 있다. 하지만 지금 우리의 목표는 다양한 미분방정식의 풀이법을 터득하는 데 있다. 그래서 이처럼 심플한 것을 선정했다. 이 식에 x^2y을 곱하고 약간만 형태를 바꾸자.

$$2xydx + x^2dy = 0$$

그런데 이 미분방정식의 해가 무엇인지 알겠는가, 직관적으로 말이다. 다름 아닌 $x^2y = c$이다. 이것을 전미분 '$d(x^2y) = 2xydx + x^2dy$' 하기란 누워서 떡 먹기 아닌가. 하지만 전미분한 뒤의 미분방정식을 막상 보면 어떻게 풀어야 할지 막막하고 두렵기만 하다. 이제 두려워할 것 없다. 전미분한 미분방정식에는 아주 독특한 특징이 숨겨져 있는데, 그것만 찾아내면 풀기가 매우 쉬워진다. 그 숨겨진 특징은 바로 dx의 계수부분을 ∂y로 편미분하고 dy의 계수부분은 ∂x로 편미분하면 그 결과가 똑같아진다는 것이다.

이러한 미분방정식을 완전미분방정식[Exact DE]이라고 한다. "완전"이라? 도대체 뭐가 완전하다는 말인가! 이해가 잘 안 된다. 완전[完全]의 사전적 의미는 '그 정확한 의미에 한 치의 어긋남도 없음'이다. 이 의미와 딱 들어맞는 영단어가 'exact'이다. 이는 '정확한, 딱 들어맞는, 똑같은'이라는 뜻을 갖고 있다. 즉 두 개의 편미분 결과가 똑같은 미분방정식을 완전미분방정식이라고 한다는 것이다.

$$\frac{\partial}{\partial y}2xy = 2x = \frac{\partial}{\partial x}x^2$$

이와 같은 방법으로 완전미분의 여부가 판정나면, 그 다음부터는 그 해를 구하는 절차를 밟기만 하면 된다. 먼저 전미분하기 전의 모습을 수식으로 표현해 보자.

$$x^2y = f(x,y) = c$$

이를 전미분하자.

$$\begin{aligned}2xydx + x^2dy &= \frac{\partial f}{\partial x}dx + \frac{\partial f}{\partial y}dy \\ &= df \\ &= 0\end{aligned}$$

그리고 $\dfrac{\partial^2 f}{\partial y \partial x} = \dfrac{\partial^2 f}{\partial x \partial y} = 2x$이기 때문에 완전미분방정식이 맞다. 이제 이것을 두 번 적분해서 함수 f를 구하자.

$$\frac{\partial^2 f}{\partial y \partial x} = 2x \rightarrow \frac{\partial f}{\partial y} = x^2 + c_1$$

$$\therefore f = x^2y + c_1y + c_2$$

그런데 이 식에는 두 개의 상수 c_1과 c_2가 포함되어 있다. 여기서 상수 c_1만 구하면 이 완전미분정식의 일반해를 얻을 수 있다. 상수 c_1 값을 구하기 위해 두 번 적분하여 얻은 함수 f를 이제 다시 편미분해 보자.

$$\frac{\partial f}{\partial x} = \frac{\partial}{\partial x}\left(x^2y + c_1y + c_2\right) = 2xy$$

$$\frac{\partial f}{\partial y} = \frac{\partial}{\partial x}\left(x^2y + c_1y + c_2\right) = x^2 + c_1$$

그런데 $\frac{\partial f}{\partial y} = x^2 + c_1 = x^2$ 이기 때문에 $c_1 = 0$이 된다. 이것을 또 적분하자.

$$f = \int (x^2 + 0)dy = x^2y + c$$

드디어 주어진 완전미분방정식의 일반해가 얻어졌다.

$$f = x^2y + c = c, \quad \therefore f = x^2y = c$$

여러분들이 지금까지 진행해 온 완전미분방정식의 풀이법을 잘 이해했는지 한 번 테스트해 보겠다. 아래 미분방정식을 풀어보기 바란다.

$$2xydx + (x^2 + \sin y)dy = 0$$

이 식에 완전미분 형식을 덧붙여보자.

$$2xydx + (x^2 + \sin y)dy = \frac{\partial f}{\partial x}dx + \frac{\partial f}{\partial y}dy = df = 0$$

이제 완전미분형인지를 확인하자.

$$\frac{\partial}{\partial y}(2xy) = \frac{\partial}{\partial x}(x^2 + \sin y) = 2x = \frac{\partial^2 f}{\partial x \partial y} = \frac{\partial^2 f}{\partial y \partial x}$$

두 개의 편미분 결과가 같다. 그러니 주어진 미분방정식은 '완전미분형'이 맞다. 이제 2계 편도함수(혹은 혼합편도함수라고도 한다)를 이중적분하기만 하면 그 해가 얻어질 것이다. 그런데 주의해야 할 것이 있다. 적분 순서에 따라 예상치 못한 결과가 나올 수 있다는 점이다. 먼저 $2x$를 y에 대해 적분하고 그 다음 x에 대해 적분하는 순서로 해보자.

$$
\begin{aligned}
f &= \iint \underline{2xdy}dx \\
&= \int (2xy + c_1)dx \\
&= x^2y + c_1x + c_2
\end{aligned}
$$

상수 c_1을 구하기 위해 f를 다시 편미분하자.

$$
\begin{aligned}
\frac{\partial f}{\partial x} &= \frac{\partial}{\partial x}\left(x^2y + c_1x + c_2\right) \\
&= 2xy + c_1 \\
\frac{\partial f}{\partial y} &= \frac{\partial}{\partial y}\left(x^2y + c_1x + c_2\right) \\
&= x^2
\end{aligned}
$$

이제 편미분 결과들과 주어진 미분방정식의 계수부분을 서로 비교해 보자. $\frac{\partial f}{\partial x} = 2xy + c_1 = 2xy$와 같이 된다. 결국 $c_1 = 0$이 되어 서로 일치한다. 그러나 $\frac{\partial f}{\partial y} = x^2 \neq x^2 + \sin y$가 되어 일치하지 않는다. 그래서 이번에는 적분 순서를 반대로 해보기로 하겠다. $2x$를 x에 대해 먼저 적분하고 그 다음 y에 대해 적분하자.

$$
\begin{aligned}
f &= \iint \underline{2xdx}dy \\
&= \int \left(x^2 + c_1\right)dy \\
&= x^2y + c_1y + c_2
\end{aligned}
$$

이제 상수 c_1을 구하기 위해 f를 다시 편미분하자. 그리고 다시 계수들을 서로 비교해 보자.

$\frac{\partial f}{\partial x}=\frac{\partial}{\partial x}\left(x^2y+c_1y+c_2\right)=2xy$와 같이 된다. 계수가 일치한다. 그리고 $\frac{\partial f}{\partial y}=\frac{\partial}{\partial y}\left(x^2y+c_1y+c_2\right)=x^2+c_1$가 되어 계수가 일치하려면 상수 $c_1=\sin y$이 되어야 한다. 이 상수 값을 넣고 적분하면 주어진 미분방정식에 대한 일반해가 얻어진다.

$$
\begin{aligned}
f &= \int\left(x^2+c_1\right)dy \\
&= \int\left(x^2+\sin y\right)dy \\
&= x^2y-\cos y \\
&= c
\end{aligned}
$$

이제야 비로소 좋은 결과를 얻었다. 그러므로 여러분들이 이러한 완전미분형 미분방정식을 풀 때는 이중적분 순서를 바꿔가며 적분해 봐야한다는 사실을 꼭 기억해 두어야 할 것이다.

그리고 또 하나 반드시 점검해야 할 사항이 있다. 바로 대형 기계공장과 같은 대형 선박의 기관을 관리하고 운전하는 중대한 임무를 수행할 기관사관 여러분들은 '점검'을 생활화해야 한다. 그래야 바다에서 항해할 때 선원들의 인명사고와 기관고장을 사전에 예방할 수 있다.

최종적으로 얻은 결과인 식 $x^2y-\cos y=c$을 다시 미분했을 때 처음에 주어진 미분방정식이 되는지 점검해 봐야한다.

$$d(x^2y-\cos y)=0$$

$$2xydx+x^2dy+\sin y\,dy$$

$$=2xydx+(x^2+\sin y)dy$$

$$=0$$

됐다. 처음과 딱 들어맞는다. 이렇게 해서 완전미분형 상미분방정식에 대한 풀이 기법도 터득했다.

● 완전미분 확장형인지 확인한다.

이제 마지막 네 번째 풀이 기법이다. 만일 주어진 미분방정식이 완전미분형인지 아닌지를 판정하려고 2계 편미분을 조사했는데 $\frac{\partial^2 f}{\partial y \partial x} \neq \frac{\partial^2 f}{\partial x \partial y}$와 같이 서로 일치하지 않는다고 하자. 그럼 이러한 미분방정식은 결코 풀 수 없는 걸까? 아니다.

완전미분방정식이 아닌 미분방정식일지라도 어떤 함수를 곱하면 완전미분형이 되는 것도 있다. 이런 경우에는 약간의 기교만 부리면 얼마든지 앞에서 배웠던 완전미분형 풀이 기법으로 그 해를 구할 수 있다. 이처럼 어떤 함수 즉, 적분인자積分因子, Integrating factor라는 것을 곱했을 때 완전미분형으로 변신되는 것을 완전미분 확장형 미분방정식Reduction to exact DE이라고 한다.

$$P(x)ydx+dy=0$$

여기서 $P(x)=-\frac{1}{x}$라고 하자. 앞에서 변수분리확장형을 설명할 때 사용했던

$P(x)$값에 부호만 바꾼 것이다. 그리고 양변에 $-x$를 곱하자.

$$-\frac{1}{x}ydx+dy=0$$

$$\therefore ydx-xdy=0$$

이 미분방정식은 어떤 형의 미분방정식인지 순서대로 조사해 보자. 조사하면 다 나온다.

1. 변수분리형? 답) 맞다.
2. 변수분리 확장형(동차형)? 답) 맞다.
3. 완전미분형? 답) 아니다. $\left(\frac{\partial^2 f}{\partial y \partial x}=1 \neq \frac{\partial^2 f}{\partial x \partial y}=-1\right)$

이 미분방정식은 첫 단계에서부터 변수분리형으로 판정된다. 그러니 변수분리형 풀이 기법으로 풀면 된다. 그런데 만일 변수분리형도 아니고 동차형도 아니고 완전미분형도 아니라면 과연 어떻게 풀 것인가. 방법은 있다. 바로 적분인자라는 것을 곱해서 완전미분형으로 변환만 되면 방금 전에 배웠던 완전미분형 풀이 기법으로 풀 수 있다.

하지만 문제는 그 적당한 적분인자를 어떻게 찾아내느냐이다. 적분인자를 활용하는 풀이 기법은 동차이든 비동차이든 간에 1계 상미분방정식의 풀이 기법의 최고단계라고 할 수 있다. 이 기법만 알면 웬만한 미분방정식은 다 풀 수 있다. 그러니 완벽하게 터득해 두어야 한다. 더욱이 여기서는 수준을 한 단계 높여서 $R(x) \neq 0$인 비동차까지 아울러 풀 수 있는 방법과 절차까지 설명할 것이다. 우리가 잘 알고 있다시피, 1계 선형 상미분방정식의 일반형은 아래와 같다.

$$[P(x)y-R(x)]\,dx+dy=0$$

여기에 적당한 적분인자 '$\varphi(x)$:파이 엑스'를 곱하자. 그러면 완전미분방정식이 될 것이다.

$$\varphi(x)[P(x)y-R(x)]dx+\varphi(x)dy=0$$

그러니 당연히 dx의 계수부분을 ∂y로 편미분하고 dy의 계수부분은 ∂x로 편미분한 결과가 서로 같아야 할 것이다.

$$\frac{\partial}{\partial y}(\varphi(x)P(x)y-\varphi(x)R(x))=\frac{\partial}{\partial x}\varphi(x)$$

그런데 이 식에서 왼쪽 항의 $\varphi(x)R(x)$ 부분은 x만의 함수이므로 ∂y로 편미분했을 때 0이 되고 만다.

$$\varphi(x)P(x)=\frac{\partial}{\partial x}\varphi(x)$$

이것의 형태를 약간 바꾸자. 아, 변수분리형이지 않는가.

$$P(x)dx=\frac{d\varphi}{\varphi}$$

이제 적분도 해보자. 어, 적분인자 $\varphi(x)$가 구해졌다.

$$\int P(x)dx=\int\frac{1}{\varphi}d\varphi$$

$$\int P(x)dx=\ln\varphi$$

$$\therefore\varphi=e^{\int P(x)dx}$$

이 적분인자를 주어진 미분방정식에 다시 넣어보자.

$$e^{\int P(x)dx}[P(x)y-R(x)]dx+e^{\int P(x)dx}dy=0$$

$$\therefore e^{\int P(x)dx}P(x)ydx+e^{\int P(x)dx}dy=e^{\int P(x)dx}R(x)dx$$

겁나게 복잡하다. 하지만 보기만 그렇지 실은 그렇지 않다. 이 식을 전미분하기 전의 상태로 되돌려 보자. 어떤가. 의외로 너무 간단하지 않은가.

$$\frac{d}{dx}\left[e^{\int P(x)dx}y\right]=e^{\int P(x)dx}R(x)$$

그런데 왜 이렇게 되는지 미분 전후의 과정이 잘 이해되지 않을 수도 있다. 지수함수의 미분 결과가 다시 자신이 되는 독특한 성질 $d[e^x]=e^x$을 모르면 말이다. 또한 지수함수의 지수 $\int P(x)dx$를 미분하면 $d\int P(x)dx=P(x)dx$가 된다는 사실도 알고 있어야만 한다. 그러면 방금 전의 식의 양변에 모두 dx을 곱해보자.

$$d\left[e^{\int P(x)dx}y\right]=e^{\int P(x)dx}R(x)dx$$

그리고 적분하자.

$$e^{\int P(x)dx}y=\int e^{\int P(x)dx}R(x)dx+c$$

드디어 1계 선형 상미분방정식에 대한 일반해의 일반형이 구해졌다.

$$y=e^{-\int P(x)dx}\left[\int e^{\int P(x)dx}R(x)dx+c\right]$$

다시 돌아가 앞에서 주어진 미분방정식 $ydx - xdy = 0$의 일반해를 완전미분 확장형 풀이 기법으로 구해보자. 먼저 이 미분방정식의 $P(x)$ 값을 찾기 쉽도록 형태를 바꿔보자.

$$\frac{dy}{dx} - \frac{1}{x}y = 0$$

따라서 $P(x) = -\frac{1}{x}$이라는 것을 알았다. $P(x)$는 함수 y의 계수라는 사실을 기억해 두기 바란다. 또한 $R(x) = 0$이다. 이것들을 1계 선형 상미분방정식의 일반해에 대한 일반형에 넣자. 그러면 자동적으로 그 해가 얻어진다.

$$y = e^{-\int P(x)dx}\left[\int e^{\int P(x)dx} R(x)dx + c\right]$$

$$= e^{-\int P(x)dx}[0 + c]$$

$$\therefore y = ce^{-\int -\frac{1}{x}dx}$$

$$= ce^{\ln x}$$

$$= cx$$

이 일반해를 그림으로도 그려보자. 어떤 모양이 그려질 것 같은가. 다름 아닌 원점을 지나는 무수히 많은 1차 직선이 그려진다.

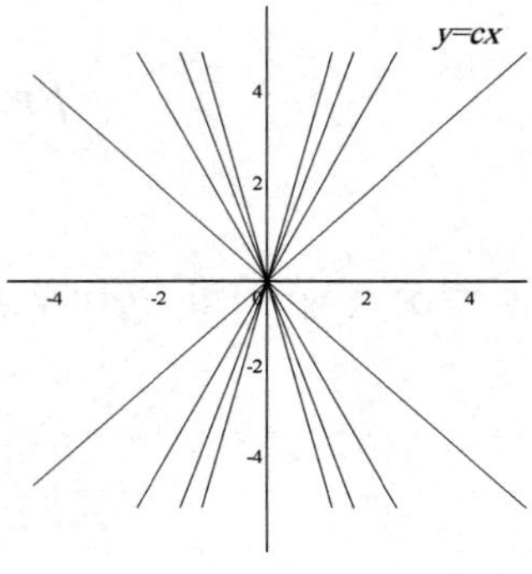

연습 삼아 다음 두 문제를 완전미분 확장형 풀이 기법으로 여러분들이 직접 풀어 보기 바란다.

문제) $ydx+\frac{x}{2}dy=0$

힌트) $P(x)=\frac{2}{x}$, $R(x)=0$인 1계 동차 선형 상미분방정식

답) $y=e^{-\int P(x)dx}\left[\int e^{\int P(x)dx}R(x)dx+c\right]$

$$=e^{-\int \frac{2}{x}dx}[0+c]$$
$$=ce^{-2\ln x}$$
$$=ce^{\ln x^{-2}}$$
$$=cx^{-2}$$

$\therefore x^2y=c$

문제) $\frac{dy}{dx}+2y=20$

힌트) $P(x)=2$, $R(x)=20$인 1계 비동차 선형 상미분방정식

답) $y=e^{-\int P(x)dx}\left[\int e^{\int P(x)dx}R(x)dx+c\right]$

$$=e^{-\int 2dx}\left[\int e^{\int 2dx}20dx+c\right]$$

$$=e^{-2x}\left[\int e^{2x}\times 20dx+c\right]$$

$$=e^{-2x}\left[e^{2x}\times\frac{1}{2}\times 20+c\right]$$

$\therefore y=ce^{-2x}+10$

17계 비선형 상미분방정식

여태껏 선형만 다뤘다. 이제는 비선형 상미분방정식도 다뤄볼까 한다. 그 대표적인 것이 수학자인 야곱 베르누이[Jacob Bernoulli, 1654-1705, 스위스]의 이름을 딴 베르누이 미분방정식[Bernoulli DE]이다. 그의 동생 요한 베르누이도 역시 수학자이며 뉴턴과 라이프니츠도 그와 동시대 사람들이다. 베르누이 미분방정식의 형태를 한 번 보겠다.

$$\frac{dy}{dx}+P(x)y=R(x)y^n$$

이 식에서 만일 $n=0,1$이면 선형 상미분방정식이 된다. 왜 그런지 모른다면 앞장으로 되돌아가서 지금까지의 설명을 다시 꼼꼼히 살펴보기 바란다. $n\geq 2$이면 베르누이 미분방정식은 비선형이 된다. 하지만 비선형일지라도 약간만 생각하고 변형시키면 선형이 된다. 이제부터 그 변형 작업을 시작하겠다. 먼저 베르누이 미분방정식의 양변을 y^n으로 나눠보자.

$$y^{-n}\frac{dy}{dx}+P(x)y^{1-n}=R(x)$$

이 식의 왼쪽에 있는 y^{1-n}을 $z(x)$라고 하자. 그리고 미분도 하자.

$$z(x)=y^{1-n}$$
$$\frac{dz}{dx}=(1-n)y^{-n}\frac{dy}{dx}$$

$$\therefore y^{-n}\frac{dy}{dx}=\frac{1}{(1-n)}\frac{dz}{dx}$$

이 결과를 방금 전의 식 $y^{-n}\dfrac{dy}{dx}+P(x)y^{1-n}=R(x)$에 넣자. 그리고 모양새도 약간 바꾸자.

$$\frac{1}{(1-n)}\frac{dz}{dx}+P(x)z=R(x)$$

$$\therefore \frac{dz}{dx}+(1-n)P(x)z=(1-n)R(x)$$

어디서 많이 본 꼴이 되었다. z에 관한 1계 선형 상미분방정식이 되었다. 그렇다면 그 일반해도 쉽게 구할 수 있지 않겠는가. 바로 1계 선형 상미분방정식의 일반해에 대한 일반형에 넣기만 하면 말이다.

$$z=e^{-\int(1-n)P(x)dx}\left[(1-n)\int e^{\int(1-n)P(x)dx}R(x)dx+c\right]$$

$$\therefore y^{1-n}=e^{-\int(1-n)P(x)dx}\left[(1-n)\int e^{\int(1-n)P(x)dx}R(x)dx+c\right]$$

문제도 한 번 풀어보자. 그러면 비선형 상미분방정식의 풀이법을 더 확실히 알게 될 것이다.

문제) $\frac{dy}{dx}+\frac{1}{x}y=xy^2$

풀이) 1) 양변을 먼저 y^2으로 나눈다.

$$y^{-2}\frac{dy}{dx}+\frac{1}{x}y^{-1}=x$$

2) $y^{1-2}=y^{-1}=z$라 두고 양변을 미분한다.

$$-y^{-2}\frac{dy}{dx}=\frac{dz}{dx}$$

3) z에 관한 선형 상미분방정식으로 바꾼다.

$$\frac{dz}{dx}-\frac{1}{x}z=-x$$

4) 일반해를 구한다.

1계 선형 상미분방정식의 일반해에 대한 일반형에 넣어, 먼저 z에 관한 일반해를 쉽게 구할 수 있다. 그 다음에 $z=y^{-1}$이라는 것을 이용하면 우리가 원하는 y에 대한 일반해도 구할 수 있다.

$$\begin{aligned} z &= e^{-\int P(x)dx}\left[\int e^{\int P(x)dx}R(x)dx+c\right] \\ &= e^{-\int\left(-\frac{1}{x}\right)dx}\left[\int e^{\int\left(-\frac{1}{x}\right)dx}(-x)dx+c\right] \\ &= e^{\ln x}\left[\int e^{-\ln x}(-x)dx+c\right] \\ &= x\left[\int x^{-1}(-x)dx+c\right] \\ &= x[-x+c] \end{aligned}$$

$$\therefore y^{-1}=-x^2+cx$$

$$\therefore y=\frac{1}{-x^2+cx}$$

바다와 수학

2계 선형 상미분방정식

n계 선형 상미분방정식의 일반형에 $n=2$를 넣으면 2계 선형 상미분방정식이 된다.

n계: $\underline{y^{(n)}}+f_1(x)y^{(n-1)}+f_2(x)y^{(n-2)}+\cdots+\underline{f_{n-1}(x)y'+f_n(x)y}=R(x)$

2계: $y''+f_1(x)y'+f_2(x)y=R(x)$

여기서 $f_1=P$, $f_2=Q$ 라고 하자. 그러면 2계 선형 상미분방정식의 일반형이 얻어진다.

$$y''+P(x)y'+Q(x)y=R(x)$$

웬만한 공학 문제들은 이 2계 선형 상미분방정식만으로 어느 정도 표현할 수 있다. 그리고 여기서는 2계 상수계수 선형 상미분방정식만을 다루기로 하고 계수 $P(x)$와 $Q(x)$를 상수계수 a, b로 바꾸자.

$$y''+ay'+by=R(x)$$

그리고 이 미분방정식의 일반해는 $R(x)=0$일 때의 일반해 y_h와 $R(x)\neq 0$일 때의 특수해 y_p를 합친 것이 그 일반해 y_g가 된다는 것을 잘 알아두기 바란다.

미분 연산자

이제부터는 2계 상수계수 선형 상미분방정식의 풀이 기법을 배워보자. 먼저 $R(x)=0$인 2계 동차 상수계수 선형 상미분방정식의 일반해를 구하는 방법을 살펴보자. 그 시작에 앞서 미분방정식의 풀이를 보다 쉽고 간결하게 해주는 미분 연산자[微分演算子]도 도입하자. 미분기호 $\dfrac{d}{dx}$를 단지 기호 D로 줄여 표기할 수 있는데 이를 미분 연산자라고 한다. 이 미분 연산자 사용규칙은 보기만 해도 그냥 알 수 있을 것이다.

$$
\begin{gathered}
\frac{d}{dx}y = y' = Dy \\
\frac{d^2}{dx^2}y = y'' = D^2y \\
\vdots \\
\frac{d^n}{dx^n}y = y^n = D^ny
\end{gathered}
$$

그럼 $y''+ay'+by=0$과 $y''+3y'+2y=0$을 미분 연산자를 써서 나타내 보자.

$$
\begin{gathered}
D^2y + aDy + by = (D^2 + aD + b)y = 0 \\
D^2y + 3Dy + 2y = (D^2 + 3D + 2)y = 0
\end{gathered}
$$

또한 미분 연산자를 사용하면 미분이 얼마나 간편해지는지 알 수 있도록 그 샘플을 몇 개 적어놓았다.

$$De^{ax} = ae^{ax}, \ D^2e^{ax} = a^2e^{ax}, \ D^ne^{ax} = a^ne^{ax}$$

$$D(e^{ax}f(x)) = ae^{ax}f(x) + e^{ax}Df(x) = e^{ax}(D+a)f(x)$$

$$D^2\sin ax = -a^2\sin ax, \ D^2\cos ax = -a^2\cos ax$$

그리고 차근차근 그 재미를 더 보자. 1계 동차 상수계수 상미분방정식인 $y' - 2y = 0$을 미분 연산자로 나타내 보자.

$$(D-2)y = 0$$

이 미분방정식의 일반해는 1계 선형 상미분방정식의 일반해에 대한 일반형을 이용해서 기계적으로 구할 수 있다.

$$\begin{aligned} y &= e^{-\int P(x)dx}\left[\int e^{\int P(x)dx}R(x)dx + c\right] \\ &= e^{-\int -2dx}\left[\int e^{\int -2dx}0dx + c\right] \\ &= ce^{2x} \end{aligned}$$

결국 $(D-a)y = 0$의 일반해는 $y = ce^{ax}$라는 것을 알았다. 이 해는 매우 중요한 의미를 갖는다. 이 해를 유심히 봐보면 지수함수의 지수가 괄호 안의 상수계수 a와 똑같다. 그리고 거기에 상수 c가 곱해진 꼴이다.

이와 똑같은 접근 논리로 2계 동차 상수계수 상미분방정식의 하나인

$(D-a)\underline{(D-b)y}=0$의 일반해도 가늠해 보자. 너무 성급한가. 아니다. 수학은 일관된 학문이다. 이 식에서 밑줄 쳐진 부분을 $z=\underline{(D-b)y}$라고 두자.

$$(D-a)z=0$$

아니 이 식은 z에 대한 1계 상미분방정식이 아닌가. 그럼 이 일반해도 방금 전에 구했던 것과 똑같은 논리를 적용해서 구하면 되지 않겠는가.

$$z=ce^{ax}$$

이 식은 결국 $(D-b)y=ce^{ax}$와 같이 된다. 아, 그러면 주어진 2계 동차 상수계수 미분방정식이 결국 1계 비동차 상수계수 선형 상미분방정식으로 바뀐 것이다. 그럼 이것의 일반해는 1계 선형 상미분방정식의 일반해에 대한 일반형을 이용하면 쉽게 얻을 수 있을 것이다.

$$\begin{aligned} y &= e^{-\int -b dx}\left[\int e^{\int -b dx}(ce^{ax})dx + c'\right] \\ &= e^{bx}\left[\int e^{-bx}(ce^{ax})dx + c'\right] \\ &= e^{bx}\left[\int ce^{(a-b)x}dx + c'\right] \\ &= ce^{bx}\frac{1}{a-b}e^{(a-b)x} + c'e^{bx} \\ &= c\frac{1}{a-b}e^{ax} + c'e^{bx} \\ &= c_1e^{ax} + c_2e^{bx} \end{aligned}$$

이 결과를 통해 우리가 기억해야 할 2계 동차 상수계수 상미분방정식에 대한 매우 중요한 특징을 하나 알게 되었다.

$$(D-a)(D-b)y=0\text{의 일반해는 } y=c_1e^{ax}+c_2e^{bx}$$

이를 보면 2차 방정식의 근을 구하는 것과 2계 동차 상수계수 선형 상미분방정식의 일반해를 구하는 것이 너무나도 똑같다. 또한 이 일반해 $y=c_1e^{ax}+c_2e^{bx}$을 유심히 봐보라. 이 식의 오른쪽 항이 모두 지수함수이다. 앞에서 말하였듯이 지수함수의 미분은 미분을 거듭할수록 지수의 계수만 거듭제곱될 뿐 자기 자신의 본체를 계속 유지하는 매우 지조 있는 함수이다.

이러한 특징을 고려하여 $(D-a)(D-b)y=0$의 하나의 해를 $y=e^{\lambda x}$라고 가정해도 괜찮을 것 같다. 그리고 이 해를 직접 넣고 풀어보자.

$$\begin{aligned}
&(D-a)(D-b)e^{\lambda x}=0\\
&D^2e^{\lambda x}-(a+b)De^{\lambda x}+abe^{\lambda x}\\
&=\lambda^2e^{\lambda x}-\lambda(a+b)e^{\lambda x}+abe^{\lambda x}\\
&=\left[\lambda^2-\lambda(a+b)+ab\right]e^{\lambda x}\\
&=\underline{[(\lambda-a)(\lambda-b)]}e^{\lambda x}=0
\end{aligned}$$

여기서 $e^{\lambda x}\neq 0$이므로 $\lambda=a, b$가 되어야만 식이 만족된다. 그러므로 이 식을 풀기 전에 가정한 해 $y=e^{\lambda x}$는 결국 $y=e^{ax}$, $y=e^{bx}$가 될 것이다. 따라서 그 일반해는 $y=c_1e^{ax}+c_2e^{bx}$라고 할 수 있다. 왜냐하면 각각의 해를 더해도 역시 해가 될 수 있기 때문이다. 또한 앞의 식에서 밑줄 쳐진 부분 $\underline{[(\lambda-a)(\lambda-b)]}=0$을 미분방정식을 풀기 위한 보조방정식[補助方程式] 이라고 한다. 결국 이 보조방정식의 근을 구하는 것이 바로 미분방정식의 해를 구하는 것과 같게 된다. 그럼 이 보조방정식의 일반적인 형태를 써보자.

$$\lambda^2 + a\lambda + b = 0$$

이 보조방정식의 근은 2차 방정식 $ax^2 + bx + c$의 근을 구하는 근의 공식 $x = \frac{-b \pm \sqrt{b^2 - 4ac}}{2a}$을 이용해서 쉽게 구할 수 있다.

$$\lambda = \frac{-a \pm \sqrt{a^2 - 4b}}{2}$$

다음 미분방정식을 풀어보면 지금까지의 긴 설명이 다 이해될 것이다.

$$y'' - 3y' + 2y = 0$$

이를 미분 연산자로 나타내 보자.

$$(D^2 - 3D + 2)y = 0$$

그러면 이 식의 보조방정식도 바로 구할 수 있다.

$$(\lambda - 2)(\lambda - 1) = 0$$

이 보조방정식에서 $\lambda = 1, 2$이다. 그러므로 주어진 미분방정식의 일반해도 금방 얻을 수 있다.

$$y = c_1 e^x + c_2 e^{2x}$$

물론 보조방정식의 근을 구하는 식으로부터도 그 일반해를 구할 수도 있다.

$$\begin{aligned}\lambda &= \frac{-(-3)\pm\sqrt{(-3)^2-4\times 2}}{2} \\ &= \frac{3\pm 1}{2} \quad (a^2-4b>0) \\ \therefore \lambda &= 1, 2\end{aligned}$$

처음에 $y=e^{\lambda x}$ 라고 가정하였으므로 그 일반해는 $y=c_1e^x+c_2e^{2x}$이 되는 것은 자명한 사실이다. 그런데 만일 $y''-2y'+y=0$와 같은 미분방정식이 주어진다면 그 해가 어떻게 될까? 결국 보조방정식이 중근을 갖게 된다.

$$(D^2-2D+1)y=0$$

$$(\lambda^2-2\lambda+1)=(\lambda-1)^2=0$$

$$\therefore \lambda=1$$

또는

$$\begin{aligned}\lambda &= \frac{-(-2)\pm\sqrt{(-2)^2-4\times 1}}{2} \\ &= \frac{2\pm 0}{2} \quad (a^2-4b=0)\end{aligned}$$

$$\therefore \lambda=1$$

따라서 그 일반해가 $y=c_1e^x+c_2e^x=(c_1+c_2)e^x=ce^x$와 같이 되어 한 개의 해로 되고 만다. 그래서 중근을 갖는 경우에는 둘 중의 하나의 해에 x를 곱하여 그 일반해를 표현하게 된다.

$$y=(c_1+c_2x)e^x$$

여러분들의 추리 능력이 어느 정도인지 한번 테스트해 보겠다. $(\lambda-1)^3$과 같은 삼중근의 일반해는 어떻게 표현할까? 그 답은 $y=(c_1+c_2x^1+c_3x^2)e^x$이다.

이번에는 복소근을 갖는 경우도 생각해 보자. 매우 중요한 대목이다. 주의력을 모아주기 바란다. 아래와 같은 미분방정식이 주어졌다고 하자.

$$y''-2y'+2y=0$$

그러면 이 식에 대한 보조방정식도 바로 구할 수 있다.

$$(D^2-2D+2)y=0$$

$$\lambda^2-2\lambda+2=0$$

또한 이 보조방정식의 근을 구해보자. 복소근이 얻어질 것이다.

$$\lambda=\frac{-(-2)\pm\sqrt{(-2)^2-4\times 2}}{2}$$

$$=\frac{2\pm 2i}{2}\quad (a^2-4b<0)$$

$$\therefore \lambda=1\pm i,\ \ \lambda_1=1+i,\ \ \lambda_2=1-i$$

당연히 그 일반해는 $y=c_1e^{\lambda_1x}+c_2e^{\lambda_2x}$ 이 될 것이다.

$$y=c_1e^{(1+i)x}+c_2e^{(1-i)x}$$

$$=e^x(c_1e^{ix}+c_2e^{-ix})$$

그런데 괄호 안에 있는 복소지수는 어디선가 많이 본 것 같지 않은가? 그렇다. 오일러 공식, $e^{bi}=(\cos b+i\sin b)$이다. 여기서 $c_1=c_2=1$이라고 가정하고, 오일러 공식도 적용해 보자.

$$
\begin{aligned}
y &= e^x\left(c_1e^{ix}+c_2e^{-ix}\right) \\
&= e^x\left[(\cos x+i\sin x)+(\cos x-i\sin x)\right] \\
&= e^x(2\cos x)
\end{aligned}
$$

이 식의 괄호 안에 있는 상수 2를 새로운 상수 c_1라고 해도 무방할 것이다. 그러면 하나의 일반해를 얻을 수 있다.

$$y=c_1e^x\cos x$$

이번에는 $c_1=1$, $c_2=-1$라 하자.

$$
\begin{aligned}
y &= e^x\left(e^{ix}-e^{-ix}\right) \\
&= e^x\left[(\cos x+i\sin x)-(\cos x-i\sin x)\right] \\
&= e^x(2i\sin x)
\end{aligned}
$$

역시 괄호 안의 $2i$를 또 다른 새로운 상수 c_2라고 하자. 그러면 또 하나의 일반해가 얻어진다.

$$y=c_2e^x\sin x$$

또한 금방 얻은 두 개의 일반해를 합한 것도 역시 일반해가 될 것이다.

$$y = e^{x}(c_1 \cos x + c_2 \sin x)$$

이 일반해의 형태를 잘 기억해 두기 바란다. 앞으로 전기전자, 제어공학, 진동해석 등에서 많이 보게 될 식이다.

바다와 수학

적분 연산자

동차 선형 상미분방정식을 다루는데 미분 연산자를 이용하면 매우 편리하다는 사실을 잘 알게 되었을 것이다. 이번에는 $R(x) \neq 0$인 비동차 선형 상미분방정식도 간단히 표현하면서 그 특수해도 비교적 쉽게 구할 수 있는 또 다른 연산자를 다루려고 한다. 함수 y의 도함수를 $f(x)$라 하고 이를 미분 연산자를 이용해서 나타내 보자.

$$Dy = f(x)$$

그리고 이 식을 적분하자.

$$y = \int f(x)$$

그러면 아래와 같은 관계가 성립할 것이다.

$$y = \frac{1}{D} f(x) = \int f(x)$$

여기서 $\frac{1}{D}$을 미분 연산자의 역연산자逆演算子 혹은 적분 연산자積分演算子 라고 한다. 아래는 몇 가지의 적분 연산자 활용법이다.

$$\frac{1}{D}e^{ax}=\int e^{ax}=\frac{1}{a}e^{ax}$$

$$\frac{1}{D^2}e^{ax}=\iint e^{ax}=\frac{1}{a^2}e^{ax}$$

$$\frac{1}{D^2}\cos ax=\iint \cos ax=-\frac{1}{a^2}\cos ax$$

$$\frac{1}{D^2}\sin ax=\iint \sin ax=-\frac{1}{a^2}\sin ax$$

이제 미분 연산자와 적분 연산자를 동시에 활용하여 2계 선형 상미분방정식의 일반해를 구하는 방법을 터득해 보자.

$$(D^2+2D+1)y=18e^{2x}$$

1) 먼저 동차 $R(x)=0$일 때의 일반해를 구한다.

$$(D^2+2D+1)y=0$$

$$(\lambda^2+2\lambda+1)=(\lambda+1)^2=0$$

$$\therefore \lambda=-1$$

따라서 이 경우의 일반해는 $y_h=(c_1+c_2x)e^{-x}$이 된다.

2) 적분 연산자를 이용하여 비동차 $R(x)\neq 0$인 경우의 특수해 y_p를 구한다.

$$y = \frac{1}{D^2+2D+1} 18e^{2x}$$

$$= \frac{1}{2\times2+2\times2+1} 18e^{2x}$$

$$\therefore y_p = 2e^{2x}$$

그러므로 이 미분방정식의 일반해는 동차인 경우의 일반해와 비동차인 경우의 특수해를 합친 것, 즉 $y_g = y_h + y_p$가 된다.

$$y_g = (c_1 + c_2 x)e^{-x} + 2e^{2x}$$

그런데 이 미분방정식의 일반해는 매우 구하기 쉬운 편에 속한다. “이것이 쉬운 편에 속하다니, 이제 그만 포기하고 싶다.” 하지만 나만 믿고 제발 포기하지 말고 라플라스 변환까지 꼭 읽어주기 바란다. 그러면 여태 흘린 땀방울이 오히려 달게 느껴질 것이다. 곧 약이 될 것이다. 산악인 엄홍길 대장도 말하지 않던가. “산에서 흘린 땀은 짜지 않다. 오히려 달다.”라고 말이다.

제 15 장

미분방정식의 응용

자기를 이겨냄 克己

바다와 수학

미분방정식은 우리주변의 현상과 물리적 및 공학적 현상들을 간단명료하게 표현할 수 있는 강력한 수학적 언어이다. 그 미분방정식을 풀어낸다는 것은 현재 및 미래에 벌어질 다양한 현상들을 미리 예측할 수 있다는 얘기와도 같다. 여기서는 우리의 실생활 속에서 일어나는 구체적인 현상들을 표현하는 미분방정식과 여태껏 배운 그 풀이법도 함께 다뤄보려고 한다.

뉴턴의 사과

위대한 인물은 태어날 때부터 신비로운 날에 태어나는 것 같다. 뉴턴[Newton, 1642-1727]은 1642년 12월 25일 영국 링컨셔의 작은 마을 울스롭[Woolsthorpe]에서 태어났다. 바로 성탄절에 태어난 것이다. 또한 그가 태어난 해는 위대한 이탈리아 수학자 갈릴레오가 죽은 해[1642년 1월 8일]이다. 신[God]이 갈릴레오를 대신해 줄 뉴턴을 이 땅에 보내 준 것이다.

뉴턴하면 떠오르는 것, 역시 사과나무일 것이다. 그 사과나무는 이미 1815~1820년 사이에 죽은 것으로 알려져 있다. 하지만 그 위대한 사과나무의 유전자를 가진 후손 사과나무들은 각국의 과학자들에 의해 세계 도처에서 대를 이어가고 있다.

그런데 뉴턴의 어릴적 성장과정에는 모성결핍이 있었다. 그의 아버지는 그가 태어나기도 전에 이미 죽었다. 어머니는 그가 2살 정도 되었을 때 한 성직자와 재혼하여 그의 곁을 떠났지만 그가 11살 즈음, 재혼한 아버지마저 죽고 말았다. 어쩔 수 없이 그는 9년 동안 외할머니 밑에서 자라게 되었다. 어머니의 사랑을 거의 받아보지 못한 채 말이다. 이런 모성결핍의 영향 때문인지는 모르겠지만 그는 평생을 독신으로 살았다. 하지만 이런 인생의 결핍이 오히려 위대한 뉴턴을 만들었는지 모른다. 그는 외삼촌의 도움으로 1661년에 케임브리지 대학에 입학하게 되었다. 그러나 대학가에 흑사병이 돌자 어쩔 수 없이 고향으로 되돌아왔다.

마치 꾸며낸 이야기 같지만, 고향에 돌아온 그 다음 해[1665] 어느 따스한 날 뉴턴은 사과나무 밑에서 꾸벅 꾸벅 졸고 있었다. 그런데 겁 없는 사과 하나가 감히 뉴턴의 머리 위로 툭 떨어졌다. 깜짝 놀란 뉴턴은 '사과가 왜 아래로 떨어질까?'라는 새삼스러운 의문을 품게 되었단다.

사과에 얻어맞은 그 순간인지 아니면 먼 훗날 고민 끝에 깨달았는지는 모르겠다. 여하튼 사과가 나무에서 땅으로 떨어지는 이유는 중력 때문이라는 것을 밝혀냈다. 게다가 그 물리적 현상은 지구를 포함한 모든 우주 만물에 다 적용된다고 하였다.

앞으로 사과나무 밑에서 졸고 있는 우리 학생들이 있다면 제2의 뉴턴이 아닌가 눈여겨볼 일이다. 지금까지 뉴턴의 사과 이야기를 장황하게 한 이유는 다름 아닌 뉴턴에게 떨어진 바로 그 사과 때문이다. 그 사과가 다름 아닌 뉴턴의 제2법칙을 탄생시킨 장본인이다.

$$F = ma$$

뉴턴의 사과가 나무에서 떨어지고 있는 그 찰나 몇 컷을 가지고 문장으로 묘사해 보겠다. "뉴턴의 작은 사과가 지구중력에 의해 공기 중을 자유낙하하며 땅바닥에 떨어졌다." 그런데 만일 문장 중에 '공기 중'이라는 말이 없다면 어떻게 될까? 그 상태는 완전진공상태이다. 그런 상태는 어디에 존재할까? 그 대표적인 것 중에 하나가 바로 하늘에 떠 있는 국제우주정거장일 것이다. 국제우주정거장International Space Station, ISS은 지구 상공 330km~460km의 궤도로 회전한다. 그 안에는 보통 7명 정도의 우주비행사가 장기체류하면서 우주 관측과 다양한 무중력 실험을 하고 있다. 그들이 거주하는 공간은 지구와 같은 대기압 상태이고, 중력은 지구보다 10^{-6}배 정도 작은 미소중력Microgravity, $\mu g = 10^{-6}g$ 상태이다.

거주공간이 아닌 완전진공상태의 국제우주정거장 실험실에서 한 개의 사과를 떨어뜨렸다고 하자. 아니 떨어뜨렸다는 표현보다는 손에서 놓았다는 표현이 더 적절하겠다. 그곳은 무중력에 가까운 미소중력상태이기 때문이다. 자, 그곳에서는 손에서 놓은 사과가 어떻게 움직이는지 미분방정식으로 묘사해 보자. 이는 단지 뉴턴의 제2법칙에 있는 가속도 a를 μg로 바꾸고, $a = dv/dt$라는 사실만 알고 있으면 된다.

$$
\begin{aligned}
F &= ma \\
&= m\mu g \\
&= m\frac{dv}{dt}
\end{aligned}
$$

그리고 이 식에서 속도 v와 시간 t를 따로 떼어 놓자. 아니 이는 변수분리형 미분방정식이 아닌가. 그럼 적분만 하면 그 일반해도 금방 얻어질 것 같다.

$$dv = \mu g\, dt$$

$$\int dv = \int \mu g\, dt$$

$$\therefore v = \mu g t + c$$

또한 이 식에서 적분상수 c를 결정하기 위해 사과를 손에서 놓기 직전, 즉 시간 $t = 0$일 때의 속도 $v = 0$인 조건을 넣자. 고로 c도 0이 된다. 드디어 사과 떨어지는 속도에 대한 식이 결정되었다.

$$v = \mu g t$$

그럼 10초 후의 사과 속도는 어떻게 될까? 이 식에 $t = 10$을 넣기만 하면 된다.

$$\begin{aligned} v &= \mu g t \\ &= 10^{-6} \times 9.81\,(m/s^2) \times 10s \\ &= 9.81 \times 10^{-5}\,(m/s) \end{aligned}$$

게다가 10초 동안 사과는 얼마나 움직였을까? 하지만 이 속도에 대한 식으로는 바로 움직인 거리를 구할 수 없다. 속도 v를 dx/dt로 고쳐 써보자.

$$\frac{dx}{dt} = \mu g t$$

그리고 이 식의 왼쪽 분모에 있는 dt를 등호 오른쪽으로 옮겨보자. 그러면 변수분리형이 되고, 적분하면 이동거리 x에 대한 일반해도 얻을 수 있게 된다.

$$dx = \mu g t\, dt$$

$$\int dx = \int \mu g t\, dt$$

$$\therefore x = \frac{1}{2}\mu g t^2 + c$$

여기서도 마찬가지로 손에서 사과를 놓기 직전의 이동거리는 없으므로 $t=0$, $x=0$조건을 넣으면 $c=0$임을 알 수 있다. 10초 동안 움직인 거리를 계산해 보니 약 0.491 mm가 되었다. 이는 10초가 지나도 미소중력 속에서 사과가 거의 움직이지 않고 둥둥 떠 있음을 의미한다.

$$\begin{aligned} x &= \frac{1}{2}\mu g t^2 \\ &= \frac{1}{2}\times 10^{-6}\times 9.81\,(m/s^2)\times(10s)^2 \\ &\simeq 0.491\,(\mathrm{mm}) \end{aligned}$$

이제 국제우주정거장에서 지구로 귀환하자. 지구에는 공기가 있다. 그러니 사과가 공기 중으로 떨어지고 있는 것이다. 이 공기저항 성분을 뉴턴의 제2법칙에 추가하자. 무거운 쇠구슬이나 사과처럼 빠른 속도로 공기 속을 낙하하는 물질은 일반적으로 낙하속도의 자승에 비례하는 저항력 kv^2을 받는 것으로 알려져 있다. 그런데 이 공기 저항력은 사과가 떨어지는 방향과 반대이므로 마이너스 부호가 붙어야 할 것이다. 또한 뉴턴의 제2법칙에 있는 가속도 a를 중력가속도 g로 바꿔 놓아야 할 것이다. 드디어 지구에서 떨어지는 사과에 대한 미분방정식이 만들어졌다.

$$m\frac{dv}{dt}=mg-kv^2$$

이 미분방정식도 변수분리만 되면 참 좋겠는데…. 이 식의 왼쪽 항에 있는 dv/dt 부분에 조삼모사[朝三暮四]를 적용하자.

$$\begin{aligned}\frac{dv}{dt}&=\frac{dv}{dx}\times\frac{dx}{dt}\\&=\frac{dv}{dx}\times v\end{aligned}$$

이것을 방금 전의 식에 넣은 다음, 변수 v와 x를 따로따로 분리하자.

$$mv\frac{dv}{dx}=mg-kv^2$$
$$\therefore mv\frac{dv}{(mg-kv^2)}=dx$$

원하던 변수분리형이 됐다. 그래서 바로 적분하면 좋겠지만 시기상조다. 약간의 추가적인 조작이 필요하다. 이 식의 분모 항을 $mg-kv^2=u$라 두고 미분해 보자. 그러면 $-2kvdv=du$가 얻어진다. 이를 또 $vdv=-du/2k$와 같은 형태로 바꾸자. 조작된 이것들을 모두 방금 전의 식에 넣고 적분을 하자.

$$-\frac{m}{2k}\int\frac{1}{u}du=\int dx$$
$$-\frac{m}{2k}\ln u=x+c$$

$$\therefore -\frac{m}{2k}\ln(mg-kv^2)=x+c$$

이제 적분상수 c값을 결정하자. 사과가 떨어지기 직전에는 움직이지 않았으므로 $x=0$이고 속도 $v=0$이기 때문에 적분상수 $c=-\frac{m}{2k}\ln(mg)$가 된다. 이를 방금 전의 식에 넣자.

$$-\frac{m}{2k}\ln(mg-kv^2)=x-\frac{m}{2k}\ln(mg)$$

이것의 양변을 $-\frac{m}{2k}$으로 나눈 후 보기 좋게 정리까지 하자. 마침내 사과의 낙하속도를 계산할 수 있는 식이 얻어졌다.

$$\begin{aligned}[\ln(mg-kv^2)-\ln(mg)] &= \ln\left(\frac{mg-kv^2}{mg}\right)\\ &= \ln\left(1-\frac{kv^2}{mg}\right)\\ &= -\frac{2k}{m}x\end{aligned}$$

$$v^2=\frac{mg}{k}\left(1-e^{-\frac{2k}{m}x}\right)$$

$$\therefore v=\sqrt{\frac{mg}{k}\left(1-e^{-\frac{2k}{m}x}\right)}$$

바다와 수학

벽의 내부온도 예측

전남 강진에 가면 청자를 굽는 도요지가 많다. 내 연구실에 오는 학생들에게 따스한 차를 대접해 드리기 위해 그곳에 가서 비색의 찻잔을 몇 개 사왔다. 그곳에 가면 청자를 굽는 가마도 구경할 수 있다. 가마를 물끄러미 보다가 가마의 온도는 몇 도씨나 될까 궁금해졌다. 가마 안쪽과 바깥쪽의 온도는 온도계로 어렵지 않게 잴 수 있다. 하지만 가마 벽의 중간 부분은 잴 도리가 없다. 구멍을 뚫지 않는 한 말이다. 어떻게 하면 그 온도를 알아낼 수 있을까? 수학의 위력을 발휘할 때다.

그런데 청자 구울 때의 실제 값들은 다소 복잡하고 어수선한 감이 없잖아 있다. 개념을 명확히 이해하는데 방해가 될 수도 있다. 그래서 간단한 값들로 가정해서 잴 수 없는 곳의 온도를 예측하는 것으로 접근하겠다. 가마 벽의 두께를 $L = 0.2\,\mathrm{m}$, 면적은 $A = 20\,\mathrm{m}^2$라고 하자. 그리고 가마 벽의 밀도는 $\rho(\mathrm{kg/m^3})$, 비열은 $C(\mathrm{kJ/kg}\,℃)$, 열전도계수는 $k = 1.2\mathrm{W/m}\,℃$라고 가정하자. 또한 온도계로 잴 수 있는 가마 안쪽과 바깥벽의 온도를 각각 $T_{(0)} = 120℃$, $T_{(L)} = 20℃$라고 하자.

잘 알다시피 이 청자 가마는 시간이 지나면 자연스럽게 식게 될 것이다. 열에너지가 온도가 높은 가마 내부에서 벽을 통해 온도가 낮은 바깥쪽으로 빠져나가기 때문이다. 이런 사실을 당연한 것으로 받아드릴지 모른다. 하지만 다 법칙에 근거한 것이다. '열에너지는 온도가 높은 곳에서 온도가 낮은 쪽으로만 흐른다.'라는 '열역학 제2법칙'에 근거한 것이다. 이를 '열에너지 흐름의 일방성의 법칙'이라고 말하기도 한다. 도로에도 일방통행이 있듯이, 열에너지도 온도가 높은 곳에서 낮은 곳으로만 일방통행한다.

여하튼 이제부터는 두께가 0.2 m인 청자 가마 벽의 한가운데인 0.1 m 지점의 온도 $T_{(x=0.1m)}$를 구해보자. 그리고 가마 벽은 고체 벽인데, 이와 같이 고체 벽을 통해 열에너지가 전달되는 방법을 '열전도[Conduction]'라고 한다. 이 열전도에 의해 가마 내부에서 외부로 빠져나가는 열에너지 $\dot{Q}$도 계산해 보자. 단, 1차원 정상상태라는 조건에서 구하자. 여기서 '1차원'이라는 말과 '정상상태'라는 말에 약간 귀를 기울여야 한다. 실제 가마 벽의 온도는 3차원(x, y, z) 공간적으로 변한다. 그러나 온도 변화는 가마 안쪽에서 바깥쪽으로 1차원(x)적으로 크게 변할 뿐, 나머지 두 개의 방향(y, z)에 대해서는 거의 변화가 없다. 이런 경우에는 굳이 3차원으로 복잡하게 계산하지 않고, 단지 1차원적으로만 계산해도 좋다. 이런 뜻에서 1차원이라는 조건이 붙게 된 것이다. 또한 정상상태라는 것은 시간이 지나더라도 주어진 온도나 압력 등이 전혀 변함없이 일정하게 유지된다는 의미이다. 단, 위치에 따라서는 그 값들이 달라도 상관없다. 오직 시간에 따라 변하지만 않으면 정상상태인 것이다.

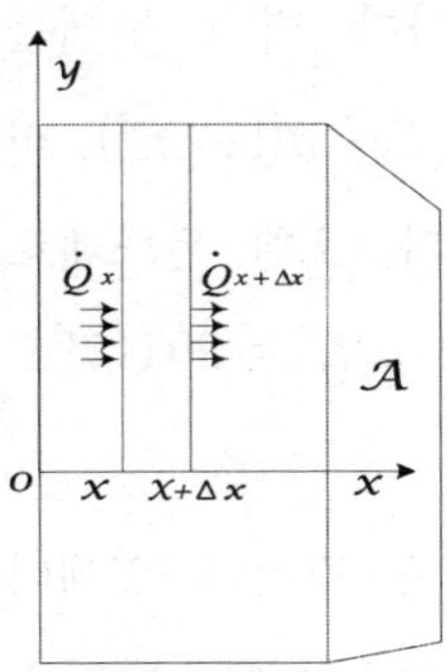

그런데 막상 이 문제를 풀려니 어디서부터 그 실마리를 찾아야할지 모르겠다. 난감하다. 하지만 다 방법이 있다. 그 실마리는 얇은 벽 x와 $x+\Delta x$ 사이의 에너지 균형에 있다. 그림 x위치에서 단위 시간당 들어가는 열에너지는 $\dot{Q}_x$(kJ/s)이다. 그러나 $x+\Delta x$에서 빠져나가는 열에너지는 $\dot{Q}_{x+\Delta x}$(kJ/s)이다. 따라서 미소 체적($A\times\Delta x$)내에 저장되는 열에너지는 그 차이 $(\dot{Q}_x - \dot{Q}_{x+\Delta x})$만큼 될 것이다. 이 긴 문장을 단 한 줄의 에너지균형식으로 적어보자.

$$\dot{Q}_x - \dot{Q}_{x+\Delta x} = \frac{E_t}{\Delta t} = \frac{mC\Delta T}{\Delta t} \text{ (kJ/s)}$$

여기에서 얇은 미소 벽의 질량 m (kg)은 그 두께 Δx와 밀도 ρ 및 면적 A의 곱으로 나타낼 수 있다.

$$-\left(\dot{Q}_{x+\Delta x} - \dot{Q}_x\right) = \frac{E_t}{\Delta t} = \frac{(\rho A\Delta x)C\Delta T}{\Delta t}$$

그 다음 양변을 미소 체적 $A\Delta x$로 나누고 극한을 취하자. 그러면 하나의 미분 방정식이 만들어진다.

$$-\frac{\Delta\dot{Q}}{A\Delta x} = \frac{(\rho A\Delta x)C\Delta T}{A\Delta x\,\Delta t}$$

$$\lim_{\Delta x\to 0}\frac{-\Delta\dot{Q}}{A\Delta x} = \lim_{\Delta x\to 0}\rho C\frac{\Delta T}{\Delta t}$$

$$-\frac{d\dot{Q}}{Adx} = \rho C\frac{dT}{dt}$$

여기서 $\dot{Q}$는 푸리에[1772-1837, 프랑스]가 만든 열전도방정식이다. 재봉사의 아들인 푸리에는 프랑스 대혁명 시대의 사람이자 나폴레옹과 함께 이집트 원정도 다녀온 인물이다. 그는 당시 사상가이자 수학자이기도 했으며, 고체 내의 열전도에 대한 분석적 이론을 최초로 제시한 인물이기도 하다. 푸리에가 만든 열전도방정식은 이렇다.

$$\dot{Q} = -kA\frac{dT}{dx}$$

이 식을 방금 전에 얻은 미분방정식에 넣자.

$$-\frac{d\left(-kA\frac{dT}{dx}\right)}{Adx} = \frac{\rho CdT}{dt}$$

여기서 왼쪽항의 괄호 안에 있는 열전도계수 k값은 온도에 따라 변하지만 만일 평균값을 사용하면 상수로 취급할 수 있다. 또한 전열면적 A는 가마 두께의 위치 x가 변하더라도 일정하다. 이러한 경우에는 둘 다 상수 취급되어 괄호 밖으로 나올 수 있다. 그러면 분자와 분모에 있는 A는 상쇄되고, k만 등호 오른쪽으로 옮기자. 그러면 정돈된 2계 상미분방정식이 얻어진다.

$$\frac{kAd\left(\frac{dT}{dx}\right)}{Adx} = \frac{\rho CdT}{dt}$$

$$\frac{d\left(\frac{dT}{dx}\right)}{dx} = \frac{dT}{\frac{k}{\rho C}dt}$$

$$\therefore \frac{d^2T}{dx^2} = \frac{1}{\alpha}\frac{dT}{dt}$$

여기서 $\alpha = k/\rho C$ 인데, 이를 열확산율[Thermal diffusivity]이라고 한다. 이는 재료의 열저장 능력(ρC)에 비해 열전도 속도(k)가 얼마나 빠른지를 나타내는 척도이다. 예를 들어, 은[Silver]과 물을 비교해 보자. 은은 열저장 능력이 적고 열전도 속도는 매우 빠르다. 반면에 물은 열저장 능력은 크지만 열전도 속도는 느리다. 따라서 은이 물보다 더 큰 α값을 갖게 된다.

이제는 이 2계 상미분방정식을 쉽게 풀 수 있는 실마리를 찾아야 한다. 바로 정상상태라는 단서에 그 실마리가 있다. 앞에서 말했듯이 정상상태라는 것은 시간이 변해도 온도가 일정하게 유지된다는 의미이다. 이를 수학적으로는 $dT/dt=0$와 같이 표현할 수 있다. 그러므로 방금 전의 2계 상미분방정식의 오른쪽 항이 0이 되어 결국 매우 심플한 형태로 되었다.

$$\frac{d^2T}{dx^2}=0$$

이를 적분해 보자.

$$\int\frac{d^2T}{dx^2}=\int d\left(\frac{dT}{dx}\right)=\frac{dT}{dx}=c_1$$

이를 한 번 더 적분해 보자.

$$\int dT=\int c_1dx \quad \therefore T_{(x)}=c_1x+c_2$$

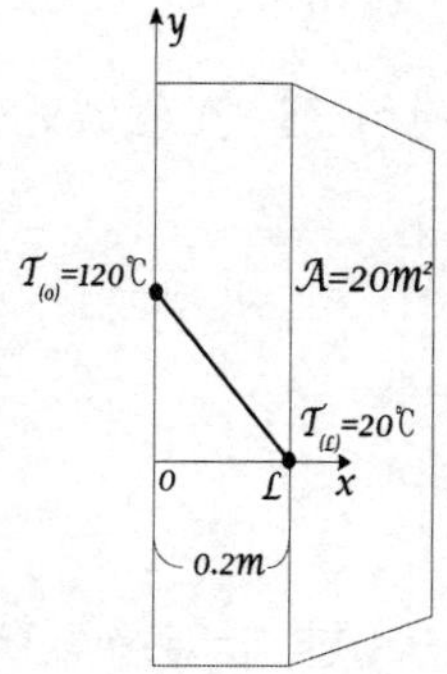

이제는 이 일반해의 상수 c_1, c_2 값을 결정하자. 이 상수 값들을 결정하는 데는 어떤 조건이 있어야만 한다. 이 조건을 보통 '경계조건Boundary condition'이라고 한다. 여기에는 가마 벽 양쪽 끝의 온도, 즉 두 개의 온도경계조건이 주어져 있다. 이 조건들을 이용해 적분 상수들을 구하자.

$$T_{(x)} = c_1 x + c_2$$

$$T_{(0)} = c_1 \times 0 + c_2, \quad \therefore c_2 = T_{(0)}$$

$$T_{(L)} = c_1 \times L + T_{(0)}, \quad \therefore c_1 = \frac{T_{(L)} - T_{(0)}}{L}$$

이렇게 해서 상수 c_1, c_2값이 결정됐다. 이 상수값들을 일반해에 대입하자.

$$\therefore T_{(x)} = \frac{T_{(L)} - T_{(0)}}{L} x + T_{(0)}$$

이 식을 온도분포식이라고 하는데 한 번 잘 봐주기 바란다. 지금까지 구한 상수 c_1은 결국 이 식의 기울기였고, 상수 c_2는 절편에 해당되는데 가마 내부 벽의 온도에 해당된다. 이 온도분포식은 수학적인 관점에서 보면 어떤 특정 조건에서 얻어진 특수해인 셈인데 일차 직선의 방정식이다. 또한 이는 청자 가마 벽의 온도가 내부에서 외부로 갈수록 점차 내려가는데, 그 형태가 직선을 그리며 내려간다는 것을 암시하고 있다.

이번에는 온도분포식에 $x = 0.1\,\text{m}$을 넣어보자. 그러면 구멍을 뚫기 전에는 도저히 잴 수 없었던 가마 벽 한가운데인 $x = 0.1\,\text{m}$ 지점의 온도가 70℃로 계산된다.

$$T_{(0.1)} = \frac{20 - 120}{0.2} \times 0.1 + 120 = 70℃$$

또한 만일 x값에 다른 위치값을 집어넣는다면 그 어느 지점의 온도라도 다 계산해 낼 수 있게 될 것이다. 게다가 방금 전에 구한 상수 c_1을 이용하면 가마 내부에서 외부로 빠져나가는 열에너지 $\dot{Q}$값도 얼마든지 계산해 낼 수 있다.

$$\begin{aligned}\dot{Q} &= -kA\frac{dT}{dx} \\ &= -kAc_1 \\ &= -(1.2\text{W/m}\,℃)\times(20\,\text{m}^2)\times\frac{20℃-120℃}{0.2\,\text{m}} \\ &= 12{,}000\text{W} \\ &= 12\,\text{kW}\end{aligned}$$

이는 가마에서 12kW 만큼씩 열에너지가 계속 빠져나간다는 의미이다. 달리 말하자면 가마가 식지 않고 120℃를 계속 유지하기 위해서는 아궁이에 나무를 계속 집어넣어 12kW 라는 열에너지를 공급해줘야 한다는 것이다. 그런데 12kW 는 어느 정도일까? 이는 백열등 30W짜리 400개를 켜놓았을 때의 소비 전력과 맞먹는 열용량이다.

제 16 장

전기수학

내가
오랫동안
이렇게
귀양살이
살면서
너희에게
남겨 줄
재산이 없다

茶山 정약용

전기회로

전기를 어느 정도 알고 배를 타면 선임 기관사관들로부터 유능하다는 칭찬을 많이 듣게 된다. 칭찬은 고래도 춤추게 하듯이 힘들고 어려운 일도 그다지 힘든지 모르고 하게 한다. 대학 졸업 후 취직하여 배를 처음 딱 타게 되면 겁부터 덜컥 난다. 일을 어디서부터 어떻게 해야 할지 모르겠다. 피곤에 찌들고 아는 것도 별로 없어 그냥 어느 구석에 들어가 잠시 푹 주저앉아 있고 싶다. 그 때 지나가는 선배 사관들로부터 고함 대신, 작은 격려와 칭찬이 어찌 그리 힘이 되던지…. 그러니 여러분들도 후배 사관들이 배에 처음 올라오게 되면 칭찬을 많이 해주기 바란다. 그것이 바로 일의 능률을 높이는 지름길이자 사람으로 사람을 좋아하게 만드는 가장 좋은 방법이다.

이제부터 전기를 다루겠다.

전기의 기원은 보석의 일종인 호박Amber, 琥珀에서 비롯되었다. 호박은 소나무의 송진과 같은 끈적끈적한 진액이 땅속에서 굳어져 보석처럼 딱딱해진 것이다. 그런데 기원전 6세기 경, 그리스의 탈레스가 양의 가죽으로 이 호박을 문지르다 생겨난 이 정체모를 무언가를 발견하였다. 이것이 바로 전기의 기원이 된 정전기이다. 현재 전기를 뜻하는 'electric'이라는 영단어도 호박을 뜻하는 그리스어 'electron'에서 비롯되었다.

오늘날 우리가 사용하고 있는 전기는 크게 직류전기와 교류전기로 나뉜다. 직류전기는 전류와 전압의 크기와 방향이 일정한 전기이다. 하지만 교류전기는 그 전압과 전류가 시간에 따라 그 크기와 방향이 주기적으로 변한다. 즉, 정현파인 사인곡선을 그리며 변한다. 이 두 전기에는 큰 차이가 있다. 오직 교류전기만이 위상차가 있다는 점이다. 위상차란 교류전기에서 전압과 전류 사이의 시간 차이를 말한다. 이는 앞에서 배운 두 개의 복소수 사이의 편각 차이라고 생각하면 된다. 이 위상차는 우리가 전기요금으로 지불하는 전력과도 밀접한 관계가 있다. 이렇게 교류회로에서 위상차를 일으키는 소자는 다름 아닌 바로 코일과 콘덴서이다. 저항은 위상차를 일으키지 않는다.

전압과 전류를 영문으로 표기하는 규칙도 있다. 직류전기의 경우에는 대문자(전압: V, 전류: I)로 표기하고, 교류전기의 경우에는 소문자(전압: v, 전류: i)로 표기하는 것이 일반적이다. 그러나 저항은 공통적으로 대문자 R로 표기한다. 이 세 가지 소자의 특징부터 간략히 알아보자.

1. 저항 R (Resistor, Ω)

전위차가 발생하면 전하가 전기회로 내를 흐르게 되는데 이러한 전하의 흐름을 전류라 한다. 이 전하의 흐름을 방해하는 소자가 바로 저항이다. 또한 이러한 저항의 성질을 레지스턴스[Resistance]라 하고, 그 크기는 옴(Ω)이라는 단위를 사용해서 나타낸다. 우리 일상에서 전기히터와 전등 등에서 전기가 열이나 빛으로 변환되는 것을 볼 수 있다. 물론 이런 것들도 전류의 흐름을 방해하는 저항의 일종이지만 별칭으로 부하[Load]라고 부른다.

2. 코일 L (Coil 혹은 Inductor, H)

코일은 전선을 돌돌 감아서 만든 것이다. 코일의 기호는 코일[Coil] 혹은 인덕터

Inductor 의 머리글자인 C 또는 I가 아닌 전기와 자기의 결합을 뜻하는 링키지 Linkage 의 머리글자를 따서 L자로 표기한다. 그냥 전선은 전기적 성질만 가지지만 그것을 돌돌 말아 코일로 만들면 자기적 성질이 추가되기 때문에 이 단어가 쓰여진 것이다. 즉 코일 혹은 인덕터에 흐르는 전류 형태의 전기적 신호 흐름을 자기장 형태로 저장하는 역할을 한다는 것이다. 이러한 성질을 인덕턴스 Inductance 라 하고 그 단위로는 헨리(H)를 쓴다. 이러한 인덕터의 성질 때문에 교류회로에서는 전류가 전압보다 느려지는 현상이 발생한다. 우리는 흔히 이를 위상차가 난다고 말한다. 하지만 직류회로에서는 아무리 긴 코일이 있을지라도 이런 현상은 발생하지 않는다. 또한 코일은 교류회로에서 전류의 흐름을 방해하는 저항과 같은 역할을 하는 매우 독특한 특징을 가지고 있다. 이런 저항과 같은 성질을 유도 리액턴스 Reactance 라고 하고 그 기호로는 X_L로 표기하며, 그 단위 역시 옴(Ω)을 쓴다. 여기서 사용된 리액턴스는 반작용 Reaction 혹은 방해라는 뜻을 가진 영단어이다.

3. 콘덴서 C (Condenser 혹은 Capacitor, F)

콘덴서 또는 커패시터는 양 극판 사이에 절연물질이 채워져 있는 구조로 되어 있다. 커패시터는 신호의 흐름을 전기적으로 저장하는 성질을 가지고 있다. 이러한 성질을 커패시턴스 Capacitance 라 하고 그 단위로는 패럿(F)을 사용한다.

콘덴서는 전기가 직류냐 교류냐에 따라 그 역할이 매우 다르다. 직류전기회로에서는 전압이 가해지면 전하가 흐르면서 콘덴서가 충전되기 시작한다. 이에 전류가 흐르고 전압도 시간이 지남에 따라 점점 높아진다. 하지만 전하가 다 충전되어 전압이 더 이상 오르지 않으면 회로 내에 전류도 흐르지 않게 된다. 이와는 달리 교류회로에서는 콘덴서가 있더라도 전류의 흐름이 주기적으로 바뀌기 때문에 전류는 회로 내를 계속 흐를 수 있게 된다. 이는 교류의 주기적 변화 성질로 인해 콘덴서에서 전하의 충전과 방전이 계속 반복되기 때문이다. 하지만 이 충방

전 성질로 인해 교류회로에서는 전압이 전류보다 항상 위상이 늦어지는 현상이 발생하게 된다. 이와 같이 콘덴서는 교류에서 저항과 같은 역할을 하는데 이러한 성질을 용량 리액턴스 X_C라 하고 그 단위로 옴(Ω)을 사용한다.

또한 전기회로를 이해하기 위해서는 몇 가지 기본 전기지식을 알고 있어야 한다.

첫째, 키르히호프[Kirchhoff] 제1법칙이다.

이 법칙은 전류보존의 법칙이다.

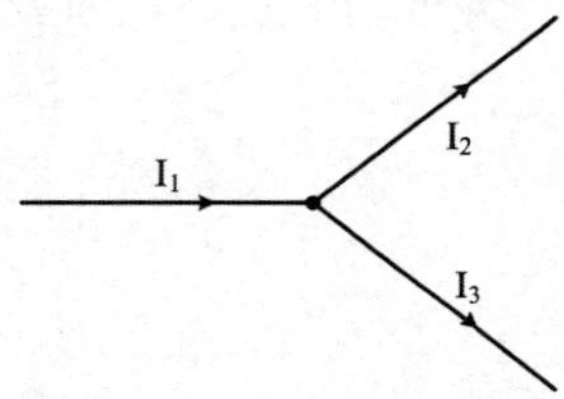

마치 물리학의 질량보존의 법칙과 유체역학에서 말하는 흐르는 유체에 대한 질량보존의 법칙인 연속의 방정식과 같다고 보면 된다. 즉, 전기회로 상에서 어느 지점으로 흘러 들어온 전류와 흘러 나가는 전류의 합은 같다는 것이다.

$$I_1 = I_2 + I_3$$

둘째, 키르히호프 제2법칙이다.

이 법칙은 전압보존의 법칙이다.

$$V(t) = V_1 + V_2 + V_3$$

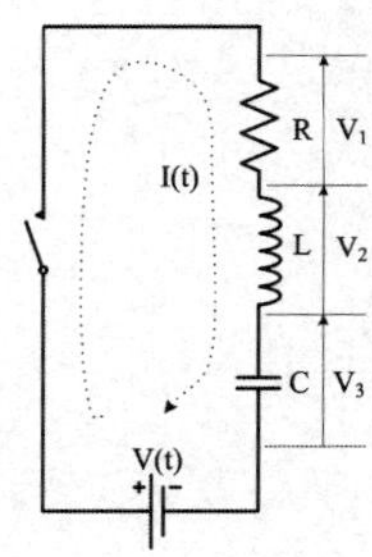

이 키르히호프 제2법칙을 저항 R과 코일 L 및 콘덴서 C로 이뤄진 직류직렬회로에 적용해보자. 각 소자에서의 전압강하 V_1, V_2, V_3는 아래와 같다.

$$V_1 = RI(t),\ \ V_2 = L\frac{d}{dt}I(t),\ \ V_3 = \frac{1}{C}\int_0^t I(t)dt$$

따라서 이 세 개의 소자들에서 발생하는 전압강하의 총합은 공급된 전압 $V(t)$와 같아야만 할 것이다.

$$V(t) = RI(t) + L\frac{d}{dt}I(t) + \frac{1}{C}\int_0^t I(t)dt$$

셋째, 시간 t에 대한 전하량 Q의 변화율은 전류이다.

$$I(t) = \frac{dQ}{dt}$$

직류 전기회로

직류 RL 회로

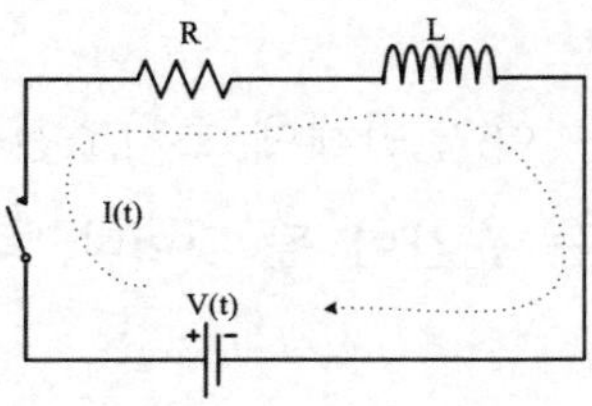

먼저 직류 전기회로에 대해 살펴보도록 하자. 직류 회로에 저항 R과 코일 L이 직렬로 연결된 회로를 직류 RL회로라고 한다. 만일 전원 스위치를 닫으면 회로 내에 직류 전기가 흐를 텐데, 이 때 흐르는 직류전류 $I(t)$는 어떻게 변하는지 알아보자. 먼저 이 직류 전기회로에 전압보존의 법칙인 키르히호프 제2법칙을 적용해 보자.

$$V(t) = RI(t) + L\frac{d}{dt}I(t)$$

그 다음 이 식의 양변을 L로 나누자.

그러면 $y' + P(x)y = R(x)$과 같은 형태의 1계 비동차 선형 상미분방정식이 얻어질 것이다.

$$\frac{d}{dt}I(t) + \frac{R}{L}I(t) = \frac{1}{L}V(t)$$

이제부터는 식이 보기에 편하도록 시간의 함수인 직류전류 $I(t)$와 직류전압 $V(t)$를 간략히 I와 V로 표기하겠다. 이 미분방정식의 일반해를 구해보자.

$$I=e^{-\int \frac{R}{L}dt}\left[\int e^{\int \frac{R}{L}dt}\frac{V}{L}dt+c\right]$$

$$=e^{-\frac{R}{L}t}\left[\int e^{\frac{R}{L}t}\frac{V}{L}dt+c\right]$$

$$=ce^{-\frac{R}{L}t}+e^{-\frac{R}{L}t}\left[\frac{V}{L}\cdot\frac{L}{R}e^{\frac{R}{L}t}\right]$$

$$=ce^{-\frac{R}{L}t}+\frac{V}{R}$$

이 일반해에 초기조건을 넣어 적분 상수 c를 구하자. 초기조건은 스위치를 닫는 순간이 될 것이다. 즉 $t=0$일 때 $I=0$이 된다.

$$I=0$$

$$=ce^{-\frac{R}{L}\cdot 0}+\frac{V}{R}$$

$$\therefore c=-\frac{V}{R}$$

이제 특수해, 즉 전류의 변화를 얻을 수 있게 되었다.

$$I=-\frac{V}{R}e^{-\frac{R}{L}t}+\frac{V}{R}$$

$$=\frac{V}{R}\left(1-e^{-\frac{R}{L}t}\right)$$

이 결과를 그림으로 그려보자. 직류전류가 급격히 변하지 않고 원만한 곡선을 그리는 과도구간을 거쳐 정상상태에 도달한다. 이런 현상을 과도현상이라 하는데, 직류회로 내에 코일이 들어갔기 때문에 발생한 것이다. 조그만 한 코일을 풀어 길게 늘어뜨려 보자. 실처럼 가느다란 전선이 엄청 나올 것이다. 이렇게 엄청난 길이의 전선이 감겨 있는 코일을 전류가 지나가려면 시간이 좀 걸리지 않겠는가. 마치 긴 터널을 지나려면 시간이 걸리듯이 말이다. 이것이 바로 직류회로에 코일이 들어가면 과도현상이 일어나는 이유이다.

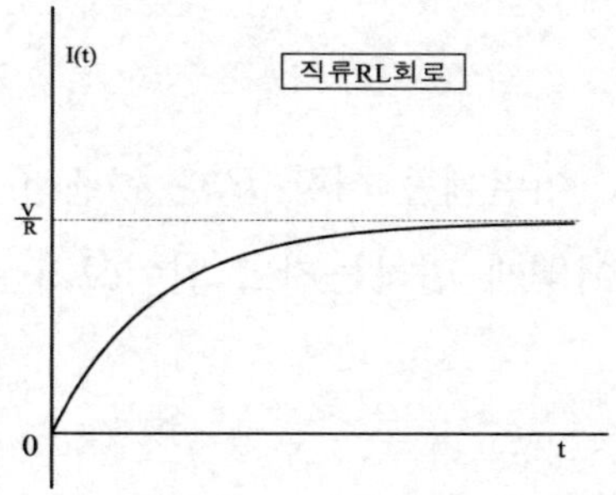

직류 RC 회로

이번에는 저항 R과 콘덴서 C가 직렬로 연결된 직류 RC회로에서 전류 I가 어떻게 변하는지도 알아보자. 먼저 이 전기회로를 수식으로 나타내 보자.

$$RI+\frac{1}{C}\int_0^t I dt=V$$

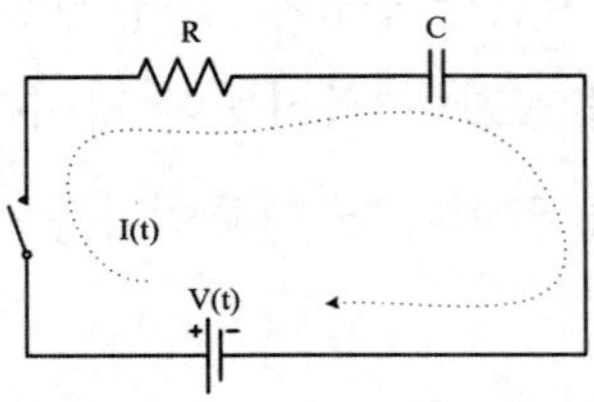

그리고 약간 생각을 달리하자. 이 식에서 전류를 전하에 대한 식($I=dQ/dt$)으로 일단 바꿔보자.

$$R\frac{dQ}{dt}+\frac{1}{C}\int\frac{dQ}{dt}dt=V$$

$$\therefore\frac{dQ}{dt}+\frac{1}{RC}Q=\frac{V}{R}$$

이렇게 하니 식에 포함된 적분이 쉽게 풀리고, 게다가 전하량 Q에 대한 1계 비동차 상미분방정식도 얻어졌다. 이제 이런 미분방정식의 일반해 정도는 쉽게 구할 수 있는 실력이 갖춰져 있을 것이다.

$$Q = e^{-\int \frac{1}{RC}dt}\left[\int\left(e^{\int \frac{1}{RC}dt} \times \frac{V}{R}\right)dt + c\right]$$

$$= ce^{-\frac{1}{RC}t} + e^{-\frac{1}{RC}t}\left[\frac{V}{R} \times RCe^{\frac{1}{RC}t}\right]$$

$$= ce^{-\frac{1}{RC}t} + VC$$

여기에 초기조건 $t=0$, $Q=0$을 넣어보자. 그러면 전하량 Q에 대한 특수해가 구해진다.

$$Q = ce^{-\frac{1}{RC}\cdot 0} + VC = 0$$

$$\therefore c = -VC$$

$$\therefore Q = -VCe^{-\frac{1}{RC}t} + VC$$

$$= VC\left(1 - e^{-\frac{1}{RC}t}\right)$$

이 전하량에 대한 식을 다시 시간으로 미분하자. 그러면 원하던 직류전류 I 값이 구해진다.

$$I = \frac{dQ}{dt}$$

$$= VC \times \frac{1}{RC} \times e^{-\frac{1}{RC}t}$$

$$= \frac{V}{R} \times e^{-\frac{1}{RC}t}$$

이 결과도 그림으로 그려보자. 직류전류의 흐름이 원만하게 감소하다가 결국 아예 흐르지 못한다. 이러한 과도적 현상은 직류 전기회로에 콘덴서가 있기 때문에 발생한 것이다. 회로에 전원이 공급되자마자 콘덴서에 전하가 충전되기 시작하면서 전류도 동시에 흐르게 된다. 그러나 시간이 지나면서 콘덴서에 전하가 가득 채워져 전하의 흐름이 그만 멈추게 된다. 이에 따라 전류도 당연히 더 이상 흐르지 않게 되는 것이다. 이와 같은 심오한 전기적 특성을 짤막한 한 줄의 미분방정식이 담고 있는 것이다.

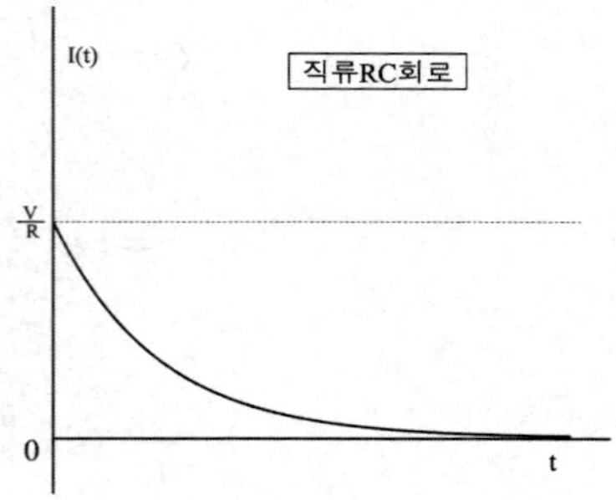

바다와 수학

교류 전기회로

교류 *RL* 회로

이제 앞에서 저항과 코일로 구성했던 직류 RL회로의 전원을 단지 교류전원으로 바꿔보자. 이럴 경우 교류전류 $i(t)$는 어떻게 변할까? 이 교류회로에 대한 미분방정식을 쓰되 교류이므로 소문자로 표기하자. 단 저항은 직류와 교류의 구분이 없으므로 대문자로 쓴다.

$$L\frac{d}{dt}i(t)+Ri(t)=v(t)$$

또한 시간의 함수인 교류전류 $i(t)$와 교류전압 $v(t)$를 여기서부터는 간략히 i와 v로 표기하자.

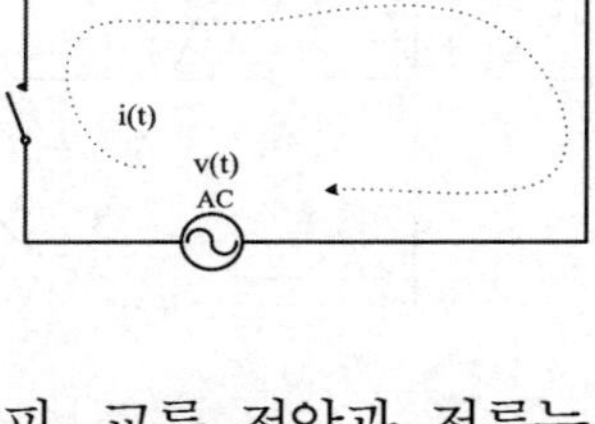

그런데 우리가 잘 알다시피, 교류 전압과 전류는 그 파형이 정현파[正弦波]이고 그 주기도 반복된다. 이런 특징은 주어진 교류회로에 대한 미분방정식의 해가

사인파[sin] 형태가 될 것임을 충분히 가늠케 한다. 그런데 미분방정식에 사인파와 같은 삼각함수가 들어 있으면 그 해를 구하기가 좀 까다롭다. 이런 점이 수학을 어렵고 싫증나게 하는, 그래서 결국 수학을 멀리하게 하는 원인이 된다. 그럼 다른 돌파구라도 있나? 매우 중요한 질문이다. 그 답을 곰곰이 생각해 보라. 있다. 허수세계로 들어가야 한다. 그렇다. 허수 세계로 들어가면 삼각함수가 지수함수로 바뀐다. 이것이 가능한 공식이 바로 오일러 공식인 것이다. 오일러 공식에서는 삼각함수와 지수함수가 서로의 경계를 맘대로 넘나들지 않았던가. 자, 이제 떠나자. 오일러 공식으로 교류전기를 쉽게 다룰 수 있는 그 곳으로 말이다.

교류전기의 전압과 전류는 시간에 따라 그 방향이 주기적으로 바뀌는 사인 곡선을 그린다. 하지만 그 크기인 진폭은 변하지 않는다. 그 크기를 1이라고 하자. 이는 결국 반지름이 1인 원을 그린다는 말인데 이 원을 단위원이라고 한다. 이 단위원을 교류 전압 또는 전류가 1초 동안 오직 한 바퀴 돌았다고 치자. 그러면 360°를 회전한 것이고 거리로는 2π 라디안을 움직인 셈이다. 이를 통해 라디안[Radian]은 원호길이와 각도를 동시에 나타내는 단위임을 알 수 있다. 그러면 교류전기의 회전속도는 어떻게 되는가? 속도는 단위 시간당 움직인 거리이므로 2π (rad/sec)가 된다.

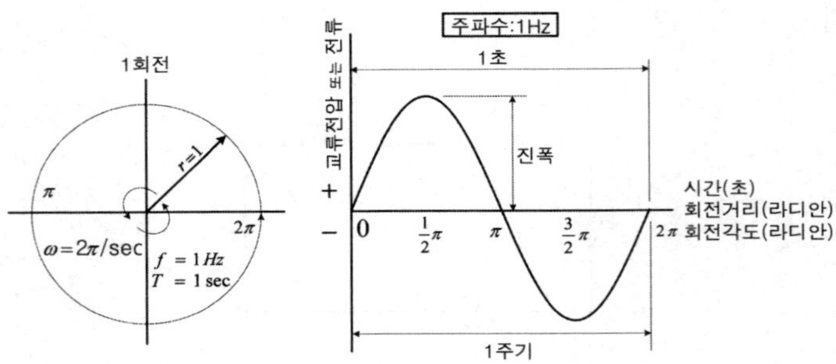

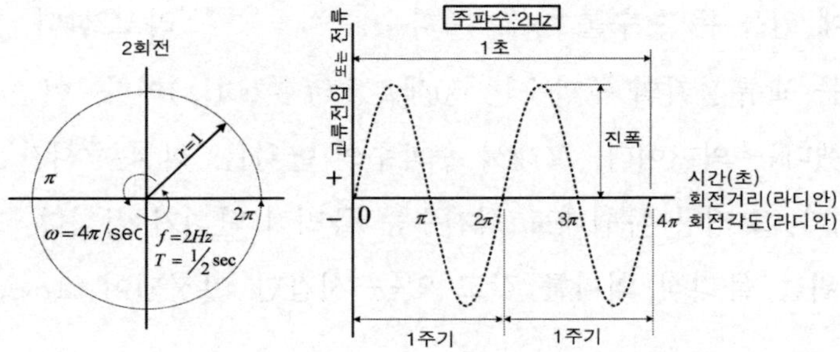

이번에는 1초 동안에 단위원을 두 바퀴 돌아 4π라디안을 움직였다고 하자. 이는 720°회전한 것이고 회전속도는 4π(rad/sec)가 된다. 이 두 개의 속도는 원운동에 대한 속도이므로 일반적인 속도 기호 'v' 대신에 'ω'라는 기호를 써서 차별화 하자. 당연히 ω(오메가)의 단위는 'rad/sec'이다. 이를 '단위시간 당 각도의 변화율'이라고도 풀어 말할 수 있을 것이다. 이 오메가(ω)를 짧게 그냥 '각속도' 라고 부르자.

그런데 왜 예로부터 길이의 단위인 라디안을 각도의 단위로도 사용한 것일까. 잘 알다시피, 물체의 움직임과 같은 운동 현상을 속도로 많이 표시한다. 속도는 거리와 시간의 비(속도=거리/시간)이다. 이 속도에 시간을 곱해 보라. 운동거리가 바로 나온다. 이와 마찬가지로 원 위를 움직인 거리를 알려면 원운동에서도 속도의 개념이 필요했다. 이 원운동 속도 ω에 시간을 곱해 보라. 그러면 원 위에서 움직인 거리(rad)는 물론 회전각도(°)까지도 얻을 수 있다. 일석이조(一石二鳥)가 아닌가. 이러니 원에 관련된 모든 것을 다루는 데는 라디안만큼 좋은 것이 없었을 것이다.

길거리를 지나가다 우연히 누군가와 눈이 마주쳤는데, 주파수가 통하면 첫 눈에 반한다. 이처럼 우리 일상에서도 주파수라는 말이 흔히 쓰이고 있는데, 실은 전기에서 주로 쓰는 말이다. 의미는 좀 다르긴 해도 운동장을 한 바퀴 돌고 들어와 결승점 테이프를 끊는데 걸리는 시간을 '주파(走破) 시간'이라고 하듯, 교류전기가 1초 동안에 원을 돈 횟수를 바로 '주파수[周波數, Frequency]'라고 한다. 현재 집에서 사용하고 있는 교류전기의 주파수는 60헤르츠($f=60\text{Hz}$)이다. 이는 1초에 원을 60바퀴 회전했다는 의미이다. 그래서 주파수의 단위를 '회전수/시간'으로 나타내고 싶을 것이다. 그러나 아쉽게도 회전수는 물리적 단위가 아니다. 그래서 결국 주파수의 단위는 물리적 의미를 갖고 있는 시간만 인정되어 '1/sec'가 된다.

아직도 각속도와 주파수에 대한 개념이 확실치 않은가? 그러면 그 개념들이 또렷해질 수 있도록 도와주겠다. 교류전기가 반경이 1인 단위원을 1초에 60번 돈다고 하자. 이 때의 원운동 거리와 회전속도인 각속도 ω는 어떻게 되겠는가? 먼저 원운동 거리부터 구해보자.

$$\begin{aligned}\text{원운동거리} &= 120\pi \\ &= 2\pi\times 60 \\ &= \text{단위원1회전 거리}\times\text{회전수(주파수)}\end{aligned}$$

이렇게 얻어진 120π는 1초 동안에 움직인 거리이므로 그 각속도가 바로 구해진다.

$$\begin{aligned}\text{각속도}(\omega) &= 120\pi/s \\ &= \text{원운동거리/시간}\end{aligned}$$

그런데 여기서 중요한 사실이 또 하나 발견되었다. 각속도 ω를 면밀히 살펴보라. 각속도 ω는 '단위원 1회전 거리 2π와 1초 동안 단위원을 회전한 수, 즉 주파수 f를 곱한 꼴'이다.

$$\omega = 2\pi f$$

이러니 각속도를 '각주파수[Angular frequency]'라고 부르기도 한다. 그리고 1초 동안에 단위원을 60바퀴 돈 것이 바로 주파수 $f = 60\text{Hz}$인데, 그럼 단위원을 한 바퀴 도는 데는 과연 몇 초가 걸리겠는가. 당연히 $\frac{1}{60}$이라고 답할 것이다. 이는 주파수의 역수이다. 이를 주기[Period]라 하고 기호로는 일반적으로 T를 쓴다. 또한 주기가 주파수의 역수이므로 T의 단위는 당연히 초(sec)가 될 것이다.

이제 새로 등장한 주기 T를 주파수와 함께 표시해 보자.

$$T = \frac{1}{f}$$

이 식을 각속도 혹은 각주파수인 ω와 연관시키자.

$$\omega = 2\pi f = 2\pi \frac{1}{T}$$

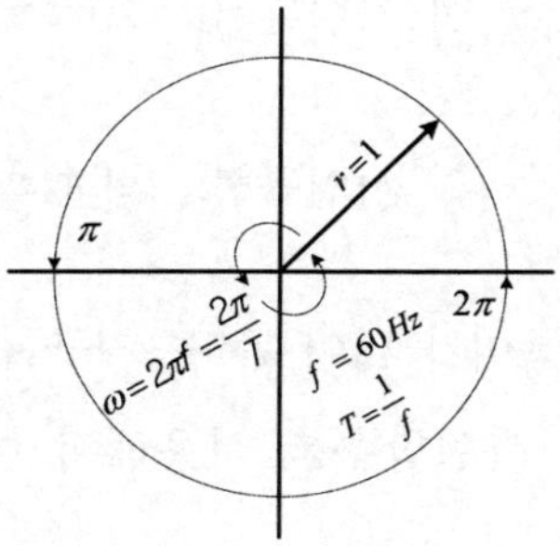

또한 단위원을 1초 동안에 한 바퀴 돈 교류전압의 각속도를 ω_1, 두 바퀴 돈 것은 ω_2라고 하자. 이들이 10초 동안 움직인 거리는 각각 얼마나 될까? 각속도에 시간을 곱하면 얻어질 것이다. 그 움직인 거리는 각각 20π와 40π가 된다.

$$x_1 = \omega_1 \times t$$
$$= 2\pi(rad/\text{sec}) \times 10(\text{sec})$$
$$= 20\pi$$

$$x_2 = \omega_2 \times t$$
$$= 4\pi(rad/\text{sec}) \times 10(\text{sec})$$
$$= 40\pi$$

그러면 각각 움직인 거리 x위치에서의 y값, 즉 전압도 얻어진다. 이것을 한 쌍의 좌표로 표시해 보자.

$$(x_1, y_1) = [\omega_1 t, v_1(t)]$$

$$(x_2, y_2) = [\omega_2 t, v_2(t)]$$

여기서 전압 $v_1(t)$과 $v_2(t)$는 실수 값이자 임의의 순간에서의 전압으로서 순간 전압이라고 한다. 약간 더 구체적으로 10초 후의 x위치와 그 때의 전압을 표기해 보자.

$$\text{각속도 } \omega_1\text{인 사인곡선: } [20\pi, v_1(10)]$$

$$\text{각속도 } \omega_2\text{인 사인곡선: } [40\pi, v_2(10)]$$

하지만 이렇게 길게 쓰면 종이가 많이 든다. 지구를 보호하자. 심플하게 표기하자. 크기가 1인 교류전압을 사인함수를 사용해서 이렇게 말이다.

$$y = \sin(x)$$
$$\therefore v(t) = \sin(\omega t)$$

그런데 전압은 1볼트만 있는 것이 아니라 155.6볼트, 311.1볼트 등 다양하다.

그러므로 다양한 크기의 교류전압을 나타낼 수 있는 수학적 표현도 추가되면 더 좋을 것 같다.

$$v(t)= V_m \sin(\omega t)$$

여기서 V_m은 최대전압이다. 아래첨자 m은 '최대'를 뜻하는 영문자 'maximum'의 머리글자이다. 그런데 우리가 가정에서 사용하고 있는 교류전압 110볼트 혹은 220볼트는 유효전압(V_e)이다. 가정에서 쓰고 있는 이 유효전압과 방금 전의 최대전압을 서로 연결시켜 보자.

$$V_m = \sqrt{2}\, V_e$$

그러니 우리 가정에 공급되는 110볼트 혹은 220볼트인 유효전압의 최대전압은 155.6볼트($= \sqrt{2} \times 110$)와 311.1볼트($= \sqrt{2} \times 220$)이다. 또한 유효전압 220볼트는 직류전압 220볼트가 임의의 저항에 가해졌을 때 발생하는 열량과 똑같은 열량을 발생시키는 교류전압을 뜻한다.

이제 교류전류도 수학적으로 묘사해 보자. 교류전류 역시 교류전압과 마찬가지로 사인곡선을 그린다. 그러니 전압과 같은 형태의 수식으로 표현될 것은 자명하다. 그런데 교류전기는 직류와 달리 회로에 코일이나 콘덴서가 들어가면 전압과 전류 간에 위상차가 발생하게 된다. 즉, 교류전압 혹은 교류전류 둘 중에 어느 것이 앞서고 뒤서는지를 나타내 줄 필요가 있다는 얘기다. 이 위상차는 우리가 사용하고 있는 다양한 전기전자 제품의 에너지 효율에도 밀접한 관계가 있다. 이제 위상까지 고려한 교류전류를 수학적으로 묘사해 보자.

$$i(t) = I_m \sin(\omega t + \varphi)$$

여기서도 마찬가지로 I_m은 최대 전류를 의미한다. 괄호안의 φ는 위상각을 뜻하는데 전류가 전압보다 위상이 앞서면 $+\varphi$가 되고 그 반대이면 $-\varphi$가 된다.

이렇게 해서 교류전압과 교류전류를 수학적으로 묘사해 보았다. 그런데 전기라는 것 그 자체도 어려운 것인데 이 교류전기는 삼각함수로 묘사돼 있어서 마치 설상가상雪上加霜 형국이다. 그런데 오일러 공식이 여기서 우리를 구출해 줄 것이다! 알고 보면 오일러 공식이야말로 전기수학의 핵심이라는 생각이 들 것이다. 일단 삼각함수 형태의 교류전압식과 오일러 공식을 한 눈에 봐보자.

$$v(t) = V_m \sin(\omega t)$$

$$e^{i\theta} = (\cos\theta + i\sin\theta)$$

어느 부분이 서로 일치하는가. 그렇다. 오일러 공식의 허수부분인 사인함수가 일치한다. 바로 요것이다! 요것에 허수를 곱해 보자. 교류전압이 실수의 세계에서 허수의 세계로 옮겨간다. 그런데 오일러가 처음 쓴 허수 기호 'i'가 교류전기의 전류 기호 i와 똑같으니, 허수 기호를 'j'로 살짝 바꿔 쓰자.

$$v(t) = j V_m \sin(\omega t)$$

이제 여기에 $V_m \cos \omega t$도 덧붙이자. 이렇게 말이다.

$$v(t)_z = V_m \cos(\omega t) + j V_m \sin(\omega t)$$

교류전압식이 감쪽같이 실수의 세계에서 순허수의 세계로, 그리고 마침내 이렇게 복소수 세계로 완벽히 넘어왔다. 이제 당당히 교류전압이 복소수가 되었음을 천하에 널리 알리자. 복소수를 상징하는 문자 z를 아래첨자로 넣어 이렇게 '$v(t)_z$'로 표기해서 말이다. 아니 그런데, 교류전압식에 없었던 '$V_m \cos \omega t$'를 마음대로 끼워 넣어도 수학적으로 문제는 없는 것인가. 난 모르겠다. 그 답은 유능한 수학자들이 해 줄 것이다. 우리가 원하는 교류전압에 대한 정보만 얻을 수 있다면 어쩌든 아무 상관없다. 그 유익한 정보는 허수부의 $V_m \sin(\omega t)$에 다 들어 있다. 그러니 모든 계산이 끝난 후 허수부만 추출해 내면 우리의 목적은 달성된다. 드디어 교류전압과 오일러 공식이 만났다.

$$\begin{aligned} v(t)_z &= V_m \cos(\omega t) + j V_m \sin(\omega t) \\ &= V_m e^{j\omega t} \end{aligned}$$

이렇다면 교류전류 역시도 오일러 공식과 합류할 수 있을 것 같다.

$$\begin{aligned} i(t)_z &= I_m \cos(\omega t + \varphi) + j I_m \sin(\omega t + \varphi) \\ &= I_m e^{j(\omega t + \varphi)} \end{aligned}$$

이렇게 고생스럽게 오일러 공식을 통해 얻은 복소지수함수 형태의 교류전압 $v(t)_z$와 교류전류 $i(t)_z$를 앞에서 세운 교류 RL회로에 대한 미분방정식에 넣자. 그럼 우리가 복소수 미분까지 손대게 되는 셈이다. 어느새 여기까지 왔다.

$$L\frac{d}{dt} i(t)_z + R i(t)_z = v(t)_z$$

좀 수식이 복잡하게 보인다. 그러니 이제부터 수식에서 '(t)' 부분을 생략하겠다. 먼저 i_z를 미분하자.

$$\frac{d}{dt}\left(I_m e^{j(\omega t+\varphi)}\right)$$

이것을 미분할 자신이 있는가? 쉬운 미분이다. 미분하면 도로 자신이 되는 미분에 불과하다. 바로 이런 이유 때문에 삼각함수 형태의 교류전압을 오일러 공식을 이용해 지수함수 형태로 바꾼 것이다. 더욱이 여기서 I_m은 최대전류로서 상수이고 $e^{j\varphi}$는 시간과 무관해 둘 다 모두 미분기호 밖으로 탈출할 수 있다. 결국엔 $e^{j\omega t}$만 미분하면 되는 셈이다.

$$\begin{aligned}\frac{d}{dt}\left(I_m e^{j(\omega t+\varphi)}\right) &= I_m e^{j\varphi}\frac{d}{dt}\left(e^{j\omega t}\right)\\ &= I_m e^{j\varphi}\left(j\omega e^{j\omega t}\right)\\ &= j\omega\left(I_m e^{j\omega t}e^{j\varphi}\right)\end{aligned}$$

아니 그런데 괄호 안은 미분하기 전 자신의 본래 모습이 아닌가! 이걸 이용하자. 그럼 최종 미분결과가 엄청 간단해진다.

$$\frac{d}{dt}\left(I_m e^{j(\omega t+\varphi)}\right)=j\omega\times i_z$$

이것을 방금 전의 미분방정식에 다시 넣자. 이야, 정말 심플하다.

$$j\omega L i_z + R i_z = v_z$$

이를 전류 i_z에 대한 식으로 만들자.

$$i_z = \frac{1}{(R+j\omega L)} v_z$$

이것으로 교류전류가 완벽히 구해진 것은 아니다. 수고를 조금 더 해야 한다. 허수부에서 우리가 원하는 정보를 추출하는 작업이 아직 남아 있다. 이 작업은 베셀의 놀라운 발상인 복소수의 나눗셈 성질을 이용하면 성공적으로 달성된다. '두 복소수 나눗셈의 절대값은 각각의 절대값의 나눗셈과 같고, 각도는 분자의 각도에서 분모의 각도를 뺀 것과 같다.' 이 식의 분모 항과 분자 항이 모두 복소수이다. 그러니 복소수 나눗셈의 절대값, 즉 교류전류의 크기 $|i_z|$를 쉽게 구할 수 있다.

$$\begin{aligned} |i_z| &= \left| \frac{v_z}{(R+j\omega L)} \right| \\ &= \frac{|v_z|}{|R+j\omega L|} \end{aligned}$$

여기서 분자 항의 교류전압에 대한 크기는 최대전압 V_m과 같다. 그리고 분모 항에 있는 복소수의 크기를 피타고라스정리를 이용하면 $|R+j\omega L| = \sqrt{R^2+(\omega L)^2}$이 얻어진다. 이것들을 넣어보자.

$$\begin{aligned} |i_z| &= \frac{|v_z|}{|R+j\omega L|} \\ &= \frac{V_m}{\sqrt{R^2+(\omega L)^2}} \end{aligned}$$

이번에는 교류전류의 편각 φ를 구해보자. 이 편각은 교류전류와 교류전압 간의 위상차 또는 위상각이기도 하다. 베셀의 말대로 이 편각은 분자의 각도에서 분모의 각도를 빼면 얻을 수 있다.

$$\begin{aligned}\varphi &= \angle i_z \\ &= \angle\left(\frac{v_z}{R+j\omega L}\right) \\ &= \angle v_z - \angle(R+j\omega L)\end{aligned}$$

여기서 분자 항에 있는 교류전압 v_z를 복소지수함수 형태로 나타내 보자.

$$v_z = V_m e^{j\omega t} = V_m e^{j\omega t+0}$$

그런데 지수 부분의 위상각 $\varphi = 0$이다. 즉 교류전압의 편각은 $\angle v_z = 0$이다. 왜 이렇게 되었느냐면, 여기서는 교류전압의 위상각을 0으로 기준삼고, 교류전류의 위상각을 상대적으로 정했기 때문이다. 만일 교류전류의 위상각을 기준으로 삼는다면, 교류전류의 위상각이 0이 되고 교류전압의 위상이 교류전류의 위상보다 앞서거나 뒤서게 될 것이다. 또한 분모의 편각은 $\angle(R+j\omega L) = \tan^{-1}(\omega L/R)$이 된다. 왜 이렇게 되는지 모르겠다면, 다시 앞으로 되돌아가서 복소수에 대한 내용을 살펴봐야 할 것이다. 결국 이렇게 해서 두 복소수의 나눗셈에 의한 편각 φ가 구해졌다.

$$\begin{aligned}\varphi &= \angle i_z \\ &= v_z - \angle(R+j\omega L) \\ &= 0 - \tan^{-1}\left(\frac{\omega L}{R}\right)\end{aligned}$$

이제 방금 구한 교류전류의 크기와 편각을 오일러 공식에 한 번 넣어 보자.

$$
\begin{aligned}
i_z &= |i_z|e^{j(\omega t+\varphi)} \\
&= |i_z|\cos(\omega t+\varphi)+j|i_z|\sin(\omega t+\varphi) \\
&= \frac{V_m}{\sqrt{R^2+(\omega L)^2}}\cos\left(\omega t-\tan^{-1}\left(\frac{\omega L}{R}\right)\right) \\
&\quad + j\frac{V_m}{\sqrt{R^2+(\omega L)^2}}\sin\left(\omega t-\tan^{-1}\left(\frac{\omega L}{R}\right)\right)
\end{aligned}
$$

드디어 허수부만 추출하면 우리가 원하는 교류 RL회로의 전류 변화를 얻을 수 있게 된다.

$$
i_z = \frac{V_m}{\sqrt{R^2+(\omega L)^2}}\sin\left(\omega t-\tan^{-1}\left(\frac{\omega L}{R}\right)\right)
$$

이 식으로부터 중요한 사실을 하나 알 수 있다. 교류회로에 코일이 있으면 전류가 전압보다 위상이 $\varphi=-\tan^{-1}(\omega L/R)$만큼 느려진다는 사실이다. 이러한 코일의 성질을 더욱 명확히 알아보기 위해, 저항은 없고 오직 코일로만 교류회로가 구성되었다고 하자. 즉, 저항 $R=0$인 때의 위상각을 구해보자.

$$
\varphi=-\tan^{-1}(\omega L/0)
$$

아크탄젠트의 분모가 0이 되어 괄호 안의 값은 무한대가 되고 만다. 무한대에 해당되는 라디안 각은 바로 $\pi/2$이다. 따라서 이런 경우의 전류에 대한 식은 아래와 같이 된다.

$$i_z = \frac{V_m}{\sqrt{R^2+(\omega L)^2}}\sin\left(\omega t - \frac{\pi}{2}\right)$$

이는 교류회로에 코일만 있을 경우에는 전류의 위상이 전압보다 π/2만큼 늦는다는 것을 의미한다.

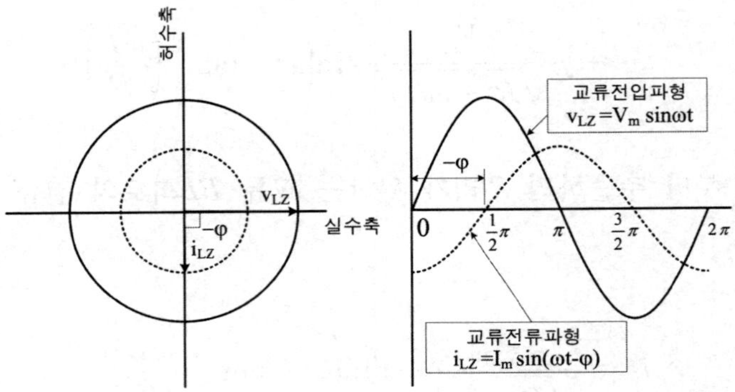

교류 RC 회로

앞에서 다룬 직류 RC회로의 전원을 교류로 바꿔보자. 그러면 다음의 식이 얻어질 것이다.

$$Ri(t)+\frac{1}{C}\int_0^t i(t)\,dt=v(t)$$

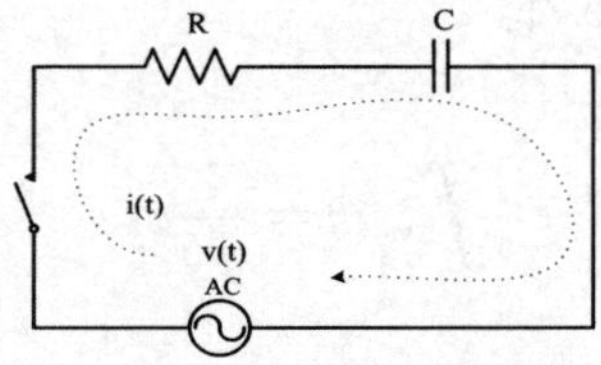

그런데 전류에 대한 적분 항이 포함되어 있다. 여기서도 마찬가지로 적분을 쉽게 하기 위해 수의 범위를 복소수로 확장해 주어진 교류 RC회로를 복소수 형태의 식으로 바꾸자.

$$Ri_z+\frac{1}{C}\int i_z\,dt=v_z$$

그리고 복소지수함수 형태의 교류전류 i_z를 적분하자.

$$\int i_z dt = \int I_m e^{j(\omega t+\varphi)} dt$$

$$= I_m e^{j\varphi} \int e^{j\omega t} dt$$

$$= I_m e^{j\varphi} \left(\frac{1}{j\omega} e^{j\omega t} \right)$$

$$= \frac{1}{j\omega} \left(I_m e^{j\varphi} e^{j\omega t} \right)$$

이 최종 결과를 정리해 보자.

$$\int i_z dt = \frac{1}{j\omega} i_z$$

그리고 이 적분 결과를 처음 주어진 식에 넣고 교류전류에 대해 정리하자.

$$Ri_z + \frac{1}{j\omega C} i_z = v_z$$

$$\therefore i_z = \frac{v_z}{R + \frac{1}{j\omega C}}$$

이 식도 역시 복소수의 나눗셈에 불과하다. 그러므로 그 크기도 쉽게 구할 수 있다.

$$|i_z| = \left| \frac{v_z}{R + \frac{1}{j\omega C}} \right|$$

$$= \frac{|j\omega C|}{\left| \left(R + \frac{1}{j\omega C} \right) \times j\omega C \right|} |v_z|$$

$$= \frac{\sqrt{0^2 + (\omega C)^2}}{\sqrt{1^2 + (\omega CR)^2}} V_m$$

$$= \frac{\omega C}{\sqrt{1 + (\omega CR)^2}} V_m$$

또한 그 편각을 구해 보자.

$$\angle i_z = \angle \left(\frac{v_z}{R + \frac{1}{j\omega C}} \right)$$

$$= \angle \left(\frac{(j\omega C) \times v_z}{1 + j\omega CR} \right)$$

$$= \angle j\omega C + \angle v_z - \angle (1 + j\omega CR)$$

여기서 $j\omega C$는 허수축 위에 놓여있다. 그래서 편각 $\angle j\omega C$는 $\pi/2$가 된다. 그리고 앞에서 설명했듯이, 교류전압의 편각 $\angle v_z$는 0이다. 마지막으로 복소수 $1 + j\omega CR$의 편각 $\theta = \tan^{-1}(\omega CR/1)$이 된다. 따라서 교류전류의 편각 φ가 얻어진다.

$$\angle i_z = \frac{\pi}{2} + 0 - \tan^{-1}(\omega CR)$$

$$\therefore \varphi = \angle i_z = \frac{\pi}{2} - \tan^{-1}(\omega CR)$$

$$= \frac{\pi}{2} - \theta$$

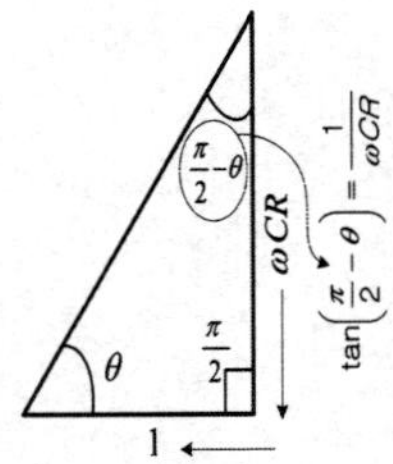

이 편각을 다음과 같이 더욱 간단히 나타낼 수도 있다.

$$\tan\varphi = \tan\left(\frac{\pi}{2} - \theta\right) = \frac{1}{\omega CR}$$
$$\therefore \varphi = \angle i_z = \tan^{-1}\left(\frac{1}{\omega CR}\right)$$

이제 i_z에 대한 크기와 편각을 오일러 공식에 넣어보자.

$$i_z = |i_z|\cos(\omega t + \varphi) + j|i_z|\sin(\omega t + \varphi)$$

$$= \frac{\omega C V_m}{\sqrt{1 + (\omega CR)^2}} \cos\left(\omega t + \tan^{-1}\left(\frac{1}{\omega CR}\right)\right)$$

$$+ j\frac{\omega C V_m}{\sqrt{1 + (\omega CR)^2}} \sin\left(\omega t + \tan^{-1}\left(\frac{1}{\omega CR}\right)\right)$$

여기서 허수부만 추출하면 교류 RC 회로의 전류변화를 구할 수 있다.

$$i_z = \frac{\omega C V_m}{\sqrt{1 + (\omega CR)^2}} \sin\left(\omega t + \tan^{-1}\left(\frac{1}{\omega CR}\right)\right)$$

여기서 만일 저항이 없이 콘덴서만 있는 교류회로라면, 어떻게 될까. 그러면 $R=0$이 되어 위상각은 $\pi/2$가 된다.

$$\varphi = \tan^{-1}\left(\frac{1}{\omega C \times 0}\right) = \frac{\pi}{2}$$

따라서 콘덴서로만 구성된 교류회로는 전류가 전압보다 위상이 $\pi/2$만큼 빠르게 된다.

$$i_z = \frac{\omega C V_m}{\sqrt{1+(\omega CR)^2}} \sin\left(\omega t + \frac{\pi}{2}\right)$$

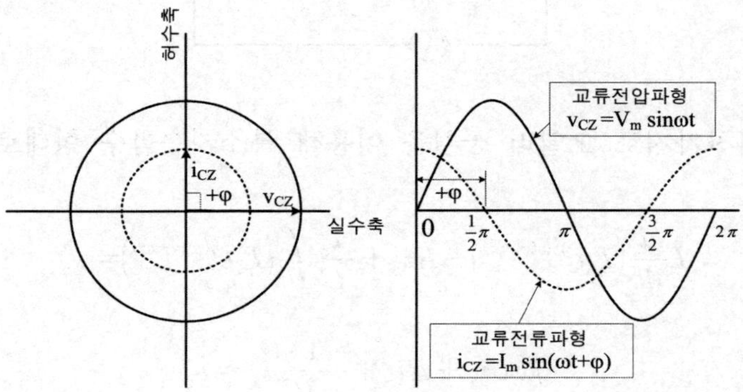

교류 RLC 회로

저항 R과 코일 L 및 콘덴서 C로 이뤄진 교류회로를 교류 RLC회로라고 한다. 이런 교류회로를 미분방정식으로 표현해 보자.

$$L\frac{d}{dt}i(t)+Ri(t)+\frac{1}{C}\int_0^t i(t)dt=v(t)$$

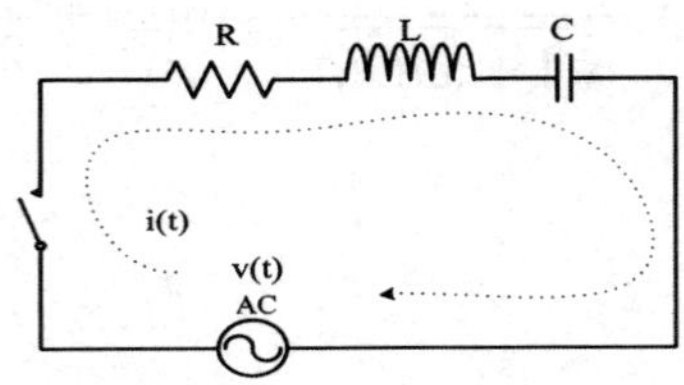

이 식도 마찬가지로 오일러 공식을 이용해 복소지수함수 형태로 바꾸자.

$$L\frac{d}{dt}\left(I_m e^{j(\omega t+\varphi)}\right)+Ri_z+\frac{1}{C}\int\left(I_m e^{j(\omega t+\varphi)}\right)=v_z$$

$$j\omega Li_z+Ri_z+\frac{1}{j\omega C}i_z=v_z$$

$$i_z=\frac{1}{R+j\omega L+\dfrac{1}{j\omega C}}v(t)_z$$

$$\therefore i_z=\frac{1}{R+j\left(\omega L-\dfrac{1}{\omega C}\right)}v(t)_z$$

그리고 이 식의 마지막 분모 항을 기호 Z로 표기하자. 이 대문자 Z를 임피던스

Impedance라 한다. 그 단위도 저항과 같이 옴(Ω)을 사용한다. 한마디로 말하자면 임피던스는 교류저항을 의미한다. 그런데 분모 항을 임피던스 Z로 단순화시키니, 어디선가 많이 본 듯한 꼴이 나온다. 직류전류에서 옴의 법칙과 똑같은 형태다.

$$\text{교류:}\ \ i(t)_z = \frac{v(t)_z}{Z},\ \ \text{직류:}\ \ I = \frac{V}{R}$$

$$\text{임피던스:}\ \ Z = R + j\left(\omega L - \frac{1}{\omega C}\right) = R + j(X_L - X_C)$$

$$\text{유도리액턴스:}\ \ X_L = \omega L$$

$$\text{용량리액턴스:}\ \ X_C = \frac{1}{\omega C}$$

직류에서는 저항하면 R뿐이지만, 교류에서는 저항 R은 물론 리액턴스도 저항으로 다룬다. 리액턴스는 코일의 유도리액턴스 X_L와 콘덴서의 용량리액턴스 X_C로 구성되는데 허수 기호 j가 붙어있다. 이것은 임피던스가 위상을 가진 저항임을 뜻한다. 그러면 오일러 공식을 이용해 얻은 교류전류를 임피던스와 리액턴스를 이용해 나타내 보자.

$$\begin{aligned} i_z &= \frac{v_z}{R + j\left(\omega L - \frac{1}{\omega C}\right)} \\ &= \frac{v_z}{Z} \\ &= \frac{v_z}{R + j(X_L - X_C)} \end{aligned}$$

그럼 교류전류의 크기는 아래와 같이 구해진다.

$$
\begin{aligned}
|i_z| &= \left| \frac{v_z}{R+j(X_L - X_C)} \right| \\
&= \frac{V_m}{\sqrt{R^2+(X_L - X_C)^2}} \\
&= \frac{V_m}{|Z|}
\end{aligned}
$$

여기서 V_m은 최대전압을 의미한다. 또한 편각도 구할 수 있다.

$$
\begin{aligned}
\angle i_z &= \angle \frac{v_z}{R+j(X_L - X_C)} \\
&= \angle v_z - \angle \{R+j(X_L - X_C)\} \\
&= 0 - \angle \{R+j(X_L - X_C)\} \\
\therefore \varphi &= -\tan^{-1}\left(\frac{X_L - X_C}{R}\right)
\end{aligned}
$$

이제 앞에서 구한 교류의 크기 $|i_z|$와 편각 φ를 삼각함수 형태의 오일러 공식에 넣자.

$$
\begin{aligned}
i_z &= |i_z|\cos(\omega t + \varphi) + j|i_z|\sin(\omega t + \varphi) \\
&= \frac{V_m}{\sqrt{R^2+(X_L - X_C)^2}} \cos\left(\omega t - \tan^{-1}\left(\frac{X_L - X_C}{R}\right)\right) \\
&\quad + j\frac{V_m}{\sqrt{R^2+(X_L - X_C)^2}} \sin\left(\omega t - \tan^{-1}\left(\frac{X_L - X_C}{R}\right)\right)
\end{aligned}
$$

여기서 허수부만 추출하면 교류 RLC회로의 전류변화를 얻게 된다.

$$i_z = \frac{V_m}{\sqrt{R^2 + (X_L - X_C)^2}} \sin\left(\omega t - \tan^{-1}\left(\frac{X_L - X_C}{R}\right)\right)$$

그런데 만일 여기서 유도리액턴스 X_L과 용량리액턴스 X_C가 같다고 하면 어떻게 될까? RLC회로에 어떤 전기적 신호가 입력되면, 유도리액턴스는 신호의 흐름을 자기장으로 저장하려 하고, 이에 반해 용량리액턴스는 전기장 형태로 신호를 저장하려는 경향이 서로 맞서게 될 것인데, 신호의 흐름이 한쪽으로 치우쳐 저장되지 않고 똑같이 균등하게 저장될 때 즉, $X_L = X_C$인 경우에는 전류의 변화가 어떻게 되겠는가 하는 질문이다. 이 경우의 편각을 구해보면 $\varphi = 0$이 된다.

$$\begin{aligned} \varphi &= -\tan^{-1}\left(\frac{X_L - X_C}{R}\right) \\ &= -\tan^{-1}\left(\frac{0}{R}\right) \\ &= 0 \end{aligned}$$

따라서 전류에 대한 식은 아래와 같이 된다.

$$\begin{aligned} i_z &= \frac{V_m}{\sqrt{R^2 + 0}} \sin(\omega t - 0) \\ &= \frac{V_m}{R} \sin(\omega t) \end{aligned}$$

임피던스의 허수부가 0이 됨으로써 분모가 최소가 된다. 그럼에 따라 전류가 가장 잘 흐르게 되고, 결국 특정 주파수를 가진 신호만 통과하게 된다. 이 특정주파수를 바로 공진 주파수[Resonance frequency]라고 한다. 이 공진 주파수 이외의 주파수 신호는 인덕터와 커패시터에 의해 감쇄되고 만다. 우리가 듣고 싶은 라디오 방송을 찾으려고 다이얼을 이리저리 돌려가며 주파수를 맞추는데, 이는 결국 공진 주파수를 찾으려고 했던 것이다. 그럼 그 공진 주파수를 찾아보자. 그러려면 임피던스의 크기를 최소로 만드는 주파수를 찾아야 한다.

$$|Z| = \sqrt{R^2 + (X_L - X_C)^2}$$

그런데 저항 R은 주파수 f와 전혀 상관없다. 따라서 주파수와 관련 있는 유도리액턴스와 용량리액턴스가 서로 같아야만 임피던스의 크기가 최소로 될 것이다.

$$X_L = X_C$$

여기서 유도리액턴스 $X_L = \omega L$이고, 용량리액턴스는 $X_C = \frac{1}{\omega C}$이다. 따라서 이 식들로부터 각주파수 ω를 구할 수 있다.

$$\omega L = \frac{1}{\omega C}$$
$$\omega^2 LC = 1$$
$$\therefore \omega = \frac{1}{\sqrt{LC}}$$

드디어 공진 주파수도 얻게 되었다.

$$\omega = 2\pi f$$
$$= \frac{1}{\sqrt{LC}}$$
$$\therefore f = \frac{1}{2\pi\sqrt{LC}}$$

그러면 지금까지 다룬 저항과 리액턴스 및 임피던스의 상호관계를 복소평면에 나타내 보자.

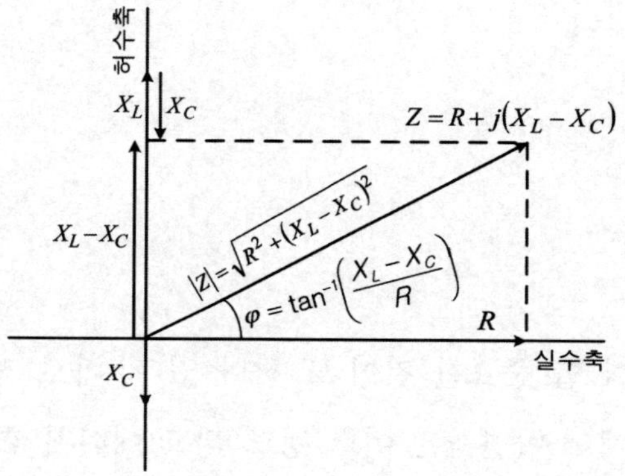

전력

우리가 알고 있어야 할 중요한 것이 또 하나 있다. 바로 전력[Power]이다. 우리는 가전제품을 구입할 때 소비전력은 어느 정도 되고 에너지 효율은 몇 등급인지를 먼저 확인한다. 그래서 전력에 대한 사전 지식이 필요하다. 즉, 저항과 유도리액턴스 및 용량리액턴스 사이의 전압과 전류의 상호 관계에 대해서 말이다. 그래서 전류에 대한 식을 다시 보면서 그 관계를 꼼꼼히 살펴보자.

$$i_z = \frac{V_m}{\sqrt{R^2 + (X_L - X_C)^2}} \sin\left(\omega t - \tan^{-1}\left(\frac{X_L - X_C}{R}\right)\right)$$

1) 이 식에서 만일 저항과 용량리액턴스가 없다면 어떻게 되겠는가? 즉, 유도리액턴스만 회로에 있는 경우다.

$$\begin{aligned} i_{Lz} &= \frac{V_{Lm}}{\sqrt{X_L^2}} \sin\left(\omega t - \tan^{-1}\left(\frac{X_L}{0}\right)\right) \\ &= \frac{V_{Lm}}{X_L} \sin\left(\omega t - \frac{\pi}{2}\right) \end{aligned}$$

이 식에서 위상각이 $\varphi = -\pi/2$이므로 이는 전류가 전압보다 $\pi/2$만큼 느리다.

이 문장을 허수 기호 j를 사용하여 수학적으로 간단히 표현하면 아래와 같다.

$$i_{Lz} = -j\frac{v_{Lz}}{X_L}$$

2) 이번에는 저항과 유도리액턴스가 없다면 어떻게 되겠는가?

$$\begin{aligned} i_{Cz} &= \frac{V_{Cm}}{X_C}\sin\left(\omega t + \tan^{-1}\left(\frac{X_C}{0}\right)\right) \\ &= \frac{V_{Cm}}{X_C}\sin\left(\omega t + \frac{\pi}{2}\right) \end{aligned}$$

전류가 전압보다 $\pi/2$만큼 빠르다. 이 식을 허수 기호를 사용해서 표현하자.

$$i_{Cz} = j\frac{v_{Cz}}{X_C}$$

3) 마지막으로 저항만 있다면 어떻게 되겠는가?

$$\begin{aligned} i_{Rz} &= \frac{V_{Rm}}{R}\sin\left(\omega t + \tan^{-1}\left(\frac{0}{R}\right)\right) \\ &= \frac{V_{Rm}}{R}\sin(\omega t) \end{aligned}$$

이 식으로부터 전압과 전류간의 위상차가 없음을 알 수 있다. 그리고 이 세 가지 상호 관계를 복소평면에 그려보자. 그러면 이해하기 쉽다.

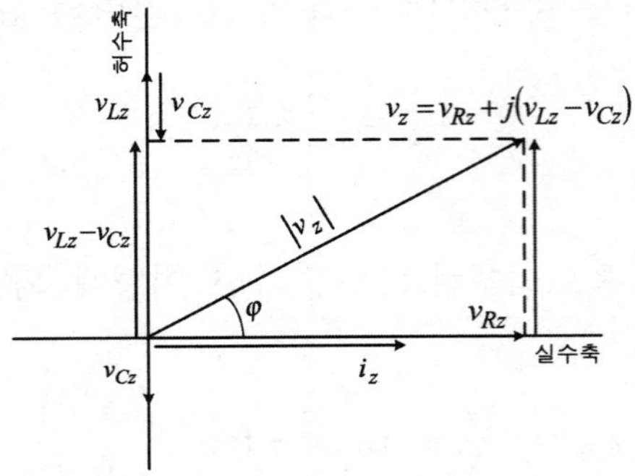

이 그림은 전류 i_z를 기준으로 각 소자에서의 전압강하와 전류와의 관계를 그린 것이다. 이 그림으로 전력의 개념을 쉽게 이해할 수 있을 것 같다. 전력은 전압과 전류의 곱이다.

$$전력(P)=전압(E)\times전류(I)\ [VA]$$

그러므로 그림에서 합성벡터의 전압의 크기 $|v_z|$와 전류의 크기 $|i_z|$를 서로 곱하면 전력을 얻을 수 있을 것이다. 여기서 합성벡터의 전압 크기를 이해하기 쉽게 말하자면, 세탁기를 돌리기 위해 플러그를 전원 콘센트에 꽂았을 때 콘센트에서 공급되는 전원 전압으로 여기면 될 것 같다.

$$P_a = |v_z| \times |i_z|$$

이 전력을 일반적으로 피상전력Apparent power이라고 한다. 하지만 세탁기가 이 전력을 다 소모하지는 않는다. 세탁기의 제품설명서에는 피상전력이라는 말은 전혀 없고, 단지 소비전력이 얼마라고 적혀있다. 즉 세탁기의 소비전력은 이렇게 계산한다.

$$P_e = |v_{Rz}| \times |i_{Rz}|$$

이 소비전력을 공학적 용어로 그럴싸하게 표현하자면 유효전력Effective power이라고 한다. 그런데 이 식을 통해 유효전력은 위상과 전혀 상관없는 저항에서의 전압 강하 $|v_{Rz}|$와 전류 $|i_{Rz}|$의 곱으로 표현되고 있다는 사실을 눈여겨보길 바란다. 또한 회로 전체에 흐르는 전류 $|i_z|$를 여기에 사용해도 무방하다는 사실을 알아야 한다. 왜냐하면 직렬회로인 경우에는 키르히호프 제1법칙인 전류보존의 법칙에 따라 각 소자에 흐르는 전류와 공급된 전류의 크기가 모두 같기 때문이다 ($|i_z|=|i_{Rz}|=|i_{Lz}|=|i_{Cz}|$). 그렇다면 유효전력이 있다면 무효전력Reactive power이라는 것도 있을 것이다. 당연한 논리다.

$$P_r = |v_{Lz} - v_{Cz}| \times |i_z|$$

이 무효전력은 빨래를 세탁하는데 필요한 일에너지 형태로 변환되지 않고 유도리액턴스와 용량리액턴스에 자기장과 전기장 에너지 형태로 변환되는 전력을 말한다. 그러면 이 세 가지의 전력 관계를 정리해보자.

$$\text{피상전력}(P_a) = \text{유효전력}(P_e) + \text{무효전력}(P_r)$$

그러면 우리가 가정에서 세탁기를 돌릴 때 한전에 내는 전기요금은 어느 전력을 계산해서 내는 것일까. '소비전력'에 해당하는 유효전력이라고 대답하는 사람이 많을 것이다. 아니다. 피상전력으로 낸다. 쓰지도 않은 무효전력 요금도 낸다는 말이다. 좀 억울하다. 그러니 돈을 내긴 내더라도 좀 덜 억울한 방법을 모색해보자. 어떻게 하면 되겠는가. 무효전력을 줄이면 된다. 그러면 무효전력이 줄어들면서 그림에 나타난 합성벡터의 위상각 φ도 줄어들게 된다.

이제 단서를 잡았다. 이 위상각 φ야말로 에너지 효율 개선에 직접 관련된 핵심 요소인 것이다. 효율이라 하면 비용을 투자해서 얻는 소득을 말한다. 이와 마찬가지로 콘센트에서 공급된 피상전력으로 세탁기가 얼마나 많은 일(유효전력)을 할 수 있는가가 전력의 효율이 될 것이다. 그런데 이 두 개의 전력비는 놀랍게도 그림에서 위상각 φ가 코사인을 취하면 얻어진다.

$$\cos\varphi = \frac{\text{유효전력}(P_e)}{\text{피상전력}(P_a)}$$

또한 이 식을 앞에서 다룬 임피던스의 크기와 저항의 관계로 표현해도 된다는 것을 알아두기 바란다.

$$\cos\varphi = \frac{R}{|Z|}$$

여하튼 $\cos\varphi$를 역률力率이라고 하는데, 이는 피상전력과 유효전력의 '력力'들의 비율이기 때문이다. 그런데 이번에는 위상각 φ에 사인을 취해보자. 그러면 피상전력과 무효전력의 비가 얻어진다. 이를 무효율이라고 하는데, 이는 공급된 피상전력 중에 어느 정도가 리액턴스에 저장성 에너지로 변환되었는지를 나타낸다.

$$\sin\varphi = \frac{\text{무효전력}(P_r)}{\text{피상전력}(P_a)}$$

결국 전기전자제품의 에너지 효율을 높이려면 무효율을 제어하면 되는데, 이를 역률 개선이라고 한다. 역률을 개선시키는 대표적인 방법으로는 콘덴서의 용량을 조절하는 무효전력제어 방법과 주파수를 조절하여 모터의 회전수를 변환시켜 에너지를 절약하는 인버터제어 방법이 있다.

제 17 장

라플라스 변환

다만
너희에게
글자
두 자를
유산으로
남긴다

茶山 정약용

라플라스Laplace, 1749-1827는 뉴턴보다 정확히 100년 후에 죽었다. 그는 가난한 농부의 아들로 태어났지만, 수학실력이 뛰어나 육군 사관학교의 수학교수로 재직하기도 하였다. 그는 수학을 공부하는 사람에게 매우 관대했고, 제자들이 발견한 수학적 결과물들을 먼저 발표할 수 있도록 자신의 발표를 자제하는 등, 제자들을 많이 배려해 주었다고 한다.

우리가 잘 알고 있듯이, 프랑스 대혁명 시기에 라부와지에Lavoisier, 1743-1794와 같은 위대한 화학자가 당시의 정치적인 갈등으로 인해 단두대에 그만 처형되고 말았다. 라부와지에는 왕정파 소속의 고위 공직자이자 학자로서 당시의 정치, 경제 및 사회에 영향력 있는 사람이었다. 라플라스도 역시 그 당시 사람인데, 그는 감옥에 투옥되거나 처형되지 않았다고 한다. 그 이유는 왕정파와 국민공회 간의 정치권력이 서로 뒤바뀔 때마다, 둘 중에 어느 쪽이 정권을 잡더라도 비위를 잘 맞추는 정치 기회주의자로 살았기 때문이라고 한다.

한 명은 죽음을, 한명은 오명을 받았다.
과연 어찌 살아야 한단 말인가?
나는 생각한다.
'자신의 본분을 지키며 살아야 한다.'
그리고 '학자의 본분은 학문을 사랑하는 것이다.'라고.

바다와 수학

라플라스 변환의 의미

선형 상미분방정식의 해를 구하기 위한 여러 가지 풀이 기법을 앞장에서 배웠다. 그런데 너무 풀기 힘들다. 보다 쉽게 푸는 묘책은 진정 없는 것일까? 배의 기관실에서 여러 기계장치들을 분해하거나 조립할 때 그것들의 특성에 맞는 공구만 잘 사용해도 일이 쉬워지고 작업시간도 많이 줄어든다.

이처럼 선형 상미분방정식의 해를 보다 쉽게 구할 수 있는 공구가 하나 있는데 바로 라플라스 변환이다. 라플라스 변환Laplace transformation은 동차이든 비동차이든 선형 상미분방정식의 해를 쉽게 구할 수 있게 해주는 유용한 공구이다. 즉, 라플라스 변환은 미분방정식을 대수방정식으로 바꿔주기 때문에 마치 미분방정식을 사칙연산처럼 다룰 수 있게 해준다. 또한 라플라스 변환은 제어시스템의 특성을 파악할 수 있는 전달함수를 쉽게 구할 수 있게 해주고 제어시스템의 해석과 설계에도 매우 유용한 도구이다.

그럼 라플라스 변환이란 과연 무엇인가. 그 의미를 정확히 알기 위해, 거듭제곱에 관련된 곱의 적분을 해보자. 당연히 적분표를 만들면 좋을 것이다.

$$\int_0^{\infty} t^2 e^{-t} dt = \left[-(t^2+2t+2)e^{-t}\right]_0^{\infty}$$

$$= \left[-(\infty^2+2\times\infty+2)\times e^{-\infty}\right] - \left[-(0^2+2\times 0+2)\times e^{-0}\right]$$

$$= \left[-(\infty^2+2\times\infty+2)\times 0\right] - \left[-(0^2+2\times 0+2)\times 1\right]$$

$$= 2$$

$u=t^2$			$dv=e^{-t}$		곱의 적분
미분		부호		적분	
u	t^2	$\oplus$	$-e^{-t}$	$\int dv$	$-t^2e^{-t}$
du	$2t$	$\ominus$	e^{-t}	$\iint dv$	$-2te^{-t}$
d^2u	2	$\oplus$	$-e^{-t}$	$\iiint dv$	$-2e^{-t}$
곱의 적분 결과					$\left[-(t^2+2t+2)e^{-t}\right]_0^{\infty}=2$

어떤가! 정적분 결과가 2가 되었다. 함수 $f(t)=t^2$만을 0에서 +∞까지 적분하면 무한대(+∞)가 될 것이다. 그런데 t^2에 감쇄지수함수 e^{-t}을 곱한 후, 0에서 +∞까지 적분하니 '무한대'가 아니라 '2'가 돼 버렸다. 이는 그림에서 음영된 부분에 해당된다. 이것은 과연 무엇을 뜻하는 것일까?

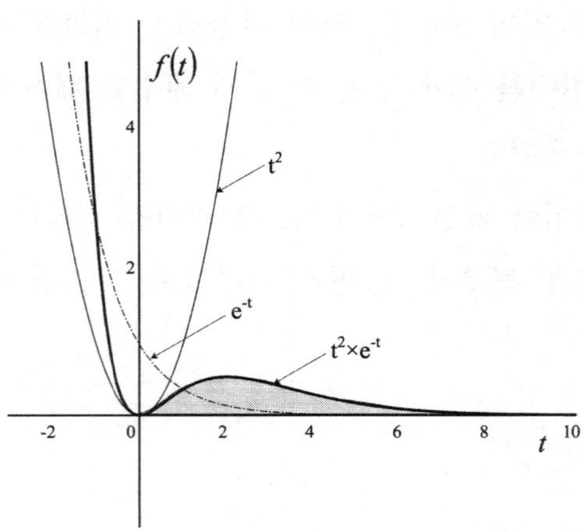

이번에는 삼각함수와 관련된 곱의 적분을 해보자.

$$\int_0^{\infty} \sin t e^{-t} dt = -\left[(\sin t + \cos t)e^{-t}\right]_0^{\infty} - \int_0^{\infty} \sin t e^{-t} dt$$

적분하니 자신과 똑같은 분신이 오른쪽에 나타났다. 이를 왼쪽으로 넘겨라.

$$2\int_0^{\infty} \sin t e^{-t} dt = -\left[(\sin t + \cos t)e^{-t}\right]_0^{\infty}$$

$$\therefore \int_0^{\infty} \sin t e^{-t} dt = -\frac{1}{2}\left[(\sin t + \cos t)e^{-t}\right]_0^{\infty} = \frac{1}{2}$$

$u = \sin t$			$dv = e^{-t}$		곱의 적분
미분		부호		적분	
u	$\sin t$	⊕	$-e^{-t}$	$\int dv$	$-\sin t e^{-t}$
du	$\cos t$	⊖	e^{-t}	$\iint dv$	$-\cos t e^{-t}$
d^2u	$-\sin t$	⊕	$\int e^{-t}$	$\iiint dv$	$-\int_0^{\infty} \sin t e^{-t}$
곱의 적분 결과					$-\left[(\sin t + \cos t)e^{-t}\right]_0^{\infty} - \int_0^{\infty} \sin t e^{-t} dt$

함수 $f(t) = \sin t$에 감쇄지수함수 e^{-t}을 곱한 후, 0에서 $+\infty$까지 적분하니 1/2이 되었다. 이 값은 음영으로 표시된 부분에 해당된다.

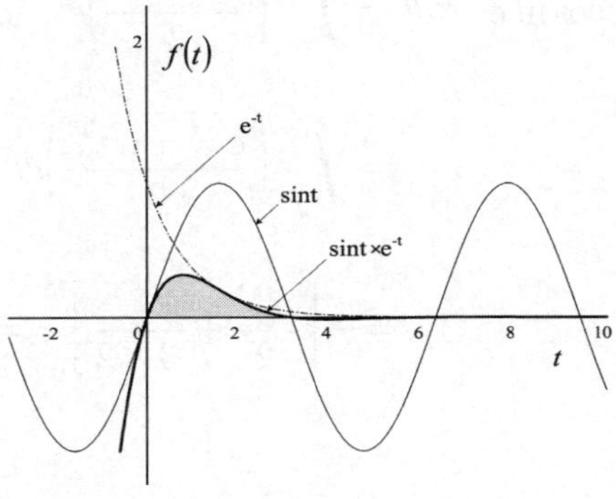

이번에는 지수함수와 관련된 적분을 해보자.

$$\int_0^{\infty} e^{0.5t} e^{-t} dt = -2\left[e^{-0.5t}\right]_0^{\infty} = 2$$

여기서는 왜 지수함수 $e^{0.5t}$의 지수를 $0.5t$로 했을까? 만일 지수가 $1t$ 이상이 되면 적분 결과가 어떻게 되겠는가? 수렴되지 않고 무한대가 되고 말 것이다.

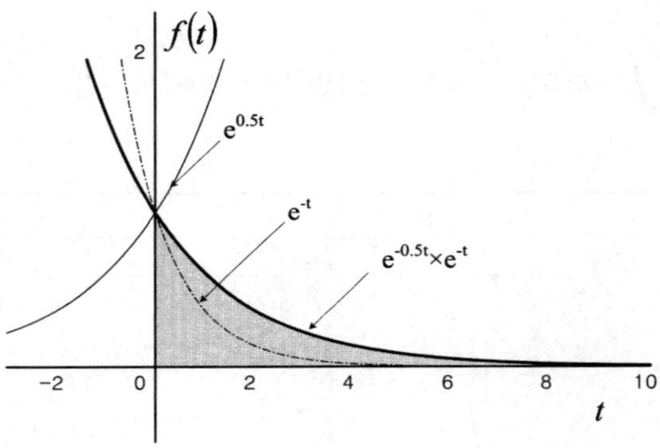

이번엔 쌍곡선함수 $\cosh t$에 대해 알아보자. $\cosh t$는 지수함수로 나타낼 수 있다는 것을 앞에서 이미 배웠다.

$$\int_0^{\infty} \cosh t\, e^{-2t} dt = \int_0^{\infty} \left(\frac{e^{t} + e^{-t}}{2}\right) e^{-2t} dt$$

$$= \int_0^{\infty} \left(\frac{e^{-t} + e^{-3t}}{2}\right) dt$$

$$= -\left[\frac{e^{-t}}{2} + \frac{e^{-3t}}{3\times 2}\right]_0^{\infty} = \frac{2}{3}$$

여기서는 왜 감쇄지수함수 e^{-t}을 곱하지 않고 e^{-2t}을 곱하였겠는가? 그림에서 굵은 파선의 경우가 $e^{-t}\cosh t$에 해당된다. 이를 0에서 $+\infty$까지 적분하면 당연히 무한대가 될 것이다. 그래서 피적분함수 $\cosh t$가 수렴되기 위해서는 감쇄지수함수의 지수가 $-1t$보다 더 작아야만 한다.

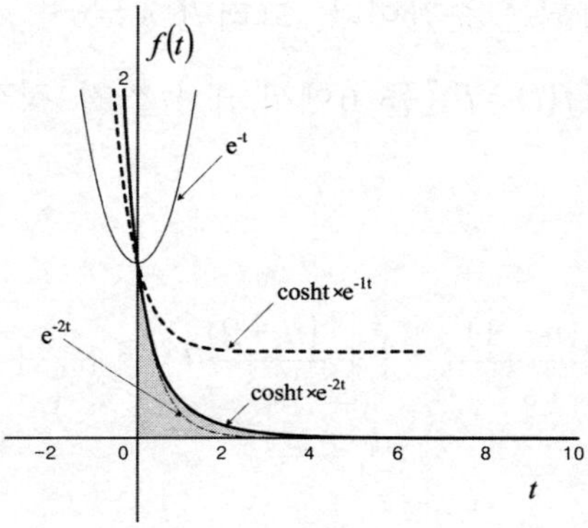

여러분들은 2차 함수 t^2, 삼각함수 $\sin t$, 지수함수 $e^{0.5t}$ 및 쌍곡선함수 $\cosh t$에 적당한 감쇄지수함수를 곱하여 정적분한 결과로부터 중요한 단서 하나를 포착했을 것이다.

"적분하기 전의 자신들 모습이 형체도 없이 사라져 버렸다."

n차 함수, 삼각함수, 지수함수, 지수함수의 역함수인 로그함수를 미분하거나 적분할 때 쉽던가! 그들이 있으면 어렵고 불편했다. 제발 사라져 줬으면 했다. 특히 삼각함수 및 자연지수함수는 몇 번을 미분하거나 적분해도 끝까지 살아남는 끈질긴 것들이다. 그런데 그들에게 감쇄지수함수를 곱하고 0에서 $+\infty$까지 정적분하니 그들이 사라져 버린 것이다.

이러한 놀라운 현상을 미분방정식의 풀이에 응용할 수 있다면 얼마나 좋겠는

가. 그러기 위해서는 앞서 몇 가지 할 일이 있다. 적당한 감쇄지수함수의 지수를 s라 하자. 그러면 매우 좋은 점이 있다. 복소수세계에서는 오일러 공식의 유도에서 배웠듯이 삼각함수가 자연지수함수로 변신한다는 점. 그럼 이제 감쇄자연지수함수의 지수를 복소수로 넓혀 s라 표기하자. 드디어 라플라스 변환에서 지수의 세계가 복소수까지 확장되는 순간이다. 그러면 $s=\sigma+j\omega$가 될 것이다. 그리고 이제 어떤 시간 함수 "$f(t)=t^n$"을 0에서 $+\infty$까지 정적분해 보자.

$$\int_0^\infty t^n e^{-st}dt$$

$$=\left[-\left(\frac{1}{s^1}t^n+\frac{(n-1)}{s^2}t^{n-1}+\frac{(n-2)}{s^3}t^{n-2}+\cdots+\frac{n!}{s^{n+1}}\right)e^{-st}\right]_0^\infty$$

$$=\frac{n!}{s^{n+1}}$$

$u=t^n$			$dv=e^{-st}$		곱의 적분
미분		부호		적분	
u	t^n	$\oplus$	$-\frac{1}{s}e^{-st}$	$\int dv$	$-\frac{1}{s}t^n e^{-st}$
du	nt^{n-1}	$\ominus$	$\frac{1}{s^2}e^{-st}$	$\iint dv$	$-\frac{n}{s^2}t^{n-1}e^{-st}$
d^2u	$n(n-1)t^{n-2}$	$\oplus$	$-\frac{1}{s^3}e^{-st}$	$\iiint dv$	$-\frac{n(n-1)}{s^3}t^{n-2}e^{-st}$
$\vdots$	$\vdots$	$\vdots$	$\vdots$	$\vdots$	$\vdots$
d^nu	$n(n-1)(n-2)$ $\cdots3\times2\times1=n!$	$\ominus$	$\frac{1}{s^{n+1}}e^{-st}$	$(n+1)$번 적분	$-\frac{n!}{s^{n+1}}e^{-st}$
곱의 적분 결과	$\left[-\left(\frac{1}{s^1}t^n+\frac{n}{s^2}t^{n-1}+\frac{n(n-1)}{s^3}t^{n-2}+\cdots+\frac{n!}{s^{n+1}}\right)e^{-st}\right]_0^\infty=\frac{n!}{s^{n+1}}$				

푸는데 고생했다. 고생했으니 이것을 이용해 다른 것도 알아내면 더 보람이 있을 것 같다. 그러기 위해서 거듭제곱 횟수 n을 변화시켜보자.

$n=0,\ f(t)=t^0=1$인 경우

$$\int_0^\infty e^{-st}dt=\frac{0!}{s^{0+1}}=\frac{1}{s}$$

$n=1,\ f(t)=t$인 경우

$$\int_0^\infty te^{-st}dt=\frac{1!}{s^{1+1}}=\frac{1}{s^2}$$

$n=2,\ f(t)=t^2$인 경우

$$\int_0^\infty t^2e^{-st}dt=\frac{2!}{s^{2+1}}=\frac{2}{s^3}$$

지루하니 여기까지만 하겠다. 그런데 어떤가! 논리적이고 연속성이 있어서 계산하기 편하지 않은가. 약간의 고비만 넘기면 수학은 쉽다! 또한 계산결과를 보고 어떤 특징이라도 발견했는가!

"시간 t의 세상은 사라져 버리고
새로운 s시대가 왔다"

그럼 s시대는 어떤 시대인가. $s=\sigma+j\omega$라고 하지 않았던가! 즉, s시대는 제어와 주파수가 공존하는 시대이다. σ[시그마]는 수렴에 관련된 항으로 진동 진폭의 감쇄, 제동 및 목표치의 달성에 관련된 제어 항목에 해당된다. 또한 ω는 각속도로서 $\omega=2\pi f$와 같이 정의되기 때문에 주파수에 관련된 항목이다. 새소리, 물소리, 악기선율, 라디오 음악소리, 거대한 상선의 쿵쾅쿵쾅하는 엔진소리 등과 같은 소리

신호들은 모두 주파수로 나타낼 수 있다. 이러한 주파수 신호들은 시간 세계에서는 수학적 연산이나 분석이 어렵지만 s세계에서는 쉽고 효율적으로 할 수 있다.

이쯤해서 지금까지 해온 이야기의 본질을 밝히겠다. 이 모든 이야기는 바로 라플라스 변환[LT, Laplace transformation]에 대한 이야기였다. 그런데 여러분들은 자신도 모르게 라플라스 변환의 정의식을 여러 번 접하였다. 더욱이 라플라스 변환 정의식을 이용한 변환 기법도 어느 정도 터득한 상태이다. 그런데 얼마나 쉬운가! 앞에서 배웠던 곱의 적분만 할 줄 알면 거의 끝이다. 여하튼 라플라스 변환 정의식은 다음과 같음을 다시 일러둔다.

라플라스 변환 정의식: $\mathcal{L}\{f(t)\}=\int_0^{\infty} f(t)e^{-st}dt=F(s)$

바다와 수학

라플라스 변환 기본성질

라플라스 변환식은 본질적으로 적분식이다. 그러므로 적분에 적용되는 규칙이 그대로 적용된다.

먼저 $\mathcal{L}\{f(t)\}=F(s)$, $\mathcal{L}\{g(t)\}=G(s)$라 하고 라플라스 변환의 여러 가지 성질을 살펴보자.

- $\mathcal{L}\{af(t)\}=aF(s)$, 여기서 a는 상수이다.

$$\begin{aligned}\mathcal{L}\{af(t)\} &= \int_0^\infty af(t)e^{-st}dt \\ &= a\int_0^\infty f(t)e^{-st}dt \\ &= aF(s)\end{aligned}$$

- $\mathcal{L}\{a_1f(t)\pm a_2g(t)\}=a_1F(s)\pm a_2G(s)$ 여기서 a_1, a_2는 상수이다.
- $\mathcal{L}\{f(at)\}=\dfrac{1}{a}F\left(\dfrac{s}{a}\right)$

$$\mathcal{L}\{f(at)\}=\int_0^\infty f(at)e^{-st}dt$$

여기서 $at=u$라 하자. 그러면 $t=u/a$가 된다. 또한 $at=u$를 미분해 보자.

$$at = u$$

$$adt = du$$

$$\therefore dt = \frac{1}{a} du$$

이제 이것들을 모두 라플라스 정의식에 넣자. 이렇게 얻어진다.

$$\mathcal{L}\{f(u)\} = \frac{1}{a}\int_0^\infty f(u)e^{-\frac{s}{a}u}du$$
$$= \frac{1}{a}F\left(\frac{s}{a}\right)$$

$$\therefore \mathcal{L}\{f(at)\} = \frac{1}{a}F\left(\frac{s}{a}\right)$$

- $\mathcal{L}\{e^{at}f(t)\} = F(s-a),\ \ (s > a)$

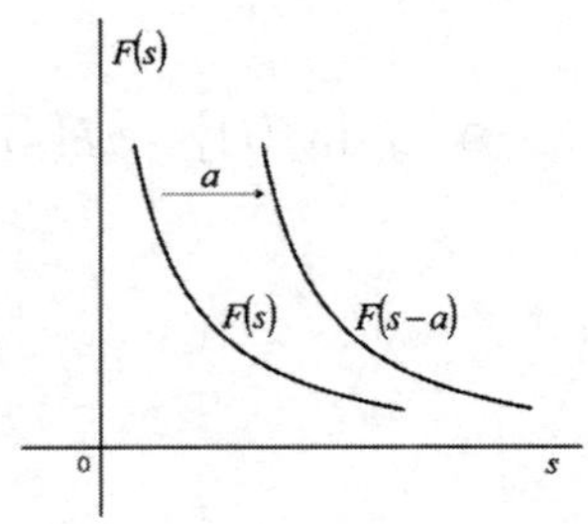

$$\mathcal{L}\{e^{at}f(t)\} = \int_0^\infty e^{at}f(t)e^{-st}dt$$
$$= \int_0^\infty f(t)e^{-(s-a)t}dt$$
$$= F(s-a)$$

이 지수함수의 라플라스 변환은 활용도가 매우 높다. 또한 원함수 $f(t)$에 지수함수 e^a을 곱하는 것은 s세계에서는 a만큼 수평 이동하는 것임을 잘 기억해 둬야 한다.

- $\mathcal{L}\{f(t-a)\} = e^{-as}F(s)$

$$\mathcal{L}\{f(t-a)\} = \int_0^\infty f(t-a)e^{-st}dt$$

여기서 $t-a=\tau$라 하자. 이것을 미분도 하고 t에 대한 식으로도 정리하자.

$$dt=d\tau,\ t=\tau+a$$

이들을 모두 넣기만 하면 시간 지연에 대한 라플라스 변환식이 멋지게 얻어진다.

$$\begin{aligned}\mathcal{L}\{f(t-a)\} &= \mathcal{L}\{f(\tau)\} \\ &= \int_0^\infty f(\tau)e^{-s(\tau+a)}d\tau \\ &= e^{-as}\int_0^\infty f(\tau)e^{-s\tau}d\tau = e^{-as}F(s)\end{aligned}$$

- $\mathcal{L}\{f'(t)\}=sF(s)-f(0)$

$$\begin{aligned}\mathcal{L}\{f'(t)\} &= \int_0^\infty f'(t)e^{-st}dt \\ &= \left[f(t)e^{-st}\right]_0^\infty + \int_0^\infty f(t)\left(se^{-st}\right)dt \\ &= -f(0)+sF(s)\end{aligned}$$

$u=e^{-st}$			$dv=f'(t)$		곱의 적분
미분		부호		적분	
u	e^{-st}	$\oplus$	$f(t)$	$\int dv$	$f(t)\,e^{-st}$
du	$-se^{-st}$	$\ominus$	$\int f(t)$	$\iint dv$	$\int f(t)\left(se^{-st}\right)dt$
곱의 적분 결과					$\mathcal{L}\{f'(t)\}=\left[f(t)e^{-st}\right]_0^\infty+\int_0^\infty f(t)\left(se^{-st}\right)dt$

이는 1계 미분을 라플라스 변환한 것이다. 이 미분 변환의 특징은 변환함수 $F(s)$에 복소지수 s가 곱해진다는 것이다. 또한 이 미분 변환 성질을 이용하면 선형상미분방정식의 해를 매우 쉽게 구할 수 있으니 잘 익혀두어야 한다. 게다가 2계, 3계 미분에 대한 변환 기법도 익혀두면 여러분들이 만나게 되는 웬만한 미분방정식들의 해는 거의 구할 수 있으니 여기서 그 변환법을 확실히 터득하기 바란다.

$$\text{2계 미분 변환 : } \mathcal{L}\{f''(t)\} = s^2F(s) - sf(0) - f'(0)$$

$$\begin{aligned}\mathcal{L}\{f''(t)\} &= \left[f'(t)e^{-st}\right]_0^\infty + \left[f(t)\left(se^{-st}\right)\right]_0^\infty + \int_0^\infty f(t)\left(s^2e^{-st}\right)dt \\ &= -f'(0) - sf(0) + s^2F(s)\end{aligned}$$

$u = e^{-st}$			$dv = f''(t)$		곱의 적분
미분		부호		적분	
u	e^{-st}	⊕	$f'(t)$	$\int dv$	$f'(t)e^{-st}$
du	$-se^{-st}$	⊖	$f(t)$	$\iint dv$	$f(t)\left(se^{-st}\right)dt$
d^2u	s^2e^{-st}	⊕	$\int f(t)$	$\iiint dv$	$\int f(t)\left(s^2e^{-st}\right)dt$
곱의 적분 결과			$\mathcal{L}\{f''(t)\} = \left[f'(t)e^{-st}\right]_0^\infty + \left[f(t)\left(se^{-st}\right)\right]_0^\infty + \int_0^\infty f(t)\left(s^2e^{-st}\right)dt$		

그럼 3계 미분 변환도 이와 같이 표를 작성해야만 하는가! 아니다! 그렇지 않아도 된다. 좋은 방법을 가르쳐 줄 테니 잘 익히고 기억해 두기 바란다. 그러면 앞으로 "미분이 쉬워요!"라고 말하고 다닐 것이다. 뭔가 규칙이 있다. 어떤 규칙일까?

1계 미분의 변환 결과를 다음과 같이 하나의 기호로 표현해 보자.

$$\mathcal{L}\{f'(t)\} = sF(s) - f(0) = F'(s)$$

그럼 2계 미분 변환은 다음 모양새로 될 것이다.

$$\mathcal{L}\{f''(t)\} = sF'(s) - f'(0) = F''(s)$$

여기에 1계 미분 변환값 $F'(s)$을 넣고 전개해 보자.

$$\begin{aligned}\mathcal{L}\{f''(t)\} &= s\{sF(s) - f(0)\} - f'(0)\\ &= s^2F(s) - sf(0) - f'(0)\\ &= F''(s)\end{aligned}$$

1계 미분의 변환 꼴 "$sF(s) - f(0)$"이 계속 유지된다는 것에 눈을 집중하라. 그리고 이러한 반복적인 규칙을 정리해보자.

$$\mathcal{L}\{f'(t)\} = sF(s) - f(0) = F'(s),\ \ (n=1)$$
$$\mathcal{L}\{f^n(t)\} = sF^{n-1}(s) - f^{n-1}(0) = F^n(s),\ \ (n \geq 2)$$

그럼 3계 미분 변환은 다음과 같이 쉽게 구할 수 있다.

3계 미분 변환 : $\mathcal{L}\{f^3(t)\} = sF^{3-1}(s) - f^{3-1}(0) = F^3(s)$

$$\begin{aligned}&= sF''(s) - f''(0)\\ &= s\{sF'(s) - f'(0)\} - f''(0)\\ &= s\{s(sF(s) - f(0)) - f'(0)\} - f''(0)\\ &= s\{s^2F(s) - sf(0) - f'(0)\} - f''(0)\\ &= s^3F(s) - s^2f(0) - sf'(0) - f''(0)\end{aligned}$$

이 방법을 쓰면 다른 고계 미분도 떡 주무르듯 다룰 수 있게 될 것이다.

- $\mathcal{L}\left\{\int_0^t f(t)dt\right\}=\dfrac{F(s)}{s}$

$$\begin{aligned}\mathcal{L}\left\{\int_0^t f(t)dt\right\} &= \int_0^\infty \left[\int_0^t f(t)dt\right] e^{-st}dt \\ &= \underline{\left[\left(-\frac{1}{s}e^{-st}\int_0^t f(t)dt\right)\right]_0^\infty} + \int_0^\infty f(t)\left(\frac{1}{s}e^{-st}\right)dt \\ &= 0 + \frac{F(s)}{s}\end{aligned}$$

$u=\int_0^t f(t)dt$			$dv=e^{-st}$		곱의 적분
미분		부호		적분	
u	$\int_0^t f(t)dt$	$\oplus$	$-\frac{1}{s}e^{-st}$	$\int dv$	$\left(-\frac{1}{s}e^{-st}\right)\int_0^t f(t)dt$
du	$f(t)$	$\ominus$	$-\int \frac{1}{s}e^{-st}$	$\iint dv$	$\int_0^\infty f(t)\left(\frac{1}{s}e^{-st}\right)dt$
곱의 적분 결과			$\mathcal{L}\left\{\int_0^t f(t)dt\right\}=\left[\left(-\frac{1}{s}e^{-st}\int_0^t f(t)dt\right)\right]_0^\infty+\int_0^\infty f(t)\left(\frac{1}{s}e^{-st}\right)dt$		

이는 적분형태의 함수를 라플라스 변환하는 방법이다. 이 식의 두 번째 줄 밑줄 친 부분의 적분 결과가 결국 0이 되는 것은 $\int_0^0 f(t)dt=0$이기 때문임을 여러분들은 잘 알고 있을 것이다.

- $\mathcal{L}\{tf(t)\}=-\dfrac{d}{ds}F(s)$

이 변환 결과를 얻기 위해서는 라플라스 변환 정의식으로 다시 되돌아가야 한다.

$$\mathcal{L}\{f(t)\} = \int_0^{\infty} f(t)e^{-st}dt = F(s)$$

이 식의 오른쪽 항을 s에 대해 미분해보자. 어려울 것 없다. t는 상수로 보고 미분하면 된다.

$$\begin{aligned}\frac{d}{ds}\int_0^{\infty} f(t)e^{-st}dt &= \frac{d}{ds}F(s) \\ &= \int_0^{\infty} f(t)\left[\frac{d}{ds}e^{-st}\right]dt \\ &= \int_0^{\infty} f(t)\left[-te^{-st}\right]dt \\ &= -\int_0^{\infty} tf(t)e^{-st}dt \\ &= -\mathcal{L}\{tf(t)\}\end{aligned}$$

$$\begin{aligned}\therefore \mathcal{L}\{tf(t)\} &= -\frac{d}{ds}\int_0^{\infty} f(t)e^{-st}dt \\ &= -\frac{d}{ds}F(s)\end{aligned}$$

만일 t의 지수가 n이면 아래와 같이 n번 미분하면 된다.

$$\mathcal{L}\{t^n f(t)\} = -\frac{d^n}{ds^n}F(s)$$

- $\lim_{t \to 0} f(t) = \lim_{s \to \infty} sF(s)$

이 식은 초기값 정리식으로서, 라플라스 변환식에 $s = \infty$를 대입하면 $t = 0$일 때의 함수 $f(t)$의 초기값을 구할 수 있다.

- $\lim_{t \to \infty} f(t) = \lim_{s \to 0} sF(s)$

이 식은 최종값 정리식으로서, 라플라스 변환식에 $s = 0$을 대입하면 $t = \infty$일 때의 함수 $f(t)$의 최종값을 구할 수 있다.

바다와 수학

라플라스 기본 변환

라플라스 변환 성질을 이용하여 공학 분야에서 주로 사용하는 것들을 몇 가지 변환해 보자. 전공에 들어가게 되면 매우 유용하게 쓰여질 것들이므로 잘 배워두기 바란다.

- $f(t)=1$, a는 상수이다.

$$\begin{aligned}\mathcal{L}\{af(t)\} &= \int_0^\infty af(t)e^{-st}dt \\ &= a\int_0^\infty f(t)e^{-st}dt \\ &= aF(s) \\ &= \left[-a\frac{1}{s}e^{-st}\right]_0^\infty \\ &= \frac{a}{s}\end{aligned}$$

- $f(t)=t^n$

$$\begin{aligned}\mathcal{L}\{t^n\} &= \int_0^\infty t^n e^{-st}dt \\ &= \left[-\left(\frac{1}{s^1}t^n + \frac{(n-1)}{s^2}t^{n-1} + \frac{(n-2)}{s^3}t^{n-2} + \cdots + \frac{n!}{s^{n+1}}\right)e^{-st}\right]_0^\infty \\ &= \frac{n!}{s^{n+1}}\end{aligned}$$

- $f(t)=e^{at}$

$$\begin{aligned}\mathcal{L}\left\{e^{at}\right\} &= \int_0^{\infty} e^{at}e^{-st}dt \\ &= \int_0^{\infty} e^{-(s-a)t}dt \\ &= \frac{1}{s-a}\end{aligned}$$

- $f(t)=e^{j\omega t}=\cos\omega t+j\sin\omega t$

$$\begin{aligned}\mathcal{L}\left\{e^{j\omega t}\right\} &= \mathcal{L}\left\{\cos\omega t+j\sin\omega t\right\} \\ &= \mathcal{L}(\cos\omega t)+j\mathcal{L}(\sin\omega t) \\ &= \int e^{j\omega t}e^{-st}dt \\ &= \int e^{-(s-j\omega)t}dt \\ &= \frac{1}{s-j\omega} \\ &= \frac{(s+j\omega)}{(s-j\omega)(s+j\omega)} \\ &= \frac{s+j\omega}{s^2+\omega^2} \\ &= \frac{s}{s^2+\omega^2}+j\frac{\omega}{s^2+\omega^2}\end{aligned}$$

이들의 실수부와 허수부를 서로 같다고 둬보라. 그러면 삼각함수의 라플라스 변환공식이 자연스레 얻어진다.

$$\mathcal{L}(\cos \omega t) = \frac{s}{s^2+\omega^2}, \quad \mathcal{L}(\sin \omega t) = \frac{\omega}{s^2+\omega^2}$$

- $f(t) = \cosh at$

$$\begin{aligned}
\mathcal{L}\{\cosh at\} &= \mathcal{L}\left\{\frac{e^{at}+e^{-at}}{2}\right\} \\
&= \int_0^\infty \left(\frac{e^{at}+e^{-at}}{2}\right) e^{-st} dt \\
&= \int_0^\infty \left(\frac{e^{-(s-a)t}+e^{-(s+a)t}}{2}\right) dt \\
&= \frac{1}{2}\left(\frac{1}{s-a}+\frac{1}{s+a}\right) \\
&= \frac{s}{s^2-a^2}
\end{aligned}$$

- $f(t) = \sinh at$

$$\begin{aligned}
\mathcal{L}\{\sinh at\} &= \mathcal{L}\left\{\frac{e^{at}-e^{-at}}{2}\right\} \\
&= \int_0^\infty \left(\frac{e^{at}-e^{-at}}{2}\right) e^{-st} dt \\
&= \int_0^\infty \left(\frac{e^{-(s-a)t}-e^{-(s+a)t}}{2}\right) dt \\
&= \frac{1}{2}\left(\frac{1}{s-a}-\frac{1}{s+a}\right) \\
&= \frac{a}{s^2-a^2}
\end{aligned}$$

쌍곡선함수의 변환 결과는 삼각함수의 변환 결과에서 분모의 부호만 달라짐을 알기 바란다.

이제 라플라스 변환의 기본성질과 변환 기법을 활용하여 몇 가지 함수를 라플라스 변환해 보자.

문제) $f(t)=u(t)=1 \quad : 0 \le t \le \infty$

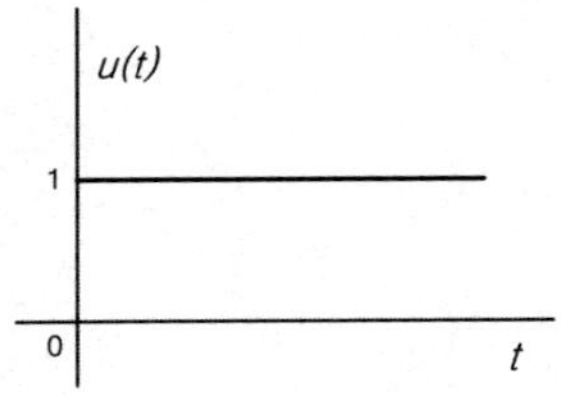

$$\begin{aligned}\mathcal{L}\{u(t)\} &= \int_0^{\infty} u(t)e^{-st}dt \\ &= \int_0^{\infty} e^{-st}dt \\ &= -\frac{1}{s}\left[e^{-st}\right]_0^{\infty} \\ &= \frac{1}{s}\end{aligned}$$

여기서 크기가 1인 함수 $u(t)$를 단위계단함수[Unit step function]라 한다. 그럼 다음 문제를 풀어보면 단위계단함수에 대한 개념이 어느 정도 잡힐 것이다.

문제) $f(t)=u(t-a)$

이 문제는 단위계단함수의 시작 시점을 "a" 만큼 지연시킨 경우에 해당되며, 적분구간별로 함수값이 0 또는 1로 변하는 함수를 라플라스 변환하라는 것이다.

$$f(t)=u(t)=0 \quad : 0 \le t < a$$

$$f(t)=u(t)=1 \quad : t > a$$

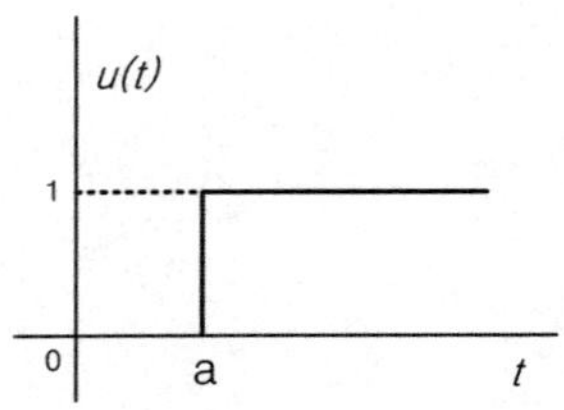

$$\mathcal{L}\{u(t-a)\} = \int_0^\infty u(t)e^{-st}dt$$

$$= \int_0^t u(t)e^{-st}dt + \int_t^\infty u(t)e^{-st}dt$$

$$= \int_0^a 0\times e^{-st}dt + \int_a^\infty 1\times e^{-st}dt$$

$$= 0 + \int_a^\infty e^{-st}dt$$

$$\therefore \mathcal{L}\{u(t-a)\} = \int_a^\infty e^{-st}dt$$

$$= -\frac{1}{s}\left[e^{-st}\right]_a^\infty$$

$$= \frac{e^{-as}}{s}$$

이 식은 다음과 같이 시간지연에 대한 라플라스 변환 기본 성질을 이용하면 보다 쉽게 변환할 수 있다. 그러기 위해서 $t-a=\tau$라 두면 $dt=d\tau$, $t=\tau+a$를 얻을 수 있고 이들을 대입하여 풀면 된다.

$$\mathcal{L}\{u(t-a)\} = \int_0^\infty u(t-a)e^{-st}dt$$

$$= \int_0^\infty u(\tau)e^{-s(\tau+a)}d\tau$$

$$= e^{-as}\int_0^\infty u(\tau)e^{-s\tau}d\tau$$

$$\therefore \mathcal{L}\{u(t-a)\} = e^{-as}\int_0^{\infty} 1 \times e^{-s\tau} d\tau$$

$$= e^{-as}\frac{1}{s}$$

문제) $f(t) = t\,u(t)$

이 문제는 기울기가 1인 단위램프함수[Unit ramp function]를 라플라스 변환하라는 것이다. 여기서 램프[Ramp]는 경사로를 뜻하는 영단어이다. 이는 주어진 함수가 기울기 즉, 경사가 있는 1차 직선을 나타내기 때문에 '램프함수'라는 이름이 붙여졌다. 만일 함수가 $t^2u(t)$라고 주어지면 "포물선 함수", $t^n u(t)$이면 "n차 램프함수"라고 부르기도 한다. 주어진 램프함수를 라플라스 변환하면 다음과 같다.

$$\mathcal{L}\{t\,u(t)\} = \int_0^{\infty} t\,u(t)e^{-st}dt = \frac{n!}{s^{n+1}} = \frac{1}{s^2}$$

여기서 만일 기울기가 E/T이면 이 램프함수의 라플라스 변환 결과는 아래와 같다.

$$\mathcal{L}\left\{\frac{E}{T}t\,u(t)\right\} = \frac{E}{T}\int_0^{\infty} t\,u(t)e^{-st}dt$$
$$= \frac{E}{T}\frac{1}{s^2}$$

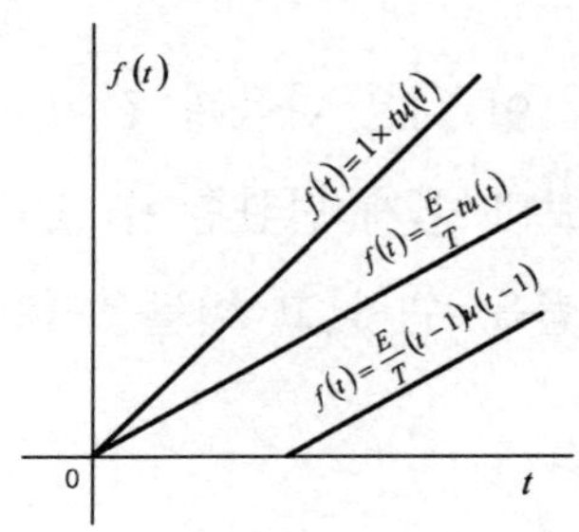

또한 기울기가 E/T이고 시간 지연이 '1'인 램프함수의 라플라스 변환 결과는 아래와 같다.

$$\mathcal{L}\left\{\frac{E}{T}(t-1)\,u(t-1)\right\}$$

$$=\frac{E}{T}\int_0^\infty \tau\, u(\tau)e^{-s(\tau+1)}d\tau,\quad (\tau=t-1)$$

$$=\frac{E}{T}e^{-s}\int_0^\infty \tau\, u(\tau)e^{-s\tau}d\tau$$

$$=\frac{E}{T}e^{-s}\frac{1}{s^2}$$

문제) $f(t)=at^2+bt+c$

$$\mathcal{L}\{at^2+bt+c\}=\int_0^\infty (at^2+bt+c)e^{-st}dt$$

$$=a\frac{2!}{s^3}+b\frac{1!}{s^2}+c\frac{1}{s}$$

$$=\frac{2a+bs+cs^2}{s^3}$$

문제) $f(t)=e^{at}+e^{-at}$

$$\mathcal{L}\{e^{at}+e^{-at}\}=\int_0^\infty (e^{at}+e^{-at})e^{-st}dt$$

$$=\frac{1}{s-a}+\frac{1}{s+a}$$

$$=\frac{2s}{(s-a)(s+a)}$$

$$=\frac{2s}{s^2-a^2}$$

문제) $f(t)=t^2e^{-at}$

$$\mathcal{L}\{t^2e^{-at}\}=\int_0^\infty (t^2e^{-at})e^{-st}dt$$

여기서 t^2의 변환은 $\frac{2!}{s^3}$가 되고, 그 다음 자연지수 e^{-at}의 곱은 's'를 지수 '$+a$'만큼 이동시키라는 뜻이므로 '$s+a$'가 되어 아래와 같은 최종 변환결과를 얻을 수 있다.

$$\mathcal{L}\{t^2e^{-at}\}=\int_0^\infty (t^2e^{-at})e^{-st}dt$$

$$=\frac{2}{(s+a)^3}$$

또는 다음과 같은 방법으로 변환할 수도 있다. 먼저 지수함수에 대한 라플라스 변환 $\mathcal{L}\{e^{-at}\}$을 구한다.

$$\mathcal{L}\{e^{-at}\}=\int_0^\infty (e^{-at})e^{-st}dt$$

$$=\int_0^\infty e^{-(s+a)t}dt$$

$$=\frac{1}{(s+a)}$$

$$=F(s)$$

그리고 나서 이 변환을 두 번 미분하면 똑같은 결과를 얻을 수 있다.

$$\mathcal{L}\{t^2 e^{-at}\} = -\frac{d}{ds}\left\{-\frac{d}{ds}F(s)\right\}$$

$$= -\frac{d}{ds}\left\{-\frac{d}{ds}\left(\frac{1}{s+a}\right)\right\}$$

$$= -\frac{d}{ds}\left\{\frac{1}{(s+a)^2}\right\}$$

$$= -\left\{\frac{-2(s+a)}{(s+a)^4}\right\}$$

$$= \frac{2}{(s+a)^3}$$

문제) $f(t) = \sin\omega t\, u(t) + \sin\omega\left(t - \frac{1}{2}T\right)u\left(t - \frac{1}{2}T\right)$

이 주어진 함수는 그림에서 굵은 실선으로 그려진 반파 정현파를 나타낸다. 이 함수의 오른쪽 첫 번째 항은 그림에서 시간 0에서부터 시작하는 가는 실선의 정현파로 나타나 있다. 두 번째 항은 시간 $T/2$에서 시작하는 가는 파선의 정현파를 그린다. 그래서 이 두 개의 정현파를 합치면 시간 $T/2$ 이후 부분의 정현파가 서로 상쇄되기 때문에 결국 굵은 실선의 반파 정현파만 남게 된다. 이를 라플라스 변환한 결과가 어떻게 되는지 잘 봐두기 바란다.

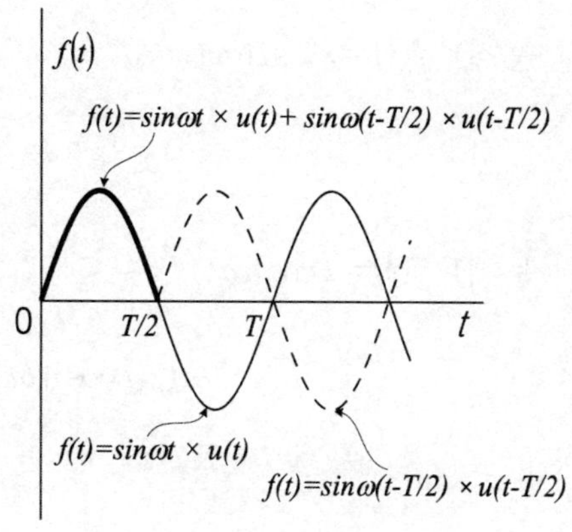

$$\mathcal{L}\left\{\sin\omega t\, u(t)+\sin\omega\left(t-\frac{1}{2}T\right)u\left(t-\frac{1}{2}T\right)\right\}$$

$$=\frac{\omega}{s^2+\omega^2}+\int_0^\infty \sin\omega(\tau)\,u(d\tau)e^{-s\left(\tau+\frac{1}{2}T\right)}d\tau,\quad \left(\tau=t-\frac{1}{2}T\right)$$

$$=\frac{\omega}{s^2+\omega^2}+e^{-\frac{1}{2}sT}\int_0^\infty \sin\omega(\tau)\,u(\tau)e^{-s\tau}d\tau$$

$$=\frac{\omega}{s^2+\omega^2}+\frac{\omega}{s^2+\omega^2}e^{-\frac{1}{2}Ts}$$

$$=\frac{\omega}{s^2+\omega^2}\left(1+e^{-\frac{1}{2}Ts}\right)$$

문제) $f(t)=e^{at}\cos\omega t$

$$\mathcal{L}\{e^{at}\cos\omega t\}=\frac{s-a}{(s-a)^2+\omega^2}$$

문제) $f(t)=e^{at}\sin\omega t$

$$\mathcal{L}\{e^{at}\sin\omega t\}=\frac{\omega}{(s-a)^2+\omega^2}$$

문제) $f(t)=t\cosh at$

$$\mathcal{L}\{t\cosh at\}=-\frac{d}{ds}\left(\frac{s}{s^2-a^2}\right)$$

$$=-\frac{(s^2-a^2)-2s^2}{(s^2-a^2)^2}$$

$$=\frac{s^2+a^2}{(s^2-a^2)^2}$$

문제) $f(t) = t\sinh at$

$$\mathcal{L}\{t\sinh at\} = -\frac{d}{ds}\left(\frac{a}{s^2 - a^2}\right)$$

$$= \frac{2as}{(s^2 - a^2)^2}$$

문제) $f(t) = \sin t\cos t$

$$\mathcal{L}\{\sin t\cos t\} = \mathcal{L}\left\{\frac{1}{2}\sin 2t\right\}$$

$$= \frac{1}{2}\mathcal{L}\{\sin 2t\}$$

$$= \frac{1}{2}\frac{2}{s^2 + 2^2}$$

$$= \frac{1}{s^2 + 2^2}$$

여기서 만일 $\sin t\cos t$가 어떻게 $\frac{1}{2}\sin 2t$로 변환되는지 모르겠다면 다시 "오일러 공식 활용법"으로 되돌아가서 확인해 보기 바란다.

문제) $f(t) = e^{at}\sin t\cos t$

$$\mathcal{L}\{e^{at}\sin t\cos t\} = \frac{1}{2}\mathcal{L}\{e^{at}\sin 2t\}$$

$$= \frac{1}{2}\frac{2}{(s-a)^2 + 2^2}$$

$$= \frac{1}{(s-a)^2 + 2^2}$$

문제) $f(t) = \sin(\omega t + \theta)$

$$\mathcal{L}\{\sin(\omega t + \theta)\} = \mathcal{L}\{\sin\omega t\cos\theta + \cos\omega t\sin\theta\}$$
$$= \cos\theta\,\mathcal{L}\{\sin\omega t\} + \sin\theta\,\mathcal{L}\{\cos\omega t\}$$
$$= \cos\theta\left(\frac{\omega}{s^2 + \omega^2}\right) + \sin\theta\left(\frac{s}{s^2 + \omega^2}\right)$$
$$= \frac{\omega\cos\theta + s\sin\theta}{s^2 + \omega^2}$$

문제) $F(s) = \dfrac{2s^2 + 2s + 1}{s^3 + 2s^2 + 3s}$ 일 때 함수 $f(t)$의 초기값?

$$\lim_{t\to 0} f(t) = \lim_{s\to\infty} sF(s)$$
$$= \lim_{s\to\infty} s\frac{2s^2 + 2s + 1}{s^3 + 2s^2 + 3s}$$
$$= \lim_{s\to\infty} \frac{2 + 2/s + 1/s^2}{1 + 2/s + 3/s^2} = 2$$

$$\therefore \lim_{t\to 0} f(t) = f(0) = 2$$

문제) $F(s) = \dfrac{s^2 + s + 1}{s^3 + s^2 + s}$ 일 때 함수 $f(t)$의 최종값?

$$\lim_{t\to\infty} f(t) = \lim_{s\to 0} sF(s)$$

$$= \lim_{s\to 0} s\frac{s^2+s+1}{s^3+s^2+s}$$

$$= \lim_{s\to 0} \frac{s^2+s+1}{(s^3+s^2+s)/s}$$

$$= \lim_{s\to 0} \frac{s^2+s+1}{s^2+s+1} = 1$$

$$\therefore \lim_{t\to\infty} f(t) = f(\infty) = 1$$

여러분이 문제들을 직접 풀었다면 라플라스 변환에 대한 기초 체력이 매우 탄탄해졌음을 자신하라. 그런데 왜 이렇게 문제를 많이 풀었을까? 이유가 있다. 이러한 라플라스 변환결과를 가지고 역추적하여 미분방정식의 해를 쉽게 구할 수 있기 때문이다. 그 역추적 방법인 라플라스 역변환에 대해 이제부터 알아보자.

라플라스 역변환

라플라스의 역변환은 쉽다. 앞에서 변환 연습을 충분히 했으니 말이다. 그럼 먼저 라플라스 변환 정의식으로부터 역변환 정의식을 만들어 보자.

$$\mathcal{L}\{f(t)\}=\int_0^\infty f(t)e^{-st}dt=F(s)$$

이 식의 역수를 취해 보자.

그러면 아래와 같은 라플라스 역변환 정의식을 얻을 수 있다.

라플라스 역변환 정의식 : $f(t)=\mathcal{L}^{-1}\{F(s)\}$

이 식이 뜻하는 것은 무엇인가? 가만히 살펴보니 결국 변환하기 전 함수 $f(t)$를 구하라는 말이다. 이것은 쉽지 않은가! 앞에서 여러 번 풀었던 것들이다. 다음과 같이 역변환하면 라플라스 변환 전의 함수를 바로 구할 수 있다.

$$f(t)=\mathcal{L}^{-1}\left\{\frac{1}{s^n}\right\}=\frac{1}{(n-1)!}t^{n-1}$$

이 역변환식은 다음과 같이 라플라스 변환식을 약간 변형하여 얻을 수 있다.

$$\mathcal{L}\{t^n\} = \frac{n!}{s^{n+1}}$$

$$\mathcal{L}\{t^{n-1}\} = \frac{(n-1)!}{s^n}$$

$$\mathcal{L}\left\{\frac{1}{(n-1)!}t^{n-1}\right\} = \frac{1}{s^n}$$

그러므로 $n=1$인 경우의 역변환식을 구해보자.

$$\begin{aligned} f(t) &= \mathcal{L}^{-1}\left\{\frac{1}{s}\right\} \\ &= \frac{1}{(1-1)!}t^{1-1} \\ &= \frac{1}{0!} = 1, \quad (0! = 1) \end{aligned}$$

이번에는 $n=2$인 경우의 역변환식을 구해보자.

$$\begin{aligned} f(t) &= \mathcal{L}^{-1}\left\{\frac{1}{s^2}\right\} \\ &= \frac{1}{(2-1)!}t^{2-1} \\ &= t \end{aligned}$$

그리고 앞에서 충분히 익힌 여러 가지 라플라스 변환식으로부터 그 역변환식을 유추해 보자.

$$f(t) = \mathcal{L}^{-1}\left\{\frac{1}{s-a}\right\} = e^{at}$$

$$f(t) = \mathcal{L}^{-1}\left\{\frac{1}{s-a} + \frac{1}{s-b}\right\} = e^{at} + e^{bt}$$

$$f(t) = \mathcal{L}^{-1}\left\{\frac{s}{s^2+\omega^2}\right\} = \cos\omega t$$

$$f(t) = \mathcal{L}^{-1}\left\{\frac{\omega}{s^2+\omega^2}\right\} = \sin\omega t$$

$$f(t) = \mathcal{L}^{-1}\left\{\frac{s}{s^2-a^2}\right\} = \cosh at$$

$$f(t) = \mathcal{L}^{-1}\left\{\frac{a}{s^2-a^2}\right\} = \sinh at$$

$$f(t) = \mathcal{L}^{-1}\left\{\frac{s+a}{(s+a)^2+\omega^2}\right\} = e^{-at}\cos\omega t$$

$$f(t) = \mathcal{L}^{-1}\left\{\frac{a}{(s-a)^2-a^2}\right\} = e^{at}\sinh at$$

바다와 수학

전달함수

전공 과정에 본격적으로 들어가게 되면 제어공학 과목에서 전달함수라는 것을 배우게 된다. 깊이 있는 부분은 전공에서 심도 있게 배우기를 바라며 여기서는 기본적인 개념에 대해서만 이야기 하겠다.

어떤 제어시스템에 $r(t)$가 입력되었을 때 이에 상응하는 출력을 $y(t)$라고 하자. 그리고 모든 초기조건이 0이라고 할 때 그 입력과 출력의 라플라스 변환 비를 전달함수[Transfer function]라고 하며 아래와 같이 나타낼 수 있다.

$$G(s) = \frac{\mathcal{L}\{y(t)\}}{\mathcal{L}\{r(t)\}} = \frac{Y(s)}{R(s)}$$

그런데 이 전달함수는 상수계수 선형 상미분방정식으로 표현되는 제어시스템에서만 의미가 있다. 또한 이 전달함수는 어떤 제어시스템에 입력이 주어질 때 그 상응하는 출력이 어떻게 나오는지 즉, 그 입출력 사이의 전달 특성을 파악하기 위한 것이기 때문에 이 전달함수를 구할 때에는 시스템의 초기상태를 모두 "0"으로 두고 구한다.

또한 입력과 출력이 모두 정현파인 경우의 전달함수 $G(j\omega)$를 주파수 전달함수라 하고 아래와 같이 표현한다.

$$G(j\omega)=\frac{\mathcal{L}\{y(t)\}}{\mathcal{L}\{r(t)\}}=\frac{Y(j\omega)}{R(j\omega)}$$

그럼 몇 가지의 경우에 대한 전달함수를 구해 보자.

그림과 같이 콘덴서로만 이뤄져 있는 전기회로에 전류 $i(t)$가 흐른다고 하자. 이러한 전기회로의 입력을 전류 $i(t)$라 하고 콘덴서에 인가되는 전압 $v_o(t)$을 출력이라 하면 전달함수는 어떻게 되는지 구해 보자. 콘덴서에서 발생하는 전압은 다음 식으로 나타낼 수 있다.

$$v_o(t)=\frac{1}{C}\int_0^t i\,dt$$

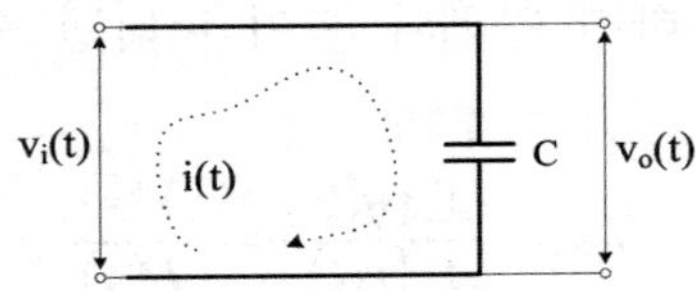

이 식을 라플라스 변환하면 다음과 같다.

$$\mathcal{L}\{v_o(t)\}=\mathcal{L}\left\{\frac{1}{C}\int_0^t i\,dt\right\}$$

$$\therefore V_o(s)=\frac{1}{Cs}I(s)$$

그러므로 이 전달함수는 다음과 같다.

$$G(s) = \frac{\mathcal{L}\{v_0(t)\}}{\mathcal{L}\{i(t)\}} = \frac{V_o(s)}{I(s)} = \frac{1}{Cs}$$

이번에는 인덕턴스와 저항으로 구성된 전기회로의 입력전압과 저항에서 발생하는 출력전압에 대한 전달함수를 구해보자. 먼저 입력전압에 대한 라플라스 변환 결과는 다음과 같다.

$$v_i(t) = L\frac{d}{dt}i(t) + Ri(t)$$

$$\mathcal{L}\{v_i(t)\} = L[sI(s) - i(o)] + RI(s)$$

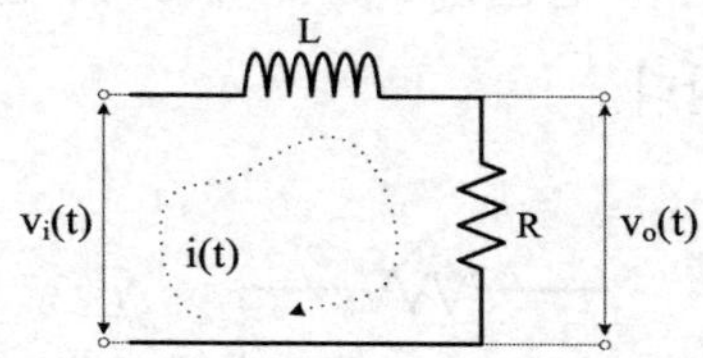

그런데 전달함수를 구하기 위해서 모든 초기조건을 "0"으로 두고 계산하므로 입력에 대한 라플라스 변환 결과는 다음과 같이 된다.

$$\mathcal{L}\{v_i(t)\} = (Ls + R)I(s)$$

또한 출력전압에 대한 라플라스 변환 결과는 다음과 같다.

$$v_o(t) = Ri(t)$$

$$\therefore \mathcal{L}\{v_o(t)\} = RI(s)$$

그러므로 전달함수는 다음과 같다.

$$\therefore G(s) = \frac{\mathcal{L}\{v_o(t)\}}{\mathcal{L}\{v_i(t)\}}$$

$$= \frac{V_o(s)}{V_i(s)}$$

$$= \frac{RI(s)}{(Ls+R)I(s)}$$

$$= \frac{1}{(Ts+1)}, \qquad T = \frac{L}{R}$$

여기서 T는 시정수이다. 또한 저항과 콘덴서로 구성된 전기회로의 공급전압과 콘덴서에 걸리는 전압에 대한 전달함수를 구해보자. 먼저 입출력에 대한 라플라스 변환 결과는 다음과 같다.

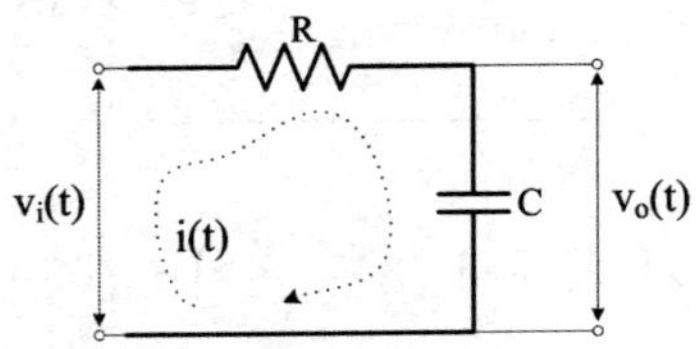

입력전압: $$v_i(t) = Ri(t) + \frac{1}{C}\int_0^t i\,dt$$

$$\therefore \mathcal{L}\{v_i(t)\} = RI(s) + \frac{1}{Cs}I(s)$$

출력전압: $$v_o(t) = \frac{1}{C}\int_0^t i\,dt$$

$$\therefore \mathcal{L}\{v_o(t)\} = \frac{1}{Cs}I(s)$$

그러므로 전달함수는 다음과 같다.

$$\therefore G(s) = \frac{\mathcal{L}\{v_o(t)\}}{\mathcal{L}\{v_i(t)\}}$$

$$= \frac{V_o(s)}{V_i(s)}$$

$$= \frac{\frac{1}{Cs} I(s)}{\left(R + \frac{1}{Cs}\right) I(s)}$$

$$= \frac{1}{(Ts+1)}, \qquad T = RC$$

이 식이 바로 RC 저역통과필터회로[Low pass filter circuit]의 전달함수이다. 여기서 입력전압이 사인파의 교류전압이라고 하자. 그러면 $s = j\omega$라고 둘 수 있다. 따라서 전달함수는 아래와 같이 복소수 형태가 된다.

$$G(s) = G(j\omega) = \frac{1}{(1 + j\omega T)}$$

그러므로 이 전달함수의 크기는 다음과 같다.

$$|G(j\omega)| = \left| \frac{1}{(1 + j\omega T)} \right|$$

$$= \frac{1}{\sqrt{1^2 + (\omega T)^2}}$$

이 전달함수의 크기를 이득이라고 하는데, 이득이 커지도록 하려면 어떻게 해야 하는가. 각주파수 ω를 작게 해야 한다. 그런데 각주파수는 $\omega=2\pi f$와 같이 표현되기 때문에 주파수 f가 낮을수록 이득이 커진다는 것과 같은 의미이다. 특히, 각주파수가 $\omega=0$라고 한다면 즉, 주파수가 $f=0$인 경우의 이득은 1이 된다. 이는 입력신호가 직류인 경우에 해당된다.

$$|G(j\omega)|=\frac{1}{\sqrt{1^2+(0\times T)^2}}=1$$

이와는 반대로 주파수가 커지면 커질수록 이득은 급격히 감소할 것이다. 따라서 RC저역통과필터는 교류신호가 입력될 경우, 어느 주파수까지는 통과시키고 어느 주파수부터 걸러내는 역할을 하는 회로이다. 또한 걸러내고자 하는 특정 주파수의 선택은 시정수($T=RC$)에 포함된 저항과 콘덴서 C값에 의해 결정된다. 이 필터에 의해 걸러진 고주파 성분은 모두 저항 R에서 소모된다.

바다와 수학

라플라스 변환과 역변환을 이용한 미분방정식 풀이

상수계수 선형 상미분방정식의 일반해를 구하는 방법에 대해 우리는 앞에서 배웠다. 그러나 그 보다도 훨씬 쉬운 미분방정식 풀이 기법이 바로 라플라스 변환과 그 역변환을 이용하는 방법이다. 이제 그 체험 속으로 들어가 보자. 우리는 앞에서 2계 상수계수 선형 상미분방정식을 다음과 같이 나타내었다.

$$y'' + ay' + by = R(x)$$

그런데 라플라스 변환과 역변환을 이용한 풀이 과정에서 혼돈을 피하기 위하여 이 식에서 대문자로 표현된 $R(x)$을 소문자 $r(x)$로, 공간변수 x을 시간변수 t로 바꾸자.

$$y''(t) + ay'(t) + by(t) = r(t)$$

그리고 $t=0$일 때의 초기조건을 $y = y(0)$, $y' = y'(0)$라고 하자. 그럼 미분방정식을 풀 준비는 끝났다. 그리고 이제 우리가 앞에서 배웠던 미분을 라플라스 변환하는 방법을 여기에 그대로 적용해보자.

$$\mathcal{L}\{y'(t)\} = sY(s) - y(0)$$
$$= Y'(s), \quad (n=1)$$

$$\mathcal{L}\{y''(t)\} = sY^{2-1}(s) - y^{2-1}(0)$$
$$= sY'(s) - y'(0)$$
$$= s[sY(s) - y(0)] - y'(0)$$
$$= Y''(s), \quad (n \geq 2)$$

$$\mathcal{L}\{r(t)\} = R(s)$$

이 라플라스 변환 결과를 주어진 미분방정식에 대입하고 정리해 보자.

$$\mathcal{L}\{y''(t) + ay'(t) + by(t)\}$$
$$= \{[s^2Y(s) - sy(0)] - y'(0)\} + a\{sY(s) - y(0)\} + bY(s) = R(s)$$

이 식을 $Y(s)$에 대해 정리해 보자.

$$\{[s^2Y(s) - sy(0)] - y'(0)\} + a\{sY(s) - y(0)\} + bY(s) = R(s)$$
$$s^2Y(s) + asY(s) + bY(s) = sy(0) + y'(0) + ay(0) + R(s)$$
$$(s^2 + as + b)Y(s) = sy(0) + y'(0) + ay(0) + R(s)$$
$$\therefore Y(s) = \frac{(s+a)y(0) + y'(0)}{(s^2 + as + b)} + \frac{R(s)}{(s^2 + as + b)}$$

이 식을 역변환하면 이 미분방정식의 특수해를 구할 수 있다.

$$y(t) = \mathcal{L}^{-1}\{Y(s)\}$$

$$= \mathcal{L}^{-1}\left\{\frac{(s+a)y(0)+y'(0)}{(s^2+as+b)} + \frac{R(s)}{(s^2+as+b)}\right\}$$

그리고 이 식에서 $R(s)=0$라고 두면 일반해를 얻게 된다. 따라서 라플라스 역변환을 통하여 구한 특수해와 일반해를 합하면 이 미분방정식의 일반해를 얻을 수 있게 된다.

어떤가! 2계 상미분방정식이 라플라스 변환되면 변환 함수 $Y(s)$는 s와 상수들만을 포함하는 분수 꼴로 바뀌고 미분방정식은 계산하기 쉬운 대수방정식으로 다시 태어났다. 왜냐하면 $R(s)$도 s와 상수로만 이뤄지기 때문이다. 그리고 이 대수방정식을 역변환하기만 하면 구하기 까다롭던 미분방정식의 해를 매우 쉽게 얻을 수 있게 된다.

라플라스여! 당신에게 3개 국어로 동시에 고마움을 표하는 바요!

"땡큐! 감사! 아리가또우고자이마스요!"

그럼 여기서 문제를 풀어보자.

$y''(t)+ay'(t)+by(t)=r(t)$인 2계 상수계수 선형 상미분방정식의 상수계수 값이 각각 $a=-3$, $b=2$이고 $r(t)=1$이면 다음과 같이 된다.

$y''(t)-3y'(t)+2y(t)=1$

단, 초기조건은 $t=0$일 때 $y(0)=1$, $y'(0)=0$라고 하자.

이 미분방정식을 라플라스 변환과 그 역변환을 이용하여 특수해 y_p를 구해보자. 위의 미분방정식을 라플라스 변환하고 $Y(s)$에 대해 정리하면 다음과 같다.

$$Y(s)=\frac{(s-3)y(0)+y'(0)}{(s^2-3s+2)}+\frac{1}{s(s^2-3s+2)}$$

$$=\frac{s(s-3)+1}{s(s-1)(s-2)}$$

$$=\frac{A}{s}+\frac{B}{(s-1)}+\frac{C}{(s-2)}$$

여기서 A, B, C 값은 아래와 같이 구할 수 있다.

$$A(s-1)(s-2)+Bs(s-2)+Cs(s-1)$$

$$=s^2(A+B+C)-s(3A+2B+C)+2A$$

$$=s^2-3s+1$$

$$A+B+C=1,\ \ 3A+2B+C=3,\ \ 2A=1$$

$$\therefore A=\frac{1}{2},\ \ B=1,\ \ C=-\frac{1}{2}$$

또한 다른 방법으로도 A, B, C 값을 구할 수 있다. 이 방법은 분모 항이 인수분해 되어 여러 개의 부분분수 꼴로 전개될 때 매우 유용한 방법이다.

$$Y(s)=\frac{s(s-3)+1}{s(s-1)(s-2)}$$

$$=\frac{A}{s}+\frac{B}{(s-1)}+\frac{C}{(s-2)}$$

이 식의 양변에 s를 곱하고 $s=0$을 대입하면 A값을 구할 수 있다.

$$s\frac{s(s-3)+1}{s(s-1)(s-2)}=A+\frac{Bs}{(s-1)}+\frac{Cs}{(s-2)}$$

$$\frac{0(0-3)+1}{(0-1)(0-2)}=A+\frac{B\times0}{(0-1)}+\frac{C\times0}{(0-2)}$$

$$\therefore A=\frac{1}{2}$$

또한 양변에 $s-1$을 곱하고 $s=1$을 대입하면 B값을 구할 수 있다.

$$(s-1)\frac{s(s-3)+1}{s(s-1)(s-2)}=\frac{A}{s}(s-1)+B+\frac{C}{(s-2)}(s-1)$$

$$\frac{1(1-3)+1}{1(1-2)}=\frac{A}{1}(1-1)+B+\frac{C}{(1-2)}(1-1)$$

$$\therefore B=1$$

같은 방법으로 양변에 $s-2$를 곱하고 $s=2$를 대입하면 C값을 구할 수 있다.

$$(s-2)\frac{s(s-3)+1}{s(s-1)(s-2)}=\frac{A}{s}(s-2)+\frac{B}{(s-1)}(s-2)+C$$

$$\frac{2(2-3)+1}{2(2-1)}=\frac{A}{2}(2-2)+\frac{B}{(2-1)}(s-2)+C$$

$$\therefore C=-\frac{1}{2}$$

이제 역변환하면 특수해 y_p를 얻을 수 있다.

$$\mathcal{L}^{-1}\{Y(s)\}=\mathcal{L}^{-1}\left\{\frac{1}{2s}+\frac{1}{(s-1)}-\frac{1}{2(s-2)}\right\}$$

$$\therefore y_p(t)=\frac{1}{2}+e^t-\frac{1}{2}e^{2t}$$

이제 다음 미분방정식도 풀어보자.

$$y''(t)-4y(t)=0$$

단, 이 미분방정식의 초기조건은 $t=0$일 때 $y(0)=5$, $y'(0)=0$라고 하자. 이를 라플라스 변환하고 $Y(s)$에 대해 정리하면 다음과 같다.

$$sY'(s)-y'(0)-4Y(s)=0$$

$$s[sY(s)-y(0)]-y'(0)-4Y(s)=0$$

$$s^2Y(s)-sy(0)-y'(0)-4Y(s)=0$$

$$\therefore Y(s)=\frac{sy(0)+y'(0)}{s^2-4}=\frac{5s}{s^2-4}=5\frac{s}{s^2-2^2}$$

따라서 이를 역변환하면 그 해를 구할 수 있다.

$$y_h(t)=\mathcal{L}^{-1}\{Y(s)\}$$

$$=\mathcal{L}^{-1}\left\{5\frac{s}{s^2-2^2}\right\}$$

$$=5\mathcal{L}^{-1}\left\{\frac{s}{s^2-2^2}\right\}$$

$$\therefore y_h(t)=5\cosh 2t$$

제 18 장

라플라스 변환과 역변환을 이용한 공학문제 해결

하나는 근이요
하나는 검이다
勤儉

茶山 정약용

민어의 온도변화, 뉴턴의 사과, 전기회로 및 열전도 현상 등과 같은 역학적 · 공학적 문제 및 우리 주변 일상의 일들을 미분방정식으로 표현할 수 있음을 배웠다. 또한 그 미분방정식의 해를 구해냄으로써 그러한 현상이 어떻게 앞으로 변할 것인가를 미리 예측할 수 있게 해줄 뿐만 아니라 특히 역학적 혹은 공학적 실제 설계도 가능케 해준다.

그러나 미분방정식의 종류에 따라 그 해법이 다양하고 다소 복잡한 감이 없잖아 있다. 여기서는 미분방정식의 해를 보다 쉽게 구할 수 있는 방법인 라플라스 변환과 그 역변환을 이용하여, 미분방적식으로 표현되는 전기공학 및 진동공학에 관련된 몇 문제를 풀어보기로 한다.

바다와 수학

전기회로

저항 R과 코일 L 및 콘덴서 C가 직렬로 연결된 회로에서 전원 스위치를 닫아 직류전압 $V(t)$가 공급되었을 때 전류 값은 어떻게 되는지 알아보자. 그리고 회로에 있는 램프는 원래 저항으로 취급해야 하지만, 여기서는 RLC회로의 특징을 살펴보기 위해 저항이 전혀 없는 가상적인 램프로 간주하자. 그러면 이 전기회로를 아래와 같은 미분방정식으로 나타낼 수 있다.

$$L\frac{d}{dt}i(t)+Ri(t)+\frac{1}{C}\int_{0}^{t}i(t)dt=V(t)$$

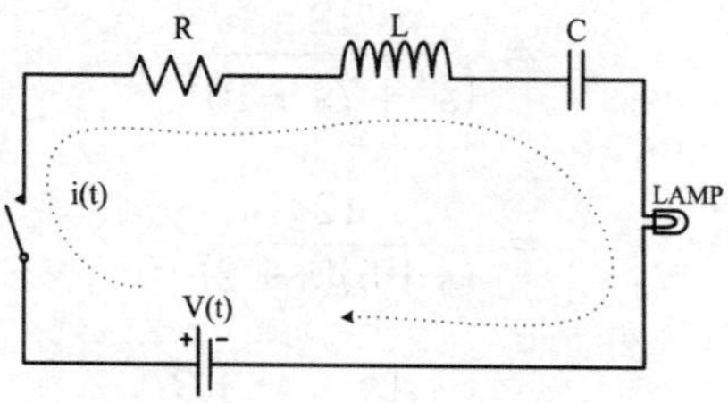

여기서 스위치를 닫기 직전의 조건은 $t=0$, $i=0$이다.
이 식을 라플라스 변환해 보자.

$$L[sI(s)-i(0)]+RI(s)+\frac{1}{C}\frac{I(s)}{s}=V(s)$$

$$I(s)\left[Ls+R+\frac{1}{Cs}\right]=Li(0)+V(s)$$

$$\therefore I(s)=\frac{Li(0)+V(s)}{Ls+R+\frac{1}{Cs}}$$

따라서 이 식에 초기조건을 대입하고 역변환 $\mathcal{L}^{-1}\{I(s)\}=i(t)$하면 특수해인 전류 $i(t)$ 값을 구할 수 있게 된다. 여기서 $L=2$, $R=14$, $C=0.05$, $V=24$인 조건에서의 전류값을 구해보자.

$$I(s)=\frac{0+24\frac{1}{s}}{2s+14+\frac{1}{0.05s}}$$

$$=\frac{24}{2s^2+14s+20}$$

$$=\frac{12}{(s^2+7s+10)}$$

$$=\frac{12}{(s+5)(s+2)}$$

$$=\frac{A}{(s+5)}+\frac{B}{(s+2)}$$

여기서 스위치를 닫기 직전의 전류는 $i(0)=0$이고, 전압 $V=24$에 대한 라플라스 변환 결과는 $\mathcal{L}\{V\}=V(s)=\mathcal{L}\{24\}=24/s$임을 여러분들은 이미 잘 알고 있을 것이다.

다음으로 A 값을 결정해 보자.

$$\frac{12}{(s+5)(s+2)}=\frac{A}{(s+5)}+\frac{B}{(s+2)}$$

$$\frac{12}{(s+5)(-5+2)}(s+5)=A+\frac{B}{(-5+2)}(-5+5)$$

$$\therefore A=\frac{12}{(-5+2)}=-4$$

같은 방법으로 B값도 구할 수 있다.

$$B=\frac{12}{(-2+5)}=4$$

그러므로 A, B값을 대입하고 역변환하면 다음과 같이 전류값을 구할 수 있다.

$$\mathcal{L}^{-1}\{I(s)\}=i(t)$$

$$=\mathcal{L}^{-1}\left\{-\frac{4}{(s+5)}+\frac{4}{(s+2)}\right\}$$

$$\therefore i(t)=-4e^{-5t}+4e^{-2t}$$

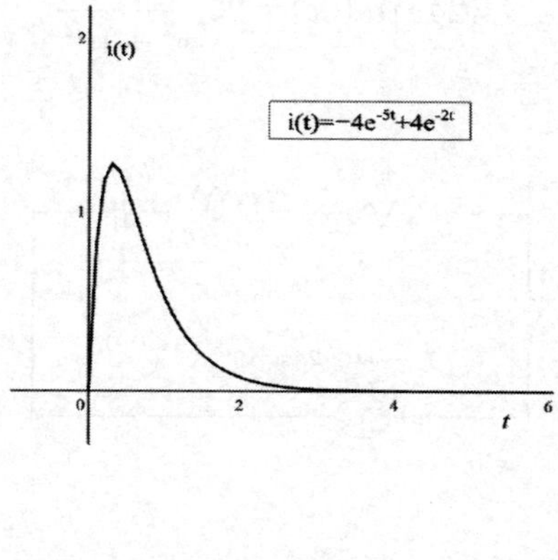

이 그림을 잘 보기 바란다. 전원 스위치를 닫자 전류가 급속히 증가하다 약 1초 정도 지난 후에 최대 전류가 흐르고, 3초 정도가 되면 전류가 흐르지 않는다. 이는 전류가 순간적으로 흐르다 멈춘 경우로 램프가 깜빡 켜졌다가 꺼지는 상태임을 말해준다. 이와 같이 라플라스 역변환을 통해 미분방정식을 풀어 봄으로써 다양한 전기회로를 제작하기 전에 그 특성을 예측할 수 있게 된다.

그런데 왜 이런 깜박거림 현상이 일어날까?

바로, 콘덴서 때문이다.

콘덴서가 있는 직류 전기회로에 스위치를 넣으면 전하가 흘러 콘덴서가 충전되기 시작한다. 이 순간에는 전하가 흐르기 때문에 전류가 회로에 흘러 램프에 불이 켜진다. 하지만 약 3초 후에 콘덴서에 전하가 가득 차게 되면, 즉 충전이 완료되면 전류가 더 이상 흐르지 않게 되고 역시 램프의 불도 꺼지게 된다.

이번에는 같은 전기회로에 다만 직류전압 대신에 교류전압 $v(t)=24\sin 10t$가 공급되었을 때 전류값은 어떻게 되는지 알아보자. 다만 $L=1$, $R=16$, $C=0.01$이라 하자. 이와 같이 교류전압이 공급되는 경우의 라플라스 변환식은 직류전압의 $V(s)$ 부분을 다음과 같이 교류전압 $v(t)=24\sin 10t$를 라플라스 변환한 것으로 대체하기만 하면 된다.

$$\mathcal{L}\{24\sin 10t\}=24\frac{10}{s^2+10^2}$$

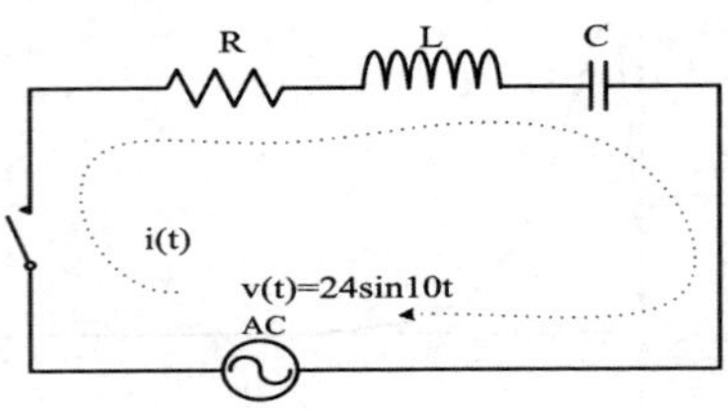

$$I(s)=\frac{Li(0)+V(s)}{Ls+R+\frac{1}{Cs}}$$

$$=\frac{1}{Ls+R+\frac{1}{Cs}}\left(24\frac{10}{s^2+10^2}\right)$$

따라서 교류전류에 대한 라플라스 변화 결과는 다음과 같이 된다.

$$I(s)=\frac{1}{s+16+\frac{1}{0.01s}}\left(24\frac{10}{s^2+10^2}\right)$$

이제 이 식을 역변환하기 쉽도록 부분분수 꼴로 만들어 보자.

$$I(s)=\frac{240s}{s^2+16s+100}\left(\frac{1}{s^2+10^2}\right)$$

$$=\frac{A}{s^2+16s+100}+\frac{B}{s^2+10^2}$$

그 다음 A, B값을 구해보자.

$$A(s^2+10^2)+B(s^2+16s+100)$$

$$s^2(A+B)=0,\ \ 16sB=240s,\ \ 100(A+B)=0$$

$$\therefore A=-15,\ \ B=15$$

따라서 라플라스 변환 결과는 다음과 같다.

$$I(s) = -\frac{15}{s^2+16s+100} + \frac{15}{s^2+10^2}$$

$$= -\frac{15}{6}\frac{6}{(s+8)^2+6^2} + \frac{15}{10}\frac{10}{s^2+10^2}$$

$$= -2.5\frac{6}{(s+8)^2+6^2} + 1.5\frac{10}{s^2+10^2}$$

이 식을 역변환하면 구하고자 하는 해를 얻을 수 있다.

$$\mathcal{L}^{-1}\{I(s)\} = \mathcal{L}^{-1}\left\{-2.5\frac{6}{(s+8)^2+6^2} + 1.5\frac{10}{s^2+10^2}\right\}$$

$$\therefore i(t) = -2.5e^{-8t}\sin 6t + 1.5\sin 10t$$

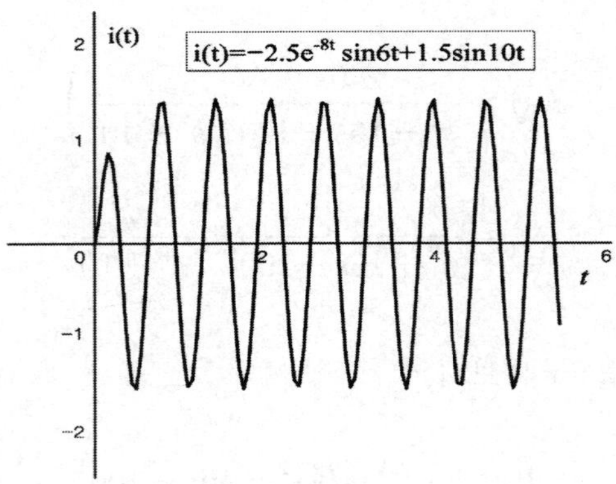

순간 전류만 흘렀던 직류회로와는 달리 전류가 계속 흐른다. 그러니 가상의 램프가 어둠 속을 환하게 밝혀 줄 것이다. 이는 교류회로에서는 콘덴서가 있어도 전하의 흐름만 바뀔 뿐 전류는 계속 흐르기 때문이다.

바다와 수학

스프링 진동

천지가 진동한다라는 말이 있듯이 흔들리는 현상을 진동이라고 한다. 호수에 돌을 퐁당 던질 때 둥근 원을 그리며 물결이 퍼져 나가는 현상도 진동 현상의 하나이다. 진동은 배에서도 매우 중요한 문제이다. 특히 주기관 회전속도와 크랭크축의 고유 진동이 겹치는 구간에서 엔진을 계속 운전하면 공진에 의해 엔진 크랭크축이 크게 파손될 우려가 있다.

이 엔진 속도구간을 '위험속도, Critical R.P.M' 구간이라 하고 엔진의 속도를 올리거나 내릴 때 가능한 한 이 구간을 빨리 벗어나야 한다.

많은 중요한 진동문제를 다루는데 있어 가장 기초적이면서도 진동에 대한 개념을 확립하는데 도움이 되는 것 중에 하나가 아마도 스프링의 진동문제가 아닐까 싶다.

질량 m인 추를 스프링에 매달면 그 무게만큼 아래로 처진 후 가만히 정지할 것이다. 왜냐하면 질량 m인 추에 아래쪽으로 작용하는 중력과 스프링이 끌어 올리려는 힘이 평형을 이루기 때문이다.

이렇게 평형을 이루며 대롱대롱 매달려 있는 추를 지나가던 사람이 장난삼아 아래로 잡아 당겼다 놓았다고 하자. 추는 위아래를 오가며 요란스럽게 진동할 것이고, 사람은 놀라서 잽싸게 도망가 버릴 것이다.

그런데 이 추가 우리 주변과 같은 공기저항이 있는 곳에서 진동할 때와 아무런 저항이 없을 때, 혹은 반대로 공기보다 더 저항이 큰 기름과 같은 빽빽한 유체에서 진동할 때 과연 어떻게 진동할지 생각해 보자.

정지해 있던 평형점에서 지나가던 사람이 끌어 내린 추의 거리를 x라 하면 끌어 내린 거리 x에 비례하는 스프링의 탄성력이 추를 위로 끌어 올리려 할 것이다. 그러면 질량 m에 작용하는 힘은 뉴턴의 사과와 같이 $F=ma$이다. 그리고 이와 반대로 복원시키려는 스프링의 탄성력은 $-kx$라고 하자. 여기서 k는 비례상수이며 스프링의 종류에 따라 달라진다.

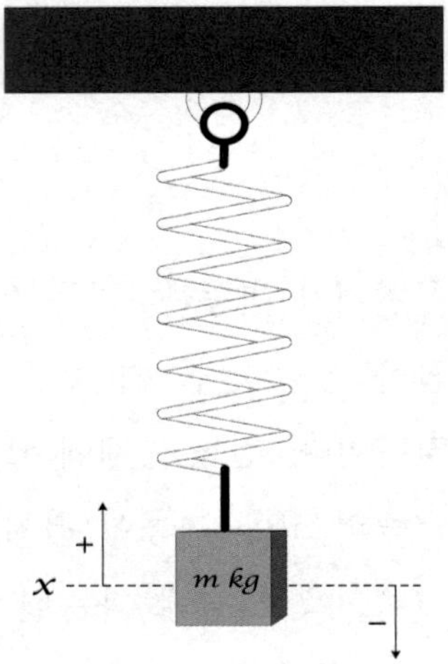

또한 공기 중에서 추가 움직이므로 추가 움직이는 속도에 비례하는 공기 저항력 $-R\frac{dx}{dt}$이 추에 작용한다고 하자. 여기서 R은 비례상수이며 추가 움직이는 공간의 유체의 종류에 따라 다른 값을 갖게 될 것이다.

이를 식으로 표현하면 다음과 같은 미분방정식으로 나타낼 수 있을 것이다.

$$m\frac{d^2x}{dt^2}=-kx-R\frac{dx}{dt}$$

$$\therefore m\frac{d^2x}{dt^2}+R\frac{dx}{dt}+kx=0$$

그런데 이 미분방정식의 일반해를 구하기 전에 먼저 물리적인 의미부터 파악해 보자. 그러면 진동에 대한 전반적인 개념을 어느 정도 이해할 수 있을 것이다.

이 식에서 만일 공기와 같은 저항이 전혀 없는 곳에서 추가 움직인다고 가정해 보자. 그러면 다음과 같이 될 것이다.

$$m\frac{d^2x}{dt^2}=-kx$$

이 식을 가만히 보기 바란다. 앞에서 여러 번 이야기했던 꼴이다. 두 번 미분하니 도로 자기 자신이 되지만 부호가 다른 모양새이다. 이런 함수는 어떤 것이었을까? 바로 삼각함수 $\cos x$와 $\sin x$이었다. 그럼 이 2계 미분방정식의 일반해는 삼각함수를 포함하는 어떤 형태일 것이라는 것이 상상된다. 이제 어느 정도 그림이 그려졌으니 다시 추에 대한 저항력이 포함된 원래 식으로 돌아가자.

$$\frac{d^2x}{dt^2}+\frac{R}{m}\frac{dx}{dt}+\frac{k}{m}x=0$$

이 식은 2계 동차 상수계수 선형 상미분방정식이므로 앞에서 배웠던 미분 연산자를 이용해서 나타내고 그 보조방정식의 근을 먼저 구해보자.

$$(D^2+aD+b)x=0, \quad a=\frac{R}{m},\ b=\frac{k}{m}$$

$$\lambda^2+a\lambda+b$$
$$\therefore \lambda=\frac{-a\pm\sqrt{4b-a^2}}{2}$$

그런데 앞에서 대략적인 해의 형태가 삼각함수의 어떤 모양새일 것이라고 실마리를 잡았었다. 복소수 세계에서는 지수함수와 삼각함수가 서로 호환됨을 우리는 앞에서 배웠다. 그래서 이 보조방정식의 근을 복소수 꼴로 만들기 위해 근호 안의 값이 0보다 작다고 하자. 그러면 근의 형태와 일반해는 다음과 같이 될 것이다.

$$\lambda_1 = \frac{-a+\sqrt{4b-a^2}}{2} = -\sigma + j\omega$$

$$\lambda_2 = \frac{-a-\sqrt{4b-a^2}}{2} = -\sigma - j\omega$$

$$\left(\sigma = \frac{a}{2},\ j\omega = \frac{\sqrt{4b-a^2}}{2}\right)$$

$$\therefore x = c_1 e^{\lambda_1 t} + c_2 e^{\lambda_2 t}$$

여기서 만일 $c_1 = c_2 = \frac{1}{4}$라고 하면 다음과 같이 될 것이다.

$$\begin{aligned} x &= \frac{1}{4}\left(e^{\lambda_1 t} + e^{\lambda_2 t}\right) \\ &= \frac{1}{4}\left[e^{(-\sigma + j\omega)t} + e^{(-\sigma - j\omega)t}\right] \\ &= \frac{1}{4}e^{-\sigma t}\left(e^{j\omega t} + e^{-j\omega t}\right) \end{aligned}$$

그런데 이 식의 괄호 안의 부분은 오일러 공식을 이용하여 삼각함수 형태로 변환시킬 수 있다.

$$x = \frac{1}{4}e^{-\sigma t}\left[(\cos\omega t + j\sin\omega t) + (\cos\omega t - j\sin\omega t)\right]$$

$$\therefore x = \frac{1}{2}e^{-\sigma t}\cos\omega t$$

그리고 마지막으로 이 식에서 $\cos\omega t$의 초기진폭 1/2을 A로 바꾸면 스프링에 매달린 추의 진동에 대한 미분방정식의 일반해를 다음과 같이 얻을 수 있다.

$$x = Ae^{-\sigma t}\cos\omega t$$

이 식에서 만일 자연지수함수의 지수부분이 만일 $\sigma = 0 = \dfrac{a}{2}$라고 하면 스프링에 매달린 추는 어떤 운동을 할까? 결국 $a = \dfrac{R}{m} = 0$이 되고 추에 대한 운동방정식도 $\dfrac{d^2x}{dt^2} = -\dfrac{k}{m}x$이 되어 그 해는 다음과 같은 형태가 된다.

$$x = A\cos\omega t$$

이 식은 저항이 전혀 없는 $R = 0$인 공간에서 일어날 수 있는 운동을 나타낸다. 이러한 공간에서 지나가던 사람이 추를 잡아당기면 당긴 만큼의 진폭을 그대로 유지하며 진동을 무한 반복하게 될 것이다. 이와 같은 추의 운동을 단순조화운동이라고 한다. 이와 같이 단순조화운동하는 추에 대한 문제를 풀어보자. 우선 미분방정식을 라플라스 변환시키면 다음과 같다.

$$\begin{aligned}
&\mathcal{L}\left\{x''(t) + \frac{k}{m}x(t)\right\} \\
&= sX'(s) - x'(0) + \frac{k}{m}X(s) \\
&= s\,[sX(s) - x(0)] - x'(0) + \frac{k}{m}X(s) \\
&= s^2X(s) - sx(0) - x'(0) + \frac{k}{m}X(s) \\
&= 0
\end{aligned}$$

$$\therefore X(s) = \frac{sx(0) + x'(0)}{s^2 + \dfrac{k}{m}}$$

여기서 만일 질량 $m=1$, 비례계수 $k=9$, 잡아당긴 거리가 $x(0)=-5$이고 $x'(0)=0$이라고 하면 다음과 같이 추의 단순조화운동에 대한 해를 구할 수 있다.

$$\mathcal{L}\{x(t)\}=X(s)=\frac{sx(0)+x'(0)}{s^2+\frac{k}{m}}=\frac{-5s}{s^2+\frac{9}{1}}$$

$$\begin{aligned}\therefore \mathcal{L}^{-1}\{X(s)\} &= x(t)\\ &= \mathcal{L}^{-1}\left\{\frac{-5s}{s^2+3^2}\right\}\\ &= -5\cos 3t\end{aligned}$$

이는 진폭 $A=-5$이고 각속도 $\omega=3$임을 뜻한다.

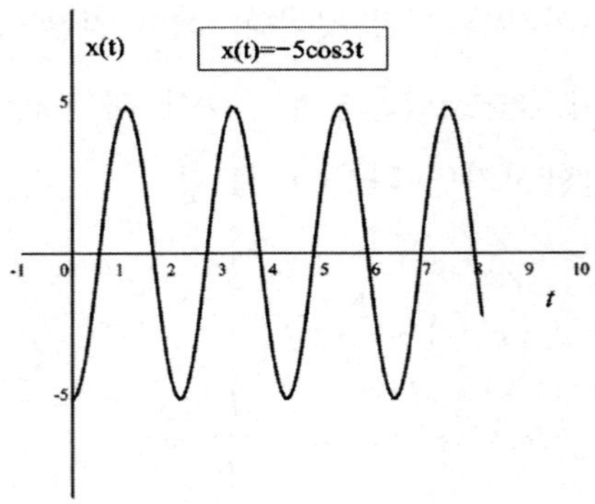

이번에는 공기와 같은 가벼운 저항력이 작용할 때 추의 진동이 어떻게 되는지 알아보자.

$$\frac{d^2x}{dt^2}+\frac{R}{m}\frac{dx}{dt}+\frac{k}{m}x=0$$

이 식을 라플라스 변환해 보자.

$$\begin{aligned}\mathcal{L}\{x(t)\} &= [sX'(s)-x'(0)]+\frac{R}{m}[sX(s)-x(0)]+\frac{k}{m}X(s)\\ &= \{s[sX(s)-x(0)]-x'(0)\}+\frac{R}{m}[sX(s)-x(0)]+\frac{k}{m}X(s)\\ &= s^2X(s)-sx(0)-x'(0)+\frac{R}{m}sX(s)-\frac{R}{m}x(0)+\frac{k}{m}X(s)\\ &=0\end{aligned}$$

$$\therefore X(s)=\frac{sx(0)+x'(0)+\dfrac{R}{m}x(0)}{s^2+\dfrac{R}{m}s+\dfrac{k}{m}}$$

여기서 만일 질량 $m=1$, 비례계수 $k=9$, 저항계수 $R=4$, 잡아당긴 거리가 $x(0)=-5$이고 $x'(0)=0$이라고 하면 추의 진동운동은 다음과 같다.

$$\begin{aligned}X(s) &= \frac{-5s-20}{s^2+4s+9}\\ &= \frac{-5(s+2)-10}{(s+2)^2+5}\\ &=-5\frac{(s+2)}{(s+2)^2+(\sqrt{5})^2}-\frac{10}{\sqrt{5}}\frac{\sqrt{5}}{(s+2)^2+(\sqrt{5})^2}\end{aligned}$$

$$\mathcal{L}^{-1}\{X(s)\}=\mathcal{L}^{-1}\left\{-5\frac{(s+2)}{(s+2)^2+(\sqrt{5})^2}-\frac{10}{\sqrt{5}}\frac{\sqrt{5}}{(s+2)^2+(\sqrt{5})^2}\right\}$$

$$\therefore x(t)=-5e^{-2t}\left(\cos\sqrt{5}\,t+\frac{2}{\sqrt{5}}\sin\sqrt{5}\,t\right)$$

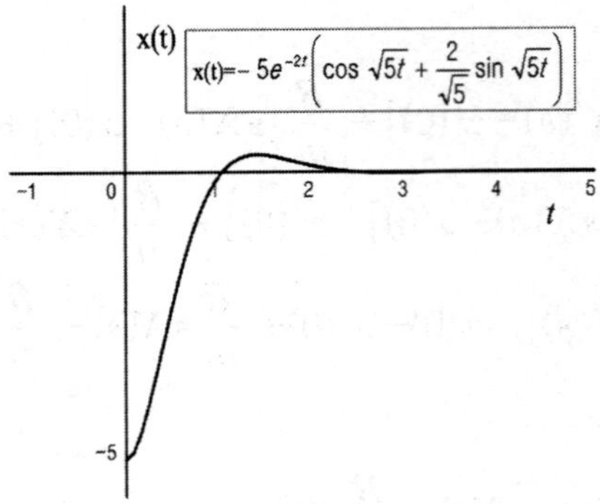

이 식에 $t=0$을 대입하면 $x=-5$가 되어 처음 잡아당긴 위치가 된다. 그리고 스프링이 출렁출렁 거리다가 $t=\infty$가 되면 진동은 점점 줄어들고 결국 $x=0$인 위치에서 추의 진동이 멈추게 된다. 이러한 진동을 감쇄진동운동이라고 한다.

이번에는 공기보다 더 큰 저항력이 작용할 때 추의 진동을 살펴보자. 먼저 기관사관 여러분들이 앞으로 많이 다루게 될 배의 기름 이야기부터 하고 가겠다.

배를 타게 되면 기관사관들이 직접 매일 매일의 연료소모량을 계산해서 기관사관당직일지에 기록해야 한다. 그런데 대형선박의 하루 연료 소모량은 어마어마한 양이다. 그래서 주유소에서 자동차에 넣는 가솔린유나 디젤유를 선박 연료로 사용한다면 상선을 운항해서 얻는 수입보다 기름값으로 나가는 돈이 더 많을지도 모른다.

그래서 선박에서는 수지타산을 맞추기 위해 연료유로서 저질유의 하나인 벙커C(bunker−C)유를 많이 사용하고 있다. 그런데 벙커C유는 도로를 포장할 때 사용하는 아스팔트유와 거의 비슷한 상태의 기름이기 때문에 상온에서는 뻣뻣하게 굳어버려 거의 흐르지 못한다. 이러한 굳은 상태의 연료유를 물처럼 잘 흘러가게 하기 위해서는 가열 장치가 필요한데 배에서는 보일러의 증기를 이용하여 가열하고 있다.

물론 간편하게 전기가열기로 사용하면 되지 않나 하고 생각할 수도 있으나 전기를 사용하게 되면 폭발위험성도 있고 많은 기름을 가열하기에는 열용량이 작아 안전성과 열용량을 고려할 때 보일러가 제격이라고 할 수 있다. 그래서 배에 보일러를 설치하는 일차적인 목적은 벙커C와 같은 저질 연료유를 가열하기 위함이고, 부차적으로는 식사와 요리를 위한 주방용도 및 선원 주거공간의 난방 등을 위해서이다.

이러한 벙커C유를 어느 정도 가열한 후 그 속에서 추를 잡아 당겨놓았다고 하자. 이때의 저항력을 R=6이라고 할 경우 추의 움직임은 어떻게 될까? 풀기 쉽다. 바로 앞에서 다뤘던 공기가 저항으로 작용하는 경우의 라플라스 변환식에 단지 저항계수 값을 $R=6$으로 바꾸기만 하면 된다.

$$\begin{aligned} X(s) &= \frac{-5s-30}{s^2+6s+9} \\ &= \frac{-5s-30}{(s+3)^2} \\ &= \frac{A}{(s+3)}+\frac{B}{(s+3)^2} \end{aligned}$$

$$\frac{A(s+3)+B}{(s+3)^2}=\frac{-5s-30}{(s+3)^2}$$

$$\therefore A=-5,\ \ B=-15$$

$$\begin{aligned} \mathcal{L}^{-1}\{X(s)\} &= \mathcal{L}^{-1}\left\{-\frac{5}{(s+3)}-\frac{15}{(s+3)^2}\right\} \\ &= -5e^{-3t}-15te^{-3t} \end{aligned}$$

$$\therefore x(t) = -5e^{-3t}(1+3t)$$

이 식에 $t=0$을 대입해 보자. 그러면 $x=-5$가 되어 처음 잡아당긴 위치에 해당된다. 그리고 스프링의 출렁거림이 전혀 없이 스르르 미끄러져 가듯 움직여 약 2초 후에 $x=0$인 중력과 평형점을 이루던 곳으로 옮겨간다. 즉, 진동이 전혀 일어나지 않음을 알 수 있다. 이를 임계 제동이라고 한다.

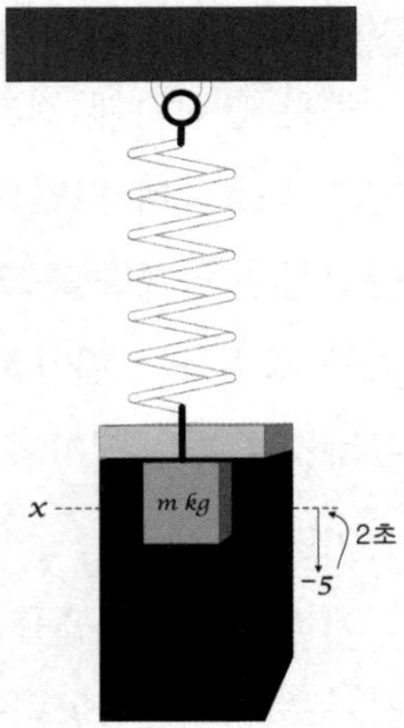

이제 온도가 더 내려가 보다 끈끈해진 벙커C유 속에서 추를 잡아 당겼다 놓았다 하자. 이때의 저항력을 $R=10$이라고 하자. 추가 어떻게 움직일까? 상상해 보라.

$$X(s)=\frac{-5s-5\times10}{s^2+10s+9}$$

$$=\frac{-5s-50}{(s+9)(s+1)}$$

$$=\frac{A}{(s+9)}+\frac{B}{(s+1)}$$

$$\frac{A(s+1)+B(s+9)}{(s+9)(s+1)}=\frac{-5s-50}{(s+9)(s+1)}$$

$$\therefore A=\frac{5}{8},\ B=-\frac{45}{8}$$

$$\mathcal{L}^{-1}\{X(s)\}=\mathcal{L}^{-1}\left\{\frac{5}{8}\frac{1}{(s+9)}-\frac{45}{8}\frac{1}{(s+1)}\right\}$$
$$=\frac{5}{8}e^{-9t}-\frac{45}{8}e^{-t}$$

$$\therefore x(t)=\frac{5}{8}e^{-9t}-\frac{45}{8}e^{-t}$$

이 결과 식에 $t=0$을 대입해 보자. 그러면 $x=-5$가 되어 처음 잡아당긴 위치가 된다. 그리고 이번에도 역시 추는 진동하지 않고 스르르 천천히 미끄러져 가듯 움직여 약 4.5초 후에 $x=0$인 곳으로 옮겨간다. 임계제동 때보다 시간이 더 걸려 평형점으로 이동하게 된다. 이를 과잉제동이라고 한다.

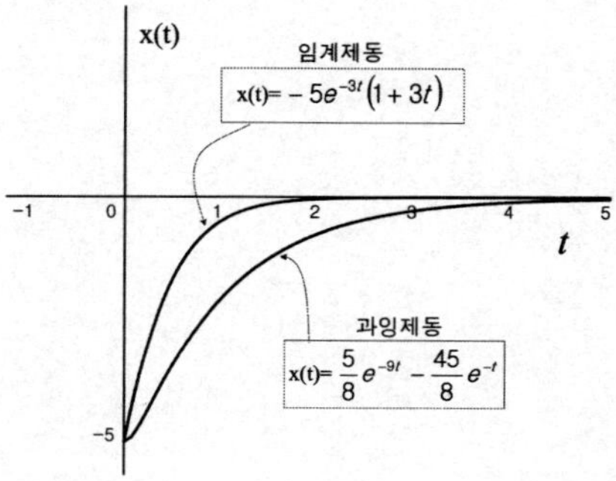

제 19 장

스패너

實踐

지금이 다산의 정신을 실천할 때이다

스패너 종류

여기서는 기관사관 여러분들이 배에 승선하게 되면 가장 많이 만지게 되는 공구 중의 하나인 스패너에 대해 이야기하려 한다.

스패너[Spanner]는 볼트나 너트를 죄거나 푸는데 사용하는 공구이다. 영국에서는 스패너라고 부르고 미국에서는 렌치[Wrench]라고 하지만 차이는 없다. 이 공구의 일반적 단위는 'mm'이지만 미국에서는 'inch' 단위를 많이 쓰고 있다.

배에서 많이 사용하고 있는 스패너의 종류는 다음과 같다.

개구스패너[Open end spanner] : 볼트나 너트가 들어가는 부분이 열려져 있기 때문에 개구스패너라고 부른다. 배에서 많이 쓰이기는 하지만 큰 힘을 주어 돌릴 경우 볼트나 너트의 일부분에 힘이 집중되어 일그러지거나 파손될 우려가 있다.

폐구스패너[Closed end spanner] : 볼트나 너트가 들어가는 부분이 닫혀져 있는 스패너이다. 배에서 사용하는 대표적인 공구이다. 볼트나 너트와 접촉하는 스패너의 안쪽 부분은 6각, 12각 등으로 이뤄져 있다. 그래서 개구스패너에 비해 볼트나 너트와 접촉하는 면적이 많아져 일그러짐과 파손을 어느 정도 줄일 수 있기 때문에 이러한 형태의 스패너를 사용하는 것이 권장된다.

combination spanner

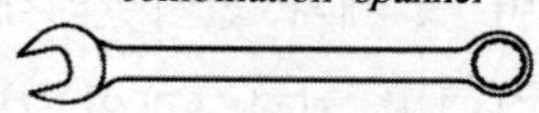

콤비네이션스패너[Combination spanner] : 조합렌치[Combination wrench]라고도 부른다. 개구와 폐구스패너가 같이 조합된 스패너이다.

socket wrench

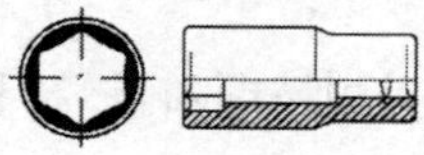

ratchet

소켓렌치[Socket wrench] : 복스스패너[Box spanner]라고도 부른다. 이 렌치는 비좁은 공간에 너트나 볼트가 수직적으로 놓여 있어서 콤비네이션스패너와 같이 기다란 스패너를 사용하기 곤란한 경우에 사용한다. 보통 소켓렌치를 라쳇[Ratchet]에 끼워 사용한다.

라쳇은 프리휠[Freewheel]의 원리와 같이 한쪽 방향으로는 회전하지만 다른 방향으로는 겉돌게 되어 있다. 방향전환 레버를 사용하면 회전방향을 바꿀 수 있다. 따라서 볼트나 너트를 죄거나 풀 때 그 크기에 따라 소켓렌치를 교체하여 사용할 수 있기 때문에 매우 편리하여 배에서 많이 사용하고 있지만 큰 힘이 요구되는 곳에 사용하면 라쳇이 파손될 염려가 있다.

hexagonal wrench

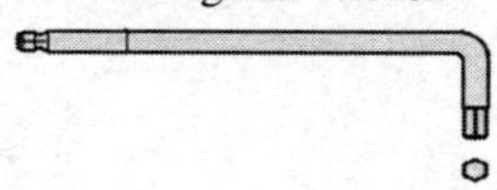

육각렌치[Hexagonal wrench] : 키렌치[Key wrench]라고 부르기도 한다. 육각 홈이 파져있는 볼트를 조이거나 풀 때 사용한다.

monkey spanner

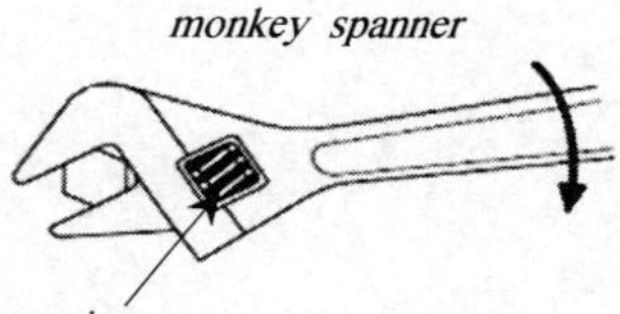

몽키스패너[Monkey spanner] : 조[Jaw]를 이용하여 볼트나 너트가 들어가는 부분의 크기를 자유롭게 조절할 수 있어서 적당한 크기의 몽키스패너 한 개 정도는 임시처지 및 비상조치용으로 기관사관 여러분들이 항상 가지고 다닐 필요가 있다. 특히 기관실 순찰 중에는 몽키스패너 외에도 드라이

버 몇 개와 전기멀티테스터 등과 같은 기본적인 공구를 공구상자에 항상 지니고 다니면 기관사관의 기술자적인 품격이 더욱 돋보일 것이다.

파이프렌치Pipe wrench : 파이프와 같이 둥근 표면의 물체를 조이거나 풀 때 사용한다. 그러나 파이프 표면이 손상되기 쉬우므로 헝겊 등으로 파이프를 감싼 후 파이프렌치를 사용하면 손상을 어느 정도 줄일 수 있다.

pipe wrench

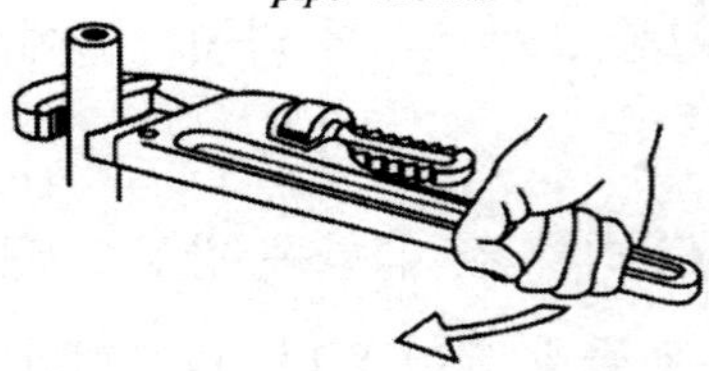

바다와 수학

스패너 규격

여기서는 대표적인 수공구手工具인 콤비네이션스패너의 규격에 대해 알아본다. 아래 표에는 콤비네이션스패너 규격의 한 예를 보여준다. 콤비네이션스패너는 물론 대부분 스패너의 규격은 볼트나 너트의 윗부분이 들어가는 부분의 크기 'D'에 따라 정해진다. 그리고 스패너의 길이 'L'은 볼트나 너트의 크기가 클수록 길어지지만 제작사에 따라 약간씩 다르다. 왜냐하면 볼트나 너트가 클수록 그것들을 풀거나 조일 때 큰 힘, 즉 큰 토크Torque가 필요하기 때문이다. 또한 너트나 볼트를 죌 때는 시계방향으로 돌리고 풀 때는 반시계 방향으로 돌린다.

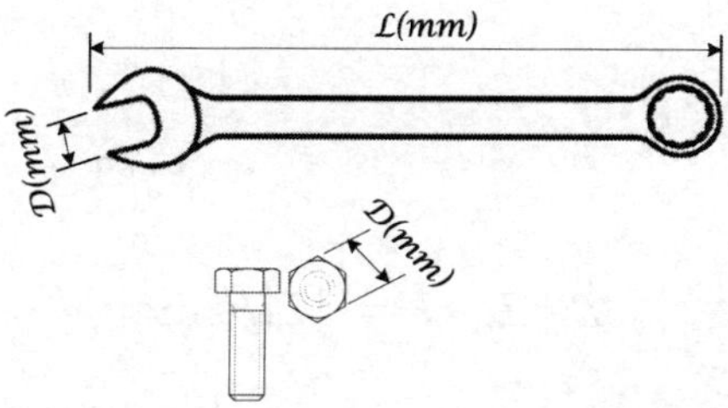

규격 D(mm)	길이 L(mm)
17	215
19	235
21	265

바다와 수학

스패너 벡터 곱

배에서 스패너와 같은 수공구들을 올바르게 사용하는 것은 작업 능률을 높일 뿐만 아니라 볼트나 너트를 죄거나 풀 때 파손 위험성을 줄일 수 있다. 다음 그림과 같이 콤비네이션스패너로 볼트를 조인다고 하자.

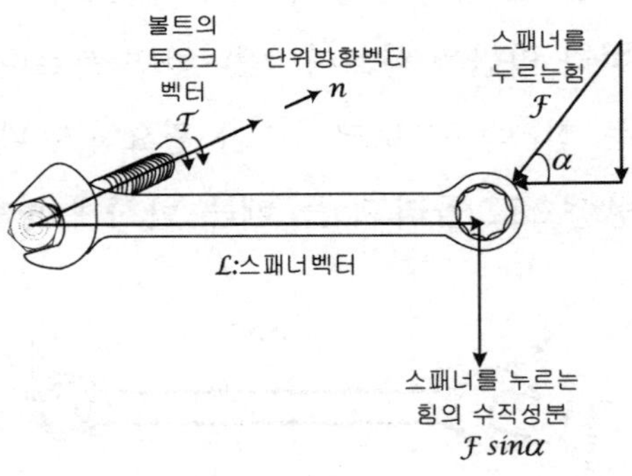

$$T = L \times F = n|L||F\sin\alpha|$$

여러분들이 스패너를 얼마나 센 힘으로 누를지 모르겠지만 그 힘을 여하튼 'F'라고 하자. 그런데 작업 공간이 부족하여 스패너를 어쩔 수 없이 수평에서 α만큼 경사지게 눌렀다고 하자. 그러면 볼트가 회전하며 너트나 홈으로 파고들어 갈 것이다. 이 볼트의 축을 따라 회전하며 파고들어가는 힘을 토크[Torque]라고 한다. 하지만 경사지게 누르면 직각으로 누른 것보다 홈으로 파고드는 힘이 덜 할 것이다. 그러므로 토크는 누르는 힘의 크기는 물론 힘의 방향까지 반드시 고려해 줘야만 하는 벡터 곱으로 계산해야만 한다. 그럼 볼트의 토크 벡터를 한 번 구해 보자. 이 볼트의 토크 벡터의 크기는 스패너 길이 벡터 L과 스패너를 누르는 힘의 수직성분인 $F\sin\alpha$을 서로 곱하면 얻을 수 있다. 그리고 이 벡터의 방향은 단위방향 벡터 n에 의해 결정된다. 이를 종합하여 수식으로 나타내 보자.

이 토크에 대한 벡터 곱 "$L \times F$"을 "L 크로스(cross) F"라 읽는다. 이 식으로부터 배에서 스패너와 같은 수공구로 작업할 때 주의해야 할 점을 찾아보자. 배를 타고 곡물을 실으러 태평양을 건너 미국 서부 쪽으로 향해 가는데 갑자기 공기압축기가 고장이 나서 수리해야만 하는 상황이 벌어졌다. 그런데 볼트와 너트가 너무 녹슬어 잘 풀어지지 않는다. 이런 상황은 배에서 종종 벌어진다. 어떻게 하면 좋을까. 어떤 사람은 녹 제거 스프레이 등을 뿌린 후 잠시 기다렸다가 다시 규격 스패너로 풀려고 할 것이다. 그렇다! 가능하면 그렇게 해야 한다.

그런데 배에 잔뼈가 굵어 일을 잘한다고 자칭하는 사람이 긴 쇠파이프를 어디선가 가져와 스패너에 착 끼운 후 볼트를 힘껏 획 잡아 돌렸다고 하자. 어떻게 될까. 그 볼트가 부러지지 않으면 다행이다. 만일 부러졌다면 그 공기압축기를 정비하는 시간보다 부러진 볼트를 빼내는 시간이 더 걸릴 수도 있다.

그런데 왜 긴 파이프를 사용하면 볼트가 부러질 수 있는가? 모든 볼트나 너트의 크기에 따라 알맞은 토크가 작용되도록 스패너의 크기와 길이가 역학적으로 설계되었다. 그런데 파이프와 같은 연장 바[Extension bar]를 스패너에 끼워 볼트나 너트를 획 돌리면, 설령 같은 힘을 주어 스패너를 돌렸다손 치더라도 보다 길이가 길어진 스패너로 돌린 셈이 된다. 결국 길어진 길이만큼 더 큰 토크가 볼트에 작용하게 된다. 너무 과도한 길이의 연장 바를 사용하게 되면 설계치보다 지나친 토크가 작용해 자칫 잘못하면 볼트나 너트가 부러질 수 있는 것이다.

그러므로 기계장치들을 조립할 때에 볼트나 너트의 나사산에 방청유나 그리스 Grease 등을 발라서 죄는 것이 좋다. 그렇게 하면 나사산 틈 사이에 기름 보호막이 형성되어 공기 중의 산소나 수분이 스며들지 못해 나사와 너트가 녹슬지 않아 서로 달라붙지 않는다. 그래서 그 장치를 다시 분해할 때, 규격 스패너만을 사용해도 가볍게 풀린다.

그러니 평소에 부지런히 기계를 아껴주고 사랑해 주는 기관사관에게는 그 기계도 주인의 수고를 덜어준다는 사실을 잘 기억해 두기 바란다.

제 20 장

난 누구를 만났는가!

사랑으로
서로를
섬기는
종이
되게 하소서

섬김 芙洪

선생

우리는 살면서 과연 누구를 만나는가?

참으로 중요한 일이 아닐 수 없다. 태어나서 어떤 아비와 어떤 어미를 만나고, 어떤 형제들, 어떤 친구들, 어떤 선생을 만나고, 길거리를 거닐며 우연히 만나는 어떤 이들. 살면서 만나는 이들 모두가 우리들 인생에 지대한 영향을 주는 사람들이자 인연의 끈들이다.

내가 살면서 만난 어떤 이들 중에 참 좋은 선생님이 한 분 계신다. 후지이 테루시게藤井照重 선생님이다. 유학시절 박사과정의 지도교수이시다. 후지이 선생님으로 인해 내 인생도 바뀌었다. 나도 나로 인해 인생이 바뀔 제자들을 꿈꾼다. 유학한 지 두 달도 채 안됐는데, 일본기계학회 전열심포지움에서 발표하라는 것이다. 전국규모 학술대회이다. 그 학회에서 동경대학에 유학중인 대선배님을 만나기도 했는데, 자신은 3년 만에 이 학회에서 발표할 수 있었다고 한다.

혼자 독학으로 터득한 서툰 일본어 실력, 터무니없이 부족한 전공지식이 발표논문 작성을 참으로 어렵게 했다. 시간만 흐를 뿐, 매일 잠도 안 오고 진척도 없었다. 발표논문 마감일이 점점 다가올수록 초조함은 극에 달했다.

그러던 중, 아마도 12월 31일인 것 같다. 여느 때와 같이 연구실에서 발표논문을 준비하고 있었는데, 저녁 8시경에 선생님이 예고도 전혀 없이 찾아오셨다.

깜짝 놀랐다. 더욱이 내일이면 새해다. 하지만 선생님은 나를 이미 알고 계셨던 것이다. 내 옆에 앉으시고 발표논문이 완성될 수 있도록 자정에 가까운 시각까지 도와 주셨다. 참 자상하셨다. 그리고 댁에 가실 때에는 내일 꼭 자신의 집에 오라고 당부까지 하셨다. 새해를 같이 보내자는 것이다. 그래서 일본에서의 첫 새해를 선생님과 함께 보냈다.

나는 선생님의 연구실에서 매주 화요일이 되면 단 둘이서 만났다. 전공과 일본어를 동시에 선생께서 직접 가르쳐주셨다. 그런데 어느 날 선생님이 풀어오라고 한 문제가 몇 주에 걸쳐도 풀리지 않았다. 선생님은 도대체 이해가 안 간다는 표정이다. 그렇게 쉬운 문제도 못 푸느냐는 것이다. 답답하셨는지 내 손을 잡고 빈 강의실을 이리저리 찾아 다니셨다. 한 빈 강의실을 발견하시고 칠판을 분필로 반 딱 가르셨다. 그리고 정년을 몇 년 앞둔 머리 허연 선생은 왼쪽 칠판에서, 바짝 긴장한 학생은 오른쪽 칠판에서 동시에 풀기 시작했다. 난생 처음 보는 광경이다. 하지만 둘 다 못 풀었다. 연구실이 난리가 났다. 모두가 그 쉬운 문제를 푸는데 매달렸다. 그런데 그 문제가 문제가 있었던 것이다. 원래는 문제에 X^2으로 표기됐어야 맞은데, X로 잘못 표기돼 있었던 것이다. 이렇게 해서 연구실 모두가 허탈한 웃음을 한 번 짓고 말았다. 하지만 큰 교훈이 지금도 내 머리에서 떠나지 않는다. 내 작은 오류들, 즉 나의 작은 말실수와 무심코 한 행동들이 다른 사람들을 엄청나게 힘들게 할 수 있다는 사실 말이다. 이 책에도 많은 오류가 있을 텐데 걱정이다. 나는 십 년이 넘게 지난 지금도 선생님이 내 손을 꼭 잡고 빈 강의실을 찾아다니다가 선생과 학생이 칠판에 나란히 서서 문제를 풀던 그 기억을 잊을 수 없다.

또한 선생님은 내 전공분야의 세계적인 권위를 자랑하는 국제학회에서 논문을 발표할 수 있도록 배려해 주시기까지 했다. 미국 기계학회가 주관한 학회인데 미국 항공우주국[NASA]의 유명한 연구자들이 대거 참석한 학회였다. 학회는 캐나다 밴프[Banff]에서 일주일 동안 열렸는데, 일주일 내내 이른 아침부터 저녁까지 발표하는 학회는 거기서 처음 봤다. 나 혼자만 거기에 갔는데, 그곳 밴프에서 쓸 돈만 있으면 됐다. 나머지 모든 경비는 선생님이 다 마련해 주셨기 때문이다.

게다가 지금까지 일본에서 공부한 사람들 중에 수업료와 입학금 둘 다 모두 면제받은 사람은 나 밖에 없지 싶다. 또한 졸업할 때까지 꼭 3년이 걸렸는데, 매달 16만 엔이라는 거액의 장학금을 일본 기업체로부터 받으며 공부할 수 있었다.

이는 분명 후지이 선생님이 나 모르게 해주신 것임에 틀림없다. 나는 지금도 내일을 두려워하지 않는다. 나에게는 돕는 분이 언제나 내 옆에 계시기 때문이다.

바다와 수학

아내

특히 배를 타는 사람들은 아내를 잘 만나야 한다. 바다로 나간 동안 아내도 어디론가 나갈 수 있기 때문이다. 그러니 여러분들도 여자를 만나려면, 내 아내와 같은 여자를 만나기 바란다. 아내 때문에 나처럼 행복한 사람도 없지 싶다. 아내를 내가 처음 만난 것은 대학 조교시절로 거슬러 올라간다. 아내는 그 당시 4학년 학생이었다. 그때는 당연히 얼굴만 어설프게 알고 있던 여느 학생에 지나지 않았다. 그 여학생이 졸업하고 나서 다른 학부의 조교로 왔다.

내 착각이지만, 그 당시 그녀는 나를 엄청 좋아했던 것 같다. 그 증거는 이렇다. 결혼 후 지금까지 내 머리를 그녀의 무릎 위에 얹어 놓기만 하면, 자동으로 내 손발톱과 귓속을 시원하게 손질해 준다.

내가 봐도 아내는 참으로 평온한 여인이다. 이렇게 소중한 여인을 모시며 살 수 있는 특권이 내게 주어졌지만, 결혼 당시는 유학 중이라 가진 것도 없고 시간도 없었다. 물론 신혼여행도 생략했다. 그 후 꼭 십 년만에 신혼여행을 갔다. 신혼여행 선물은 등산복이었고 신혼여행지는 제주도였는데, 그 최종 목적지는 한라산 백록담이었다. 그 때가 2월 말이었는데도 한라산 중턱에 이를 즈음에 결혼 행진하는 신혼부부에게 하객들이 꽃잎을 뿌리듯, 하늘이 우리 부부의 십 년만의 신혼여행에 맞춰 흰 눈을 뿌려 주었다.

그리고 우리 부부는 우리나라 동쪽과 서쪽이 서로 만난 동서 화합형 해양대학 출신 부부이기도 하다. 우리 부부처럼 서로 사랑으로 섬기는 모습을 보며, 우리나라의 동서와 남북도 서로 사랑으로 섬기며 하나가 되길 바란다.

나는 지금 아내를 후지이 선생님을 대신하는 선생으로 여기며 산다. 중요한 일이 있었던 어느 날이었다. 출근을 하려고 현관문을 나서려는 순간이었다. 편지 한통을 내 손에 쥐어주었다. 연구실에서 하루를 묵상으로 시작했다. 그러고 나서 아내가 준 편지를 읽었다. 짧았다.

"오래전에, 당신은 '보습'이라는 걸 알게 해주셨습니다. 당신은, 이미 여러 상황 속에서 굳어진 땅들을 기경하는 쟁기의 보습으로 살아 왔지만, 앞으로 더더욱 그럴 것이기에 늘 이 부분을 기도하고 있었습니다. 오직, 하나님의 지혜롭고 선한 도구가 되시기를…"

아내는 고맙게도 나를 '황무지와 같은 메마른 땅을 갈아엎는 쟁기의 보습'으로 여겨주었다. 보습은 쟁기에 끼우는 삽 모양의 쇳조각이다. 보습 낀 쟁기를 소에 채워 몰고 가면 굳은 땅이 갈아 엎어져 아랫쪽 촉촉한 땅이 드러난다. 하지만 지금은 돌덩이와 같은 내 마음조차도 갈아엎지 못하고 있는 나다. 그런 나에게 주위의 메마른 인생의 땅을 기경하라니 참으로 과분한 일이 아닐 수 없다.

당부

이제 글을 마무리 하려한다.

다시 한 번 말씀드리지만, 이 책은 '아무도 없는 곳에 오로지 홀로 있을지라도 스스로를 삼가는 선비 정신, 근독[謹獨]'을 전하고 있다.

혼자 땀을 뻘뻘 흘리며 장시간에 걸쳐 기계를 고쳤다. 그런데 조그만 부속품이 하나 남는다. 허탈감과 동시에 머리 뚜껑이 열리고 천불이 난다. 이런 경험을 한두 번 정도는 다들 해봤을 것이다. 그것을 '발로 차 없애 버릴까?' 하고 증거인멸하고 싶은 충동이 순간 밀려온다.

그럴 때마다 이 책을 읽으며 근독의 정신을 떠올려주기 바란다. 누가 나를 보든지 안 보든지 상관없다. '홀로 있어도 스스로를 삼가는 삶' 그 자체가 참으로 고귀한 것이다. 근독의 삶이 몸에 배어 있는 사람은 어디에 가든지 자신감이 넘친다. 아니, 그는 이미 주위 사람들로부터도 높은 신망을 받고 있을 사람이다. 이 시대의 주역도 다름 아닌 근독의 정신을 소유하고 실천하는 사람이 되어야 할 것이다.

더불어 나는 이 책을 통해 지금 이 순간에도 외로이 바다에 떠있는 많은 분들에게 힘과 용기를 보낸다. 아울러 바다에 나간 여러분들이 보고파 기다림에 지쳐있는 많은 육지 사람들에게도 같은 마음으로 평안을 빈다.

끝으로 이번 여객선 침몰사고로 처절한 슬픔에 잠긴 단원고 2학년 학부모님들께 내 마음과 뜻과 정성을 다하여 위로를 드리며 조용히 펜을 내려놓는다.

우리가 살다보면
때론 인생의 풍랑을 만나,
눈물이 눈가를 적실 때도 있다.
그럴 때마다 눈을 들어 하늘을 바라보라.
그리하면 그 눈물이 땅에 떨어지지 않으리.

홀로 있어도
스스로를
삼감。

근독

芙洪

참고자료

가나다 순

Boyce & DiPrima, Elementary differential equations, WILEY, 1969

Kittel, K., Thermal physics, FREEMAN, 2002

Kreith, F., Principles of heat transfer, Central book CO., 1973

Kreyszig E., 공업수학, 청문각, 1996

Martin D., Spacecraft thermal control handbook, AIAA, 2003

Mills, A. F., Heat and Mass transfer, IRWIN, 1995

가쯔히로 후지타키, 만화로 쉽게 배우는 전기, 성안당, 2013

강신주 외14명, 인문학 명강 동양고전, 21세기북스, 2014

김용운, 김용운의 수학사, 살림, 2013

김용운 · 김용국, 한국수학사, 살림MATH, 2012

네이버캐스트, 교양경제학 · 오늘의 과학 · 인물과 역사 · 지구촌 산책 · 철학의 숲

네이버 지식백과, 한국민족문화대백과 · 두산백과 · 한국사 · 역사기록물 · 한국민속대백과사전

다나카겐이치, 만화로 쉽게 배우는 전기수학, 성안당, 2012

데이비드 벌린스키, 수학의 역사, 을유문화사, 2007

都田, 重力を制御する方法, 星雲社, 2000

디미트리 구타스, 그리스 사상과 아랍 문명, 글항아리, 2013

레오나르드 믈로디노프, 유클리드 창: 기하학 이야기, 까치글방, 2002

모리스 클라인, 수학 문명을 지배하다, 경문사, 2005

미노루사토우, 만화로 쉽게 배우는 미분방정식, 성안당, 2011

박제남 · 남호영, π-4천년 역사의 흔적, 2004

백석윤, 피타고라스가 들려주는 피타고라스의 정리 이야기, 자음과 모음, 2007

셔클 G. L. S., 수학 도우미, 팬더-북, 1993

小出昭一郎, 力學, 裳華房, 1998

數研出版編輯部, 物理 II, 數研出版, 1997

押川元重, 基礎微分積分, 培風館, 1993

야콥페렐만, 살아있는수학 1-4, 써네스트, 2012

어니스트 지르로스키, 원의 역사, 교우사, 2009

엘리 마오, 오일러가 사랑한 수 e, 경문사, 2012

오치마사시, 만화로 쉽게 배우는 허수 · 복소수, 성안당, 2011

劉東善 · 金章郁, 함수론, 집현사, 1978

二間瀬敏史, 重力と一般相對性理論, ナツメ社, 2000

이명옥 · 김흥규, 명화속 신기한 수학이야기, 시공아트, 2011

이석용, 선형대수학, 형설출판사, 1993

인도베다수학연구회, 머리가 좋아지는 인도 수학, 황매, 2008

전기기사검정연구회, 전기기사, 성안당, 1997

전기기사자격시험연구회, 회로이론, 성안당, 1997

조너선 라이언스, 지혜의 집 이슬람은 어떻게 유럽문명을 바꾸었는가, 책과함께, 2013

조르주 이프라, 숫자의 탄생, 부키, 2011

존 맥스웰, 인재경영의 법칙, 비전과리더십, 1995

토마스 · 파인니, 미분적분학과 해석기하학, 대영사, 1988

폴 나힌, 허수이야기, 경문사, 1998

하워드 이브스, 수학사, 경문사, 2005

荒木不二羊, 解法と演習 數學 III, 數研出版, 1997

荒木不二羊, 解法と演習 數學C, 數研出版, 1997

저/자/소/개

최 부 홍

목포해양대학교 해사대학
기관 · 해양경찰학부 교수
http://www.mmu.ac.kr/H10
E-mail : bhchoi@mmu.ac.kr

내 인생의 텃밭
바다와 수학

초 판 발 행 | 2014년 6월 16일
초판3쇄발행 | 2015년 2월 13일

저 자 | 최부홍
발 행 인 | 이성범
발 행 처 | 문운당
주 소 | 서울시 종로구 혜화로5길 16 (명륜1가 45-3)
전 화 | (02)762-6010
팩 스 | 영업 (02)745-0265 / 편집 (02)762-8758
홈페이지 | http://munundang.co.kr
이 메 일 | munun2@chol.com

ISBN 979-11-5692-020-5 93410

정가 25,000원